城市防洪排涝泵站改造技术研究

覃立宁　著

中国建材工业出版社
北　京

图书在版编目（CIP）数据

城市防洪排涝泵站改造技术研究/覃立宁著．--北京：中国建材工业出版社，2024.5

ISBN 978-7-5160-3856-7

Ⅰ.①城… Ⅱ.①覃… Ⅲ.①城市－防洪－泵站－技术改造－研究－柳州②城市排水－除涝－泵站－技术改造－研究－柳州 Ⅳ.①TV675

中国国家版本馆 CIP 数据核字（2023）第 203687 号

城市防洪排涝泵站改造技术研究

CHENGSHI FANGHONG PAILAO BENGZHAN GAIZAO JISHU YANJIU

覃立宁　著

出版发行：中国建材工业出版社

地　　址：北京市西城区白纸坊东街 2 号院 6 号楼

邮　　编：100054

经　　销：全国各地新华书店

印　　刷：北京雁林吉兆印刷有限公司

开　　本：787mm×1092mm　1/16

印　　张：15.25

字　　数：360 千字

版　　次：2024 年 5 月第 1 版

印　　次：2024 年 5 月第 1 次

定　　价：79.00 元

前　言

在我国城市防洪工程中，大量排涝泵站、排涝闸等防洪设施已建成并运行多年，这些设施普遍存在设备老旧、损坏、可靠度及安全性降低、维修困难、部分功能欠缺等问题。同时，随着我国城镇化的不断推进，区域汇流条件及内涝洪水调蓄容积的变化，很多城区已建泵站洪水抽排能力已经不能满足现代城市发展的需要。2013 年 3 月，国务院发布《国务院办公厅关于做好城市排水防涝设施建设工作的通知》国发〔2013〕23 号，要求系统建设城市排水防涝工程体系，实施管网和泵站建设与改造。广西壮族自治区响应政策，要求实施并优化城市排涝通道功能提升工程。

为探索经济、合理、有效、智慧的城市防洪治涝改造升级方案，保证建成区的防洪安全，进一步完善流域防洪减灾工程体系。本书全面分析广西壮族自治区柳州市防洪区缺陷现状和新型工业城市发展的需求，立足于城市防洪排涝泵站实际建设条件和内河流域防洪排涝系统的整体性，以达到防洪与城市建设相协调、改善生态环境、保障人民生命财产安全为目的，论述大型箱涵顶管法在城市防洪排涝工程穿堤建筑中的应用，水泵更换安装故障调试和运行过程可视化安全监测研究，大口径贯流泵立式安装、分体式安装方式及配套装置研究，解决城市排涝泵站改造过程中穿堤建筑难以破堤实施，受厂房结构等现有设施的限制，难以对抽排设备进行升级改造以及老旧泵站智能化缺失等难题。以上相关技术体系为排涝泵站改扩建，大型水利排涝设施的建设、安装、运行、检修提供了完备的解决方案，同时为城市防洪排涝泵站升级改造实现多种泵型比选应用、大口径穿堤泄洪建筑物选择、城市智慧水利建设提供了新思路，借此希望给读者以抛砖引玉的作用。

著者

目 录

1 自然地理条件

1.1 自然概况

柳州市位于广西壮族自治区中北部，地处北纬 23°54′—26°03′，东经 108°32′—110°28′。东与桂林市的龙胜各族自治县、永福县和荔浦市为邻，西接河池市的环江毛南族自治县、罗城仫佬族自治县和宜州区，南接来宾市金秀瑶族自治县、象州县、兴宾区和忻城县，北部和西北部分别与湖南省通道侗族自治县和贵州省黎平县、从江县相毗邻。柳州市辖 5 个市辖区（城中区、柳北区、鱼峰区、柳南区、柳江区），5 个县（柳城县、鹿寨县、融安县、融水苗族自治县、三江侗族自治县）。另外，柳州市设立了以下经济管理区：柳州高新技术产业开发区（国家级）、柳东新区（柳州汽车城）和阳和新区（阳和工业园），总面积 18596km²。

柳州市是国家历史文化名城，是我国最早古人类之一的"柳江人"的发祥地，有 2100 多年的建置史，古属百越之地。秦始皇统一岭南后，属桂林郡。秦末汉初柳州市属南越国地。西汉元鼎六年，在此设郁林等郡，置潭中县，为柳州市建置之始。以柳州市为圆心的 250km 半径范围内，集中了广西壮族自治区 80％以上的 AAAA 级旅游风景区，与毗邻的桂林市共同构成享誉世界的大桂林旅游风景区。柳州市拥有"柳州奇石甲天下"的美称，被誉为"中华石都"。柳州市是壮族歌仙刘三姐的传歌圣地，传说刘三姐在鱼峰山唱歌，感动上天而得道成仙，山歌世代在鱼峰山脚下缭绕。壮族的歌、侗族的楼、苗族的舞、瑶族的节堪称柳州市民族风情四绝。柳州市是沟通西南与中南、华东、华南地区的重要铁路枢纽，素有"桂中商埠"之称，是与东盟双向往来产品加工贸易基地和物流中转基地城市，西南出海大通道集散枢纽城市，"一带一路"有机衔接门户的重要节点和西部大开发战略中西江经济带的龙头城市和核心城市，是广西壮族自治区最大的工业基地，是面向东南沿海和东南亚的区域性制造业城市，还是我国唯一同时拥有四大汽车集团整车生产基地的城市。

1.2 水文气象条件

1.2.1 流域概况

1. 河流水系

柳州市城区拥有的较大河流为柳江，柳江是珠江流域西江水系第二大支流，地理位置为东经 107°27′—110°34′，北纬 23°41′—26°30′。发源于贵州省独山县里纳九十九滩，上游段称都柳江，由西北向东南流，经贵州省三都水族自治县、榕江县、从江县三县

1

后，于八洛村进入广西壮族自治区北部的三江侗族自治县，在三江侗族自治县老堡口与古宜河（也称寻江）汇合后称融江，河流折向南流，经融安县、融水苗族自治县、柳城县，至凤山镇与支流龙江汇合后始称柳江，流向又变为由西北向东南，经柳江区、柳州市、象州县，在象州县石龙镇三江口与红水河汇合流入黔江。柳江流域总集水面积58398km²，干流河长750.5km，总落差1297m，平均坡降为1.7‰。依历史习惯，老堡口（支流古宜河汇入口）以上河段称都柳江，老堡口至柳城县凤山与支流龙江汇合口之间一段称为融江，以下始称柳江。柳州市位于柳江的下游，距河源587.6km，集水面积45413km²［柳州水文（二）站以上］，约占全流域面积的78%。柳江支流众多，在广西壮族自治区境内的干、支流总长度超过8500km，河网密度达0.203km/km²。广西壮族自治区境内从上至下汇入柳江干流集水面积超过1000km²的一级支流有古宜河、浪溪河、贝江、阳江、龙江、洛清江、罗秀河7条。

柳江干流及其广西壮族自治区境内主要支流基本情况（部分）见表1-2-1。

表1-2-1　柳江干流及其广西壮族自治区主要支流基本情况表（部分）

河流名称	发源地点	河口地点	流域面积/km²	河长/km	落差/m	平均坡降/‰
柳江干流	贵州省独山县浪黑村	广西壮族自治区象州县三江口	58398	750.5	1297	1.7
古宜河	广西壮族自治区资源县金紫山	广西壮族自治区三江侗族自治县老堡口	5081	218	1375	6.31
浪溪河	广西壮族自治区融安县和寨村	广西壮族自治区融安县长安镇	1233	81	392	4.84
贝江	广西壮族自治区融水县摩天岭	广西壮族自治区融水县江门村	1769	129	921	7.14
阳江	广西壮族自治区融水苗族自治县八仙山	广西壮族自治区罗城仫佬族自治县牛鼻村	1311	68.3	913	13.43
龙江	贵州省三都水族自治县甘务村	广西壮族自治区柳城县南丹村	16843	386	859	2.23
洛清江	广西壮族自治区临桂区大坡山	广西壮族自治区鹿寨县江口乡	7477	258	441	1.71
罗秀河	广西壮族自治区金秀瑶族自治县罗孟村	广西壮族自治区象州县运江镇	2230	99.7	745	7.47

2. 河流开发情况

根据国务院2013年以（国函〔2013〕37号）批复的《珠江流域综合规划（2012—2030年）》，柳江干流梯级开发方案为白梓桥、柳叠、坝街、寨比、榕江、红岩、永福、温寨、郎洞、大融、从江、梅林、洋溪、麻石、浮石、古顶、大埔、红花等18个梯级，其中已在建的有红岩、永福、麻石、浮石、古顶、大埔、红花等7个梯级，洋溪以下的5个梯级电站全部建成并发挥发电效益。

对柳州市市区具有防洪任务的枢纽有洋溪及柳江支流贝江上的落久，两水库控制流域面积为14911km²，占柳江中下游防洪控制断面柳州站以上流域面积的32.8%。洋溪水利枢纽位于柳江上游都柳江，控制流域面积为 $13165km^2$，占下游防洪控制断面柳州站以上流域面积的 29%，水库总库容为 8.69 亿 m^3，防洪库容为 7.8 亿 m^3，正常蓄水位为 163m，防洪限制水位为 156m，防洪高水位为 187.2m，以防洪为主，结合航运、发电、供水、灌溉等综合利用。落久水利枢纽位于柳江支流贝江上，控制流域面积 $1746km^2$，水库总库容为 3.43 亿 m^3，防洪库容为 2.5 亿 m^3，正常蓄水位为 153.5m，防洪限制水位为 142m，防洪高水位为 161m，以防洪为主，结合供水、灌溉、发电，兼顾其他综合利用。这两个水利枢纽联合调度，结合柳州市 50 年一遇洪水标准的防洪工程，可以把柳州市市区的防洪能力提高到 100 年一遇。

柳江防洪控制性水库中，落久水库已经建设完成，洋溪水库尚未建成，木洞水库尚处于规划设计阶段。

1.2.2 气象条件

柳州市气候属中亚热带向南亚热带过渡的气候带，其气候特征是温暖湿润，雨量充沛，夏长冬短，夏雨冬干。据柳州市气象站多年气象观测资料统计，多年平均气温 20.5℃，年变幅 ±1.3℃ 以内；1963 年为最暖年，年平均气温 21.2℃；1967 年、1976 年为最冷年，年平均气温 19.9℃；1 月通常为一年中的最冷月，多年平均气温为 10.3℃；7 月通常为最热月，多年平均气温为 28.8℃；极端最低气温为 −3.8℃（1955 年 1 月 12 日），极端最高气温 39.2℃（1953 年 8 月 13 日）。多年平均降雨量 1455mm，最大年降雨量为 2289.4mm（1994 年），最小年降雨量 918.1mm（1989 年）；降雨在年内分配不均匀，4～8 月为雨季，雨量占全年的 70.3%，9 月至次年 3 月是少雨季节，雨量约占全年的 29.7%，实测最大日降雨量 311.9mm（1957 年 6 月 16 日）；多年平均蒸发量 1047.9mm；柳州市盛行南北风，少有东西风，全年主导风向为北北西风，年平均风速为 1.6m/s，静风率达 37%，多年平均最大风速 17m/s，极大风速 24.3m/s。

1.3 区域地质概况

1.3.1 地形地貌

柳州市是一个北、东、西三面被低山丘陵包围、南面张开的岩溶盆地。柳江蜿蜒曲折流经市区，形成河流阶地地貌与岩溶地貌叠加的特点。地貌单元分为柳东柳北孤峰、峰林岩溶河曲平原、柳南峰林谷地岩溶平原、柳西孤峰岩溶阶地平原等。河流阶地发育有五级，以Ⅰ、Ⅱ级阶地分布较广，展布于柳西、柳北、柳东广大地区，Ⅰ级阶地地面高程为 80～88m，Ⅱ级阶地地面高程为 90～100m。市区地面高程大部分为 80～103m。市区柳江两岸冲沟较多，阳和防护区为岩溶孤峰平原地貌，官塘防护区为低丘缓坡地形间夹山涧谷地，丘陵山顶高程一般为 100～160m。

1.3.2 地层岩性

柳州市市区出露地层除浅表部的少量第四系地层外，主要由二叠系下统、石炭系等地层组成。现从新到老分别描述如下。

1. 第四系

主要有阶地平原冲积堆积物、岩溶平原溶余堆积物、残坡积堆积物。冲积层厚度一般为 2～15m，岩性为黏土、粉质黏土、粉土、粉细砂、圆砾卵石等，具二元结构；溶余堆积物，薄者为 2～3m，厚者为 15m 或更厚，岩性以红黏土、次生红黏土为主。第四系地层覆盖面积广。

2. 二叠系

上统大隆组：钙质泥岩、硅质岩；三门江一带上部凝灰岩、页岩夹灰岩，下部硅质岩、页岩。主要分布在三门江一带，厚度为 77～113m。

上统合山组：燧石灰岩夹硅质岩、页岩。主要分布在三门江一带，厚度为 90～150m。

下统栖霞组：深灰、灰黑色灰岩，下部为燧石灰岩。主要分布在六座锰矿北侧，厚度为 192～308m。

3. 石炭系

上统：灰白、浅灰色灰岩夹生物灰岩，下部为白云岩。主要分布在阳和开发区一带，厚度为 172～644m。

中统黄龙组：浅灰色灰岩夹少量白云质灰岩。主要分布在古亭山及其东北一带，厚度为 330m。

中统大埔组：浅灰色厚层、块状白云岩。

1.3.3 地质构造及地震

据《中国地震动参数区划图》（GB 18306—2015），柳州市Ⅱ类场地基本地震动峰值加速度为 0.05g，基本地震加速度反应谱周期为 0.35s，相当于地震基本烈度为Ⅵ度。

1.3.4 水文地质条件

区域水文地质条件受构造和地层岩性的制约，地下水类型有：孔隙水、基岩裂隙水和岩溶水。其中孔隙水分布于第四系土层的孔隙中，主要补给来源于大气降水及侧向径流补给，向附近沟谷及深部含水层排泄；基岩裂隙水分布于砂岩、泥岩和页岩的风化裂隙及构造裂隙中，水量较少，靠大气降水及侧向径流补给，以泉水形式出露于河岸和沟谷中；岩溶水主要分布于可溶性岩石的岩溶溶洞及岩溶裂隙中，含水量受岩溶发育程度及连通程度影响，水量分布极不均匀，局部地段形成地下河。

柳州市市区主要为岩溶区，岩溶面积约占 70%，其中 60% 以上被第四系松散沉积物覆盖，岩溶区分为裸露型、半裸露型和覆盖型。柳西、柳北、柳东大部分均为覆盖岩溶区，覆盖层为第四系冲积层的黏性土及砂、砾砂、圆砾、卵石及岩溶堆积物红黏土。柳州市市区内岩溶水文地质条件相对简单，未发现有不良岩溶地质现象。

1.4 社会经济发展概况

根据《柳州市统计年鉴（2022）》，2021 年柳州市全市人口 415.79 万人（其中中心城区人口约为 159.63 万人），全年全市地区生产总值（GDP）3057.24 亿元，比上年增长约 2.0%。其中，第一产业增加值 257.85 亿元，增长 7.0%；第二产业增加值

1277.50亿元，下降1.8％；第三产业增加值1521.88亿元，增长5.0％。第一、二、三产业增加值占地区生产总值的比重分别为8.43％、41.79％和49.78％，按常住人口计算，全年人均地区生产总值73328元。

全年农作物总播种面积399620hm²，比上年增加8240hm²，增长2.1％。其中，粮食种植面积148050hm²，增加1120hm²；油料种植面积14170hm²，增加170hm²；甘蔗种植面积80780hm²，减少30hm²；蔬菜种植面积128100hm²，增加5320hm²；果园面积55330hm²，增加1720hm²；桑园面积33550hm²，增加200hm²；茶园面积16670hm²，增加890hm²。

全年粮食产量74.79万t，油料产量3.26万t，甘蔗产量646.07万t，蔬菜产量（含食用菌）302.90万t，茶叶产量1.74万t，园林水果产量126.72万t。

在规模以上工业中，黑色金属冶炼及压延加工业总产值比上年增长17.1％；电力、热力生产和供应业总产值增长16.9％；有色金属冶炼及压延加工业总产值增长41.6％；非金属矿物制品业总产值下降16.0％；专用设备制造业总产值增长4.1％；化学原料和化学制品制造业总产值增长23.4％；农副食品加工业总产值增长20.3％；纺织业总产值下降32.2％；烟草制品业总产值增长10.8％；医药制造业总产值下降15.3％；电气机械和器材制造业总产值增长26.4％。规模以上工业企业达1129家。

根据《柳州市城市总体规划（2010—2020）》《柳州市北部生态新区总体发展规划（2017—2035）》和《广西柳州市城市防洪规划修编（2018—2035）》等规划报告，以及柳州市行政区划于2002年8月至2016年3月期间先后进行的五次重大调整成果，柳州市市辖区包括城中区、柳北区、鱼峰区、柳南区、柳江区等5个区。随着柳州工业经济的不断发展，柳州市城区向东拓展有柳东新区官塘片区、雒容片区，向北发展有北部生态新区。随着城市的不断发展，为了保证建成区的防洪安全，使人民获得感、幸福感、安全感更加充实、更有保障、更可持续，城市高质量发展理念的践行对建成区防洪排涝设施提出了更高的要求。

2 政策依据及城市、流域规划

2.1 政策依据

2.1.1 国家层面

全球气候变化的影响使极端天气频发，全国多地遭遇超强降雨、超标准洪水内涝，城市防洪排涝对于保障社会秩序和人民生命财产安全非常重要。

2013 年 3 月，国务院正式发布了《国务院办公厅关于做好城市排水防涝设施建设工作的通知》（国办发〔2013〕23 号）以及《国务院办公厅关于加强城市内涝治理的实施意见》（国办发〔2021〕11 号），要求系统建设城市排水防涝工程体系。

（1）实施河湖水系和生态空间治理与修复。保护城市山体，修复江河、湖泊、湿地等，保留天然雨洪通道、蓄滞洪空间，构建连续完整的生态基础设施体系。

（2）实施管网和泵站建设与改造。加大排水管网建设力度，逐步消除管网空白区，新建排水管网原则上应尽可能地达到国家建设标准的上限要求。

（3）实施排涝通道建设。注重维持河湖自然形态，避免简单裁弯取直和侵占生态空间，恢复和保持城市及周边河湖水系的自然连通和流动性。

（4）实施雨水源头减排工程。在城市建设和更新中，积极落实"渗、滞、蓄、净、用、排"等措施，建设改造后的雨水径流峰值和径流量不应增大。

（5）实施防洪提升工程。统筹干支流、上下游、左右岸防洪排涝和沿海城市防台防潮等要求，合理确定各级城市的防洪标准、设计水位和堤防等级。

2015 年 3 月 5 日，在十二届全国人大三次会议上，时任国务院总理的李克强在政府工作报告中提出"互联网＋"行动计划。全行业依托互联网、信息技术的技术革新，水利信息化建设发展迅速，很多城市的水利防洪治涝实现互联网、信息技术统筹、管理。

2021 年 6 月 28 日，水利部李国英部长在"三对标、一规划"专项行动总结大会上的讲话："提升水旱灾害防御能力。进一步完善流域防洪减灾工程体系，固底板、补短板、锻长板，水旱灾害防御能力大幅提升，水旱灾害损失率大幅降低。"为城市防洪减灾体系的建设指明了方向。

2.1.2 流域层面

城市防洪工程中，大多数排涝泵站于 20 世纪末 90 年代建成，实际运行已经超过 30 年，近年来泵站改造工程项目较多，改造工程技术水平需要提升，以适应大环境和政策的需求。

相关政策上坚持以习近平新时代中国特色社会主义思想为指导，积极践行"十六字"治水思路，贯彻落实水利改革发展总基调，以解决水利科技问题，提高技术支撑能力为目标，抓好顶层设计。

珠江流域层面上针对变化环境下流域水资源演变和重大国家战略实施对流域的新要求，立足流域经济社会发展全局，聚焦建设幸福珠江和粤港澳大湾区建设水安全保障对水利科技支撑要求，把握流域重大科技需求。区域层面把握流域各省级行政区的热点和难点水问题，提供技术服务。优化科研创新平台建设，强化先进实用技术成果的推广应用，提升科技创新引领作用，为推进幸福珠江建设、实现水治理体系和治理能力现代化提供有力的科技支撑与保障。

1. 珠江流域水利技术支撑主要短板

（1）防洪保安全领域

防洪保障现状：珠江流域是我国洪灾多发性区域，随着流域经济社会快速发展，提升防洪减灾能力十分重要和紧迫。目前，堤库结合的防洪工程体系基本形成，珠江流域初步建成南盘江中上游、郁江中下游、桂江中上游、北江中上游和东江中下游防洪工程体系。广州市、南宁市、柳州市、梧州市等国家重点防洪城市堤防体系不断完善，防洪减灾能力不断增强。珠江流域开展了洪水预测预报预警系统、流域防汛指挥系统等防洪系统建设以及防洪体制机制研究，制定了主要江河洪水调度方案，防洪管理制度不断完善，防洪非工程体系逐步建立。

防洪主要问题：一是流域洪水灾害频繁严重。历史上发生1915年全流域大洪水（200年一遇），死伤10余万人。20世纪90年代以来，流域发生了"94.6""98.6"和"05.6"洪水，特别是"98.6"洪水与"05.6"洪水受归槽影响，西江下游梧州市断面洪峰流量突破100年一遇。二是城市内涝日趋严峻。受全球气候变化与城镇化快速发展等人类活动影响，近年来"城市看海"现象频发，如广州市接连发生2017年"5.7"、2018年"6.8"、2020年"5.22"暴雨，均造成了严重内涝灾害。三是珠江河口台风暴潮位屡创新高。21世纪以来，强台风频次增加，遭受"2008年黑格比""2017年天鸽""2018年山竹"等强台风风暴潮，仅2017年"天鸽"风暴潮就造成23人死亡，直接经济损失超342亿元。

（2）管理措施与技术支撑的主要短板

流域防洪工程体系保障能力仍显不高。珠江流域的重要防洪水库大藤峡水利枢纽尚未建成，落久水库尚未投运，洋溪水库尚未建设，流域西江、北江、东江等大江大河堤防仍存在险工险段，港江蓄滞洪区分洪措施与安全设施尚不完善；珠江三角洲地区水系发育，但除了榄核涌、甘竹溪和江门水道修建有调控工程外，其他重要节点无调控措施，洪水调控手段不足；珠江河口海堤达标建设严重滞后，且与经济社会高质量发展需求（如水景观、水生态等）存在差距。

以"防"为主的工作机制尚未完全形成，流域统一调度的水工程管理体制机制亟需完善。机构改革后水利部门的水旱灾害防御工作减少了代表政府（各级防汛抗旱指挥部）实施的社会治理职能（如社会动员、台风防御、人员转移、抢险救灾安置等），但对"防"的专业技术工作提出了更高要求，水旱灾害防御体制机制尚未完全理顺，相关法律法规体系尚未出台、修订，依法治水、管水职责边界有待进一步明确，与法律法规体系配套的流域及各级水旱灾害防御预案体系有待修订完善。粤港澳大湾区、珠江—西江经济带、环北部湾经济圈等国家发展战略对流域和区域水安全保障提出了更高的要求，迫切需要流域实施防洪、水量统一调度、统筹保障。

水利科技支撑能力与防洪减灾需求仍存在差距。经过数十年发展，在洪水预警预报、小型水利工程动态化监管技术等方面取得了较大发展。但随着全球气候与我国社会主要矛盾的变化，珠江流域防洪减灾问题更加复杂，任务更为艰巨，现有技术水平难以满足流域高质量发展对防洪减灾工作的需求，主要体现在以下几方面。

一是防洪减灾基础性研究不足。根据流域防洪存在的主要问题、全球气候变化与经济社会发展趋势，目前对人类活动干扰下的流域洪水归槽问题与城镇地区产汇流机理、全球气候变化与海平面上升大环境下的珠江河口风暴潮增水及其发展趋势、在经济社会高质量发展战略下流域防洪标准的适应性与协调性等问题的研究，与流域防洪治理与管理的需求仍存在较大差距。

二是流域防洪工程建设与管理的应用技术研究仍有待加强。加强珠江流域防洪减灾统一管理是强化流域管理的重要内容，但在洪（潮）监测预报预警、流域干支流水库群精细化联合调度、珠江三角洲河网区闸泵群联合调度、流域重点防洪工程实时监控、珠江三角洲水沙调控与沿海地区堤岸生态防护等方面仍存在技术短板。

2. 水旱灾害防御科技支撑需求

一是围绕完善防洪减灾体系需要，积极应用与再开发现代化信息网络与人工智能技术，实施病险水库除险加固行动，加强山洪灾害防治与现代化监管，提升城市内涝防治与桂中、桂西北、左江三大旱片治理能力，探索非工程措施防洪与预警预报技术，积极构建巨灾情景及推演系统，不断地提升水旱灾害动态感知与精准预警预报能力。

二是围绕水安全风险防控需要，亟需加强水旱灾害影响及风险评估、江河湖库超标准洪水等突发事件风险、流域面源污染及径流污染风险等防控技术，不断提升水安全保障能力（图2-1-1）。

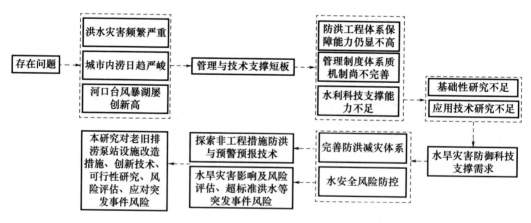

图 2-1-1　珠江水利科技发展"十四五"规划防洪保安全技术研究思路

2.1.3　广西壮族自治区层面

广西壮族自治区人民政府办公厅印发的《广西城市内涝治理实施方案》要求如下。

（一）加快推进系统化实施方案和专项规划编制。

（二）实施河湖水系和生态空间治理与修复。

（三）实施并优化城市排涝通道提升工程。

（四）加强排水防涝设施建设与改造。

（五）开展系统化实施方案效果评估。

2.2 城市防洪设施改造主要技术标准

2.2.1 法律法规

1.《中华人民共和国水法》（国家主席令第 48 号，2016 年 7 月 2 日修订，2016 年 9 月 1 日实施）。

2.《中华人民共和国防洪法》（国家主席令第 48 号，2016 年 7 月 2 日修订，2016 年 9 月 1 日实施）。

3.《中华人民共和国城乡规划法》（国家主席令第 29 号，2019 年 4 月 23 日修订实施）。

4.《中华人民共和国水土保持法》（国家主席令第 39 号，2010 年 12 月 25 日修订，2011 年 3 月 1 日实施）。

5.《中华人民共和国环境保护法》（国家主席令第 9 号，2015 年 1 月 1 日实施）。

6.《中华人民共和国防汛条例》（国务院令第 588 号，2011 年 1 月 8 日第二次修订实施）。

7.《中华人民共和国河道管理条例》（国务院令第 698 号，2018 年 3 月 19 日修订实施）。

8.《中华人民共和国建筑法》（2011 年 4 月 22 日修订）。

9.《中华人民共和国经济合同法》。

10. 国家其他相关法律、法规。

2.2.2 主要技术规范

1.《泵站安全鉴定规程》（SL 316—2015）。

2.《泵站更新改造技术规范》（GB/T 50510—2009）。

3.《水工金属结构防腐蚀规范》（SL 105—2007）。

4.《防洪标准》（GB 50201—2014）。

5.《城市防洪工程设计规范》（GB/T 50805—2012）。

6.《治涝标准》（SL 723—2016）。

7.《水利水电工程等级划分及洪水标准》（SL 252—2017）。

8.《水利水电工程合理使用年限及耐久性设计规范》（SL 654—2014）。

9.《堤防工程设计规范》（GB 50286—2013）。

10.《泵站设计标准》（GB 50265—2022）。

11.《水闸设计规范》（SL 265—2016）。

12.《水利水电工程施工组织设计规范》(SL 303—2017)。

13.《水工混凝土结构设计规范》(SL 191—2008)。

14.《堤防工程管理设计规范》(SL/T 171—2020)。

15.《水利水电工程边坡设计规范》(SL 386—2007)。

16.《堤防工程安全监测技术规程》(SL/T 794—2020)。

17.《水工建筑物荷载设计规范》(SL 744—2016)。

18.《水利水电工程安全监测设计规范》(SL 725—2016)。

19.《混凝土结构通用规范》(GB 55008—2021)。

20.《砌体结构通用规范》(GB 55007—2021)。

21.《砌体结构设计规范》(GB 50003—2011)。

22.《建筑地基基础设计规范》(GB 50007—2011)。

23.《建筑地基处理技术规范》(JGJ 79—2012)。

24.《水工挡土墙设计规范》(SL 379—2007)。

25.《水工混凝土施工规范》(SL 677—2014)。

26.《水工建筑物抗震设计标准》(GB 51247—2018)。

27.《水利工程建设标准强制性条文(2020 年版)》。

28.《水工混凝土结构耐久性评定规范》(SL 775—2018)。

29.《既有建筑鉴定与加固通用规范》(GB 55021—2021)。

30.《城市用地分类与规划建设用地标准》(GBJ 137)。

31.《土的工程分类标准》(GB 50145—2007)。

32.《土工试验方法标准》(GB/T 50123—2019)。

33.《工程岩体分级标准》(GB/T 50218—2014)。

34.《地基动力特性测试规范》(GB/T 50269—2015)。

35.《岩土工程基本术语标准》(GB/T 50279—1998)。

36.《岩土工程勘察安全规范》(GB/T 50585—2019)。

37.《供水水文地质勘察规范》(GB 50027—2001)。

38.《建筑边坡工程技术规范》(GB 50330—2013)。

39.《工程测量规范》(GB 55018—2021)。

40.《建筑施工场界环境噪声排放标准》(GB 12523—2011)。

41.《国家基本比例尺地图图式 第 1 部分:1∶500、1∶1000、1∶2000 地形图图式》(GB/T 20257.1—2007)。

42.《工程建设勘察企业质量管理规范》(GB/T 50379—2006)。

43.《中国地震动参数区划图》(GB 18306—2015)。

44.《建筑基坑支护技术规范》(JGJ 120—2012)。

45.《建筑桩基技术规范》(JGJ 94—2008)。

46.《建筑工程地质钻探与取样技术规程》(JGJ/T 87—2012)。

47.《城市工程地球物理探测规范》(CJJ 7—2007)。

48.《城市地下管线探测技术规程》(CJJ 61—2003)。

49.《土工试验规程》(SL 237—1999)。

50．《水文地质试验规程》（TBJ 15—89）。

51．《测绘作业人员安全规范》（CH 1016—2008）。

52．《中小型水利水电工程地质勘察规范》（SL 55—2005）。

53．《水利水电工程地质测绘规程》（SL/T 299—2020）。

54．《水利水电工程地质勘察资料内业整理规程》（SDJ 019—78）。

55．《水工建筑物抗震设计规范》（DL 5073—2000）。

56．《堤防工程地质勘察规范》（SL 188—2005）。

57．《工程建设环境安全技术管理体系》（试行）。

58．《城市水系规划导则》（SL 431—2008）。

59．《水利工程设计洪水计算规范》（SL 44—2006）。

60．《水利水电工程水文计算规范》（SL 278—2002）。

61．《水利工程水利计算规范》（SL 104—2015）。

62．《室外排水设计标准》（GB 50014—2021）。

63．《城乡排水工程项目规范》（GB 55027—2022）。

64．《城市排水工程规划规范》（GB 50318—2017）。

65．《岩土工程勘察规范（2009 年版）》（GB 50021—2001）。

66．《水利水电工程地质勘察规范》（GB 50487—2008）。

67．《膨胀土地区建筑技术规范》（GB 50112—2013）。

68．《建筑抗震设计规范（2016 年版）》（GB 50011—2010）。

69．《建筑抗震设防分类标准》（GB 50223—2008）。

70．《房屋建筑和市政基础设施工程勘察文件编制深度规定》（2010 年版）。

71．《建筑工程勘察文件编制深度规定》（试行）（建质〔2003〕114 号）。

72．《岩土工程勘察报告编制标准》（DB20/T 1214—2005）。

73．《广西壮族自治区岩土工程勘察规范》（DBJ/T 45-002—2018）。

74．《膨胀土地区建筑技术规程》（DB45/T 396—2022）。

75．《岩溶地区建筑地基基础技术规范》（DBJ 45-024—2016）。

76．《城市绿地设计规范》（GB 50420—2007）。

77．《水利水电工程全过程工程咨询服务导则》（T/CNAEC 8001—2021）。

78．《广西壮族自治区房屋建筑和市政基础设施全过程工程咨询服务招标文件范本（2020 年版）》。

2.3　城市总体规划及相关配套规划

根据《柳州市城市总体规划（2010—2020）》《柳州市国土空间总体规划（2020—2035）》等规划报告，柳州市城市定位为广西壮族自治区面向东盟国际大通道的核心枢纽、广西壮族自治区面向西南中南地区开放发展新的战略支点的实业引擎、广西壮族自治区"一带一路"有机衔接重要门户的开放高地、广西壮族自治区生态宜居的山水名城。主要目标是紧紧围绕"实业兴市，开放强柳"的战略要求，全面提升面向西南地区的影响力，基本建立面向东盟的开放发展格局，进一步巩固全国性综合交通枢纽地位，统筹城镇发展、资源利用、基础设施建设、历史文化保护、生态环境保护等多层次的国土空间，协调人口、资源、环境与经济社会发展之间的矛盾，构建安全、绿色、开放、和谐、富有活力和竞争力的美丽国土。

柳州市市区的总体布局为"一主三新多点"的城市空间结构，加上快速高效的交通网络，其间以水系、山体、生态绿化网络自然分隔，形成可持续发展的城市整体空间网络。其中一主为中心城区，三新为柳东新区、柳江新区、北部生态新区，多点为外围重点镇。（图2-3-1）

根据《柳州市国土空间总体规划（2020—2035）》，规划至2035年，柳州市的人口规模为500万人，柳州市市区的人口规模为299.5万人。

图 2-3-1　"一主三新多点"的总体布局

2.4　流域规划及城市防洪规划成果

2.4.1　流域规划成果

1.《珠江流域防洪规划》

2007年1月，由水利部珠江水利委员会编制的《珠江流域防洪规划》出版。2007年4月国务院以国函〔2007〕40号文批复，批复柳州市是全国重点防洪城市之一，规划其防洪标准为100年一遇，防洪总体方案采取堤库结合方式。规划柳州市市区按50年一遇标准修建防洪堤，于柳江上游兴建洋溪水库，支流贝江和古宜河分别兴建落久、木洞水库，形成堤库结合的防洪工程体系，将柳州市市区的防洪标准提高到100年一遇。力争在2025年防洪标准到达100年一遇。

2.《珠江流域综合规划（2012—2030 年)》

2013 年国务院以"国函〔2013〕37 号"文批复了《珠江流域综合规划（2012—2030 年)》。涉及防洪减灾部分规划：到 2020 年，珠江流域重点城市和防洪保护区基本达到防洪标准，山洪灾害防御能力显著提高；到 2030 年，流域防洪减灾体系更加完善，防洪减灾能力进一步提高；要完善流域防洪减灾措施，加快推进大藤峡建设、洋溪等控制性枢纽工程前期工作，力争早日开工建设，适时续建龙滩水库，进一步加快江海堤防达标建设。加强流域骨干水库统一调度，提高流域抗御特大洪水灾害的能力。在规划期内，使柳州市主要城区达到 100 年一遇的防洪标准。

3.《柳江流域综合规划》

2010 年 2 月，中水珠江规划勘测设计有限公司（原水利部珠江水利委员会勘测设计研究院）编制完成《柳江流域综合规划报告》，2016 年 8 月水利部水利水电规划设计学院以"水总规〔2016〕1316 号"文将规划审查意见上报水利部。

该报告规划，柳州市防洪标准为 100 年一遇，河池市为 50 年一遇，县城为 20～30 年一遇，乡镇和万亩以上农田为 10 年一遇，村庄和万亩以下农田为 5～10 年一遇。

2.4.2　城市防洪规划成果

2020 年 11 月 15 日，广西壮族自治区人民政府以"桂政涵〔2020〕118 号"文批复的《广西柳州市城市防洪规划修编（2018—2035)》。根据城市总规划及地形情况，柳州市市区分别按河北、白沙、官塘、阳和、河西、鸡喇、响水、雒容东、雒容西、沙塘镇等 11 个片区设防。现状保护人口约为 59.34 万人，规划保护人口约为 116.97 万人，规划保护面积约为 174.61km²（图 2-4-1）。

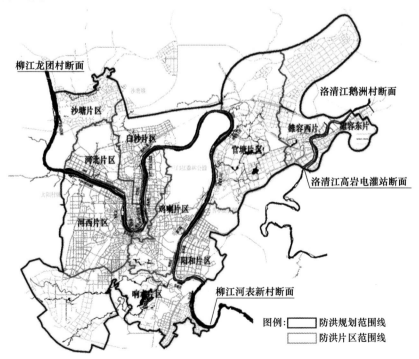

图 2-4-1　柳州市防洪片区划分图

位于柳江两岸主城区的河北、白沙、官塘、阳和、河西、河东、鸡喇等保护区分布有众多的大中型的企事业单位和重要的行政单位，为柳州市的核心片区，确定为重要保护区，其防洪标准为 100 年一遇，采用堤库结合设防，城区堤防建设标准为 50 年一遇，通过上游水库调节达到 100 年一遇。

上述流域规划、城市总规划及相关配套规划报告可作为城市防洪体系建设以及老旧防洪排涝泵站扩容升级改造工程规模复核的主要依据。

3 柳州市防洪排涝工程现状分析

3.1 柳州市防洪工程的地位和作用

柳州市是柳江流域的重要城市，是国家重点防洪城市，柳州市防洪工程是《珠江流域防洪规划》拟定的柳江流域中下游防洪体系的重要组成部分，对柳州市防洪排涝泵站技术改造涉及柳北区、柳南区、城中区、鱼峰区等市区，基本囊括了整个柳州市区。因此，柳州市防洪排涝泵站技术改造是柳州市市区防洪排涝中的重要组成部分，是在社会经济形势变化下对柳州市市区防洪工程体系的补充和完善。

3.2 柳州市水利水电建设概况

柳州市市区主要为孤峰岩溶平原地貌，柳江洛清江两岸冲沟较多，主要为冲积Ⅱ级阶地，地面高程为 81～90m。排涝泵站分布于柳江两岸Ⅱ级阶地上，现地面高程为 81.16～96.86m。

3.2.1 流域防洪工程现状

柳江防洪控制性水库规划有洋溪水库、落久水库和木洞水库，洋溪水库正在可研阶段，木洞水库尚处于规划设计阶段（表 3-2-1）。

表 3-2-1 柳州市市区内河情况列表（部分）

片区	序号	支流名称	集水面积/km²	河道长度/km	整治标准	洪峰流量/(m³/s)	河道整治长度/km	备注
沙塘镇	1	沙塘河	42.47	14.7	$P=5\%$	222	9.5	
	2	古灵河	9.35	4.55	$P=5\%$	78.5	1.6	
	3	大湾沟	4.96	3.54	$P=5\%$	48.4	1.3	
河北片区	4	云头溪	19.91	11.3	$P=2\%$	120	3.13	
	5	白露冲	6.851	4.5	$P=2\%$	69.1	2.36	
	6	独木冲	0.769	1.3	$P=2\%$	11.8	0.4	
白沙片区	7	回龙冲	6.21	5.21	$P=2\%$	51.3	2.6	
	8	新江河	6.22	4.94	$P=2\%$	45.1	2.86	
	9	香兰河	16.13	12.2	$P=2\%$	82.2	1.45	

续表

片区	序号	支流名称	集水面积/km²	河道长度/km	整治标准	洪峰流量/(m³/s)	河道整治长度/km	备注
官塘片区	10	洛埠沟	3.68	2.7	$P=2\%$	43	2.7	
	11	莫道江北支	69.32	24.77	$P=2\%$	359	17.15	
	12	莫道江南支	6.55	3.72	$P=2\%$	68.5	3.72	
	13	官塘冲	26.85	9.28	$P=2\%$	185	7.34	正在实施
	14	交雍沟	19.52	8.74	$P=2\%$	141	8.74	正在实施
阳和片区	15	犁头咀	26.02	3.12	$P=2\%$	81.8	0.68	
	16	董家冲	3.6	2.51	$P=2\%$	38.1	1.36	
	17	大塘冲	15.83	4.33	$P=2\%$	211	2.96	
河西片区	18	新圩上河	60.88	12.1	$P=5\%$	320	4.6	
	19	新圩下河	6.3	4.91	$P=5\%$	61.4	1.67	
	20	和平沟	7.26	6.58	$P=2\%$	71.1	4.26	
	21	曾家沟	5.61	6.21	$P=2\%$	43	2.89	
	22	竹鹅溪	72.8	21.5	$P=2\%$	412	4.35	
河东片区	23	唐家沟	3.1	3.6	$P=2\%$	38.2	0.86	
鸡喇片区	24	冷水冲	10.44	8.28	$P=2\%$	63.8	3.56	
响水片区	25	龙珠河	434	47.7	$P=5\%$	1115～1467	7.5	
	26	都乐河	308	42.3	$P=2\%$	987～1281	8.3	
	27	保村河	323	37.1		923	7.858	
	28	九曲河	89.3	25.9		297	7.236	
	29	三千河	266	30	$P=5\%$	938	10.21	
	30	进德河	23.4	8.3		113	7.9	
	31	河表河	3.47	6.47		34.5	3.16	
雒容东片区	32	马步河	39.1	10.6	$P=2\%$	215	7.7	
	33	杨弓湾	11.63	8.51	$P=2\%$	94.6	2.62	
	34	林家沟	2.26	2.22	$P=2\%$	28.5	1.03	
	35	城阁北沟	1.62	2.3	$P=2\%$	19.7	1.29	
	36	城阁南沟	1.17	1.42	$P=2\%$	14.9	1.68	

片区	序号	支流名称	集水面积/km²	河道长度/km	整治标准	洪峰流量/（m³/s）	河道整治长度/km	备注
雒容西片区	37	东小河	25.98	12.9	P=2%	207	7.48	
	38	西小河	39.49	18.06	P=2%	245	9.15	
	39	雒容中沟	5.27	3.63	P=2%	58.4	2.62	
	40	雒容南沟	4.16	4.42	P=2%	41	3.25	
合计							181.024	

柳州市市区集雨面积较小的汇入柳江干流的一级支流有很多，较有代表性的支流有：华丰湾的集雨面积为 1.52km²，河长为 0.75km，平均坡降为 6.4‰；福利院冲沟的集雨面积为 0.89km²，河长为 1.26km，平均坡降为 13.89‰；冷水冲沟的集雨面积为 13.60km²，河长为 6.43km，平均坡降为 2.14‰；龙泉冲沟的集雨面积为 1.27km²，河长为 1.68km，平均坡降为 1.90‰；雅儒沟的集雨面积为 1.96km²，河长为 2.3km，平均坡降为 5.2‰；三中干渠的集雨面积为 1.26km²，河长为 1.87km，平均坡降为 4.8‰；回龙冲沟的集雨面积为 7.02km²，河长为 5.21km，平均坡降为 3‰；新江冲沟的集雨面积为 6.22km²，河长为 4.94km，平均坡降为 6.3‰；香兰冲沟的集雨面积为 32.26km²，河长为 12.15km，平均坡降为 3.1‰；胜利干渠的集雨面积为 1.73km²，河长为 2.1km，平均坡降为 4.2‰。

柳江流域地势是北部与西北部高，南部和东南部低。上游为高山峡谷地形，约占流域总面积的 43%，中、下游为低山丘陵区，约占流域总面积的 57%。柳江属山区性河流，但河谷比较宽阔，柳州市以上河段沿岸多为山地、丘陵，地势北高南低，河宽为 200~750m；柳州市以下河段两岸为丘陵与台地平原相间，河宽为 250~1000m，两岸台地高出枯水面 15m 左右。沿江河床多为基岩，上部由粒径较大的沙卵砾石层覆盖，河道稳定，水量充沛。

柳江上游防洪控制性水库规划有洋溪水库、落久水库和木洞水库。其中，洋溪水库位于广西壮族自治区柳州市三江侗族自治县洋溪乡政府所在地上游约 1.3km 处，坝址以上控制集水面积 13165km²，占下游防洪控制断面柳州站以上流域面积的 29.0%。水库总库容 9.92 亿 m³，正常蓄水位 163m，防洪限制水位 156m，防洪高水位 187.35m。洋溪水库正在设计阶段。

落久水库位于广西壮族自治区柳州市融水苗族自治县东北约 13km 的贝江中下游河段上，坝址以上控制集水面积 1746km²。水库总库容 3.43 亿 m³，正常蓄水位 153.5m，防洪限制水位 142m，防洪高水位 161.0m。落久枢纽工程于 2015 年 10 月开工建设，工程于 2020 年 10 月建成蓄水。

柳江下游段已建成红花水利枢纽，红花水利枢纽坝址位于柳江下游河段红花村里雍林场附近的柳江上，集水面积 46810km²，是一座以发电、航运为主，兼顾灌溉、旅游、养殖的综合利用工程，水库具有日调节性能。水库正常蓄水位 77.50m，死水位 70.60m，总库容 30 亿 m³，工程于 2005 年 10 月建成蓄水。其中，柳江柳州市河西片区上游段的安全过流量为 22500m³/s，约为 10 年一遇，目前防洪能力不能满足城市发展的要求，除此之外，其余片区柳江河段均满足安全过流要求。

3.2.2　堤防工程

柳州市已建、在建及待建堤防总长为 54.374km，其中柳江两岸堤防长为 48.101km，响水河两岸堤防长为 6.273km。

柳江柳州市市区河段已建、在建及待建防洪治涝工程范围从上游的维义村起，至下游的大塘沟止，河段长约为 55km，按分区设防的原则，共分河北、白沙、官塘、阳和、河西、河东、鸡喇等 7 个防洪片区，其中，河西、河北、河东、白沙、鸡喇等 5 个片区已按柳江已有防洪规划的规模建成堤防共 10 个堤段，分别为河西堤、华丰湾堤、河东堤、鸡喇堤、木材厂堤、雅儒堤、柳州饭店堤、三中堤、白沙堤、鹧鸪江堤，堤防总长 25.068km（其中 2 级堤防 16.879km，3 级堤防 8.189km），护岸 14.19km，保护面积 41.55km²，保护人口 44.39 万人；于 2016 年以市政道路型式建设沿江道路起到防洪作用的堤防共 1 段，为河东堤下游延长线段，长 4.569km，保护人口 2.09 万人，保护面积 2.09km²；在建的堤防共 5 段，分别为白露堤、官塘堤上段、官塘堤下段、静兰堤、阳和堤，堤防长 16.11km（2 级堤防），护岸 4.78km；可研已批复待建的堤防有 1 段，为曙光堤，堤防长 2.354km（2 级堤防）。

到目前为止，项目区内已建的水利工程如下。

1. 柳州市防洪工程鹧鸪江堤

柳江左岸白沙片区鹧鸪江堤，堤防起于柳州师范学校，经鹧鸪江大桥，封闭于崖头抽水站，设置油库副堤，堤防沿柳江左岸Ⅱ级阶地临江侧布置，堤防全长 1.856km，其中主堤长 1.806km，副堤长 0.05km，主要堤型为土堤、混凝土堤，设计标准为 $P=2\%$，批复堤防等级为Ⅱ等 2 级，保护人口 5.25 万人，保护面积 7.1km²。该段堤防已于 2013 年 11 月竣工验收。

2. 柳州市防洪工程白沙堤

柳江左岸白沙片区白沙堤为 1994 年防洪规划建设堤段，堤防起于地区公安处，经壶西大桥、河东大桥，封闭于回龙冲，堤防沿柳江左岸Ⅱ级阶地临江侧布置，堤防全长 4.756km，主要堤型为土堤、混凝土堤，设计标准为 $P=2\%$，批复堤防等级为Ⅱ等 3 级，保护人口 1.2 万人，保护面积 1.52km²。该段堤防已于 2010 年 1 月竣工验收。

3. 柳州市防洪工程雅儒堤

柳江左岸河北片区雅儒堤为 1994 年防洪规划建设堤段，堤防起于雅儒路，经红光大桥，封闭于中山路，堤防沿柳江左岸Ⅱ级阶地布置，堤防全长 0.323km，主要堤型为钢筋混凝土堤，设计标准为 $P=2\%$，批复堤防等级为Ⅱ等 2 级，保护人口 2.26 万人，保护面积 1.92km²。该段堤防已于 2006 年 6 月竣工验收。

4. 柳州市防洪工程三中堤

柳江左岸河北片区三中堤为 1994 年防洪规划建设堤段，堤防起于柳州饭店，封闭于柳州市第三中学，堤防沿柳江左岸Ⅱ级阶地，柳州市第三中学的临江侧布置，堤防全长 0.56km，主要堤型为浆砌石堤，设计标准为 $P=2\%$，批复堤防等级为Ⅱ等 2 级，保护人口 0.9 万人，保护面积 1.28km²。该段堤防已于 2013 年 11 月竣工验收。

5. 柳州市防洪工程华丰湾堤

柳江右岸河西片区华丰湾堤为1994年防洪规划建设堤段，堤防起于柳南水厂，封闭于飞鹅路，堤防沿柳江左岸Ⅱ级阶地临江侧布置，堤防全长1.068km，其中主堤长0.583km，连接路堤长0.485km，主要堤型为混凝土堤、土石混合堤，设计标准为$P=2\%$，批复堤防等级为Ⅱ等2级，保护人口1.19万人，保护面积14.22km²。该段堤防于2006年6月已竣工验收。

6. 柳州市防洪工程河西堤

柳江右岸河西片区河西堤为1994年防洪规划建设堤段，堤防起于渡口屯，封闭于市中药厂，堤防沿柳江左岸Ⅱ级阶地临江侧布置，堤防全长3.433km，主要堤型为土堤、混凝土堤、浆砌石堤，设计标准为$P=2\%$，批复堤防等级为Ⅲ等3级，保护人口11.29万人，保护面积10.2km²。该段堤防已于2006年6月竣工验收。

7. 柳州市防洪工程鸡喇堤

柳江右岸鸡喇片区鸡喇堤为1994年防洪规划建设堤段，堤防起于福利院，封闭于鸡喇街，堤防沿柳江左岸Ⅱ级阶地临江侧布置，堤防全长2.592km，其中主堤长2.471km，副堤长0.121km，主要堤型为土堤、混凝土堤，设计标准为$P=2\%$，批复堤防等级为Ⅱ等2级，保护人口8.81万人，保护面积10.22km²。该段堤防已2010年1月竣工验收（表3-2-2、表3-2-3）。

3.2.3 排涝工程

治涝标准：根据治涝与防洪同步原则，治涝工程规划水平年为2035年。内涝治理按自排、抽排暴雨洪水两种不同情况选定不同的标准（表3-2-4、表3-2-1）。

1. 自排

根据国家颁布的《防洪标准》（GB 50201—2014），柳州市市区其防洪堤各排涝闸和排水渠的排涝标准按年最大24h降雨$P=2\%$产生的暴雨洪水保护区内不成灾。柳州市城市防洪规划共设置防洪涵闸113座，其中已建、在建防洪闸54座，穿堤涵26座，规划防洪闸33座。防洪排涝闸主要建筑物包括进水口、涵身、闸室段、出水渠等四部分。

2. 抽排

采用内外江雨洪遭遇时段最大24h降雨进行统计，城区取$P=5\%$，沙塘镇取$P=10\%$作为治涝标准。柳江统计柳州（二）水文站水位从82.03m—洪峰—82.03m水位过程内最大24h降雨，洛清江统计对亭水文站水位从78m—洪峰—78m水位过程内最大24h降雨，这一降雨产生的雨洪经调蓄及泵站抽排后，其最高内涝淹没水位控制在允许淹没水位以下。

排涝分区：根据治涝工程总体布局，柳州市共分为河北片区、白沙片区、官塘片区、阳和片区、河西片区、河东片区、鸡喇片区、响水片区、雒容东片区、雒容西片区、沙塘片区共11片大治涝片区，然后再结合各具体保护片区内的冲沟、地形特点及雨水分区等进行小的治涝分区划分，共划分86个自排分区和73个抽排分区。

柳州市城市防洪工程共设置泵站74座，总装机131319kW，其中已建、在建43座，装机76939kW，规划31座，装机54380kW。

表3-2-2 柳州市防洪工程防洪（涵）闸汇总参数表

位置	片区	堤段	顺序	闸名称	所在河流	集雨面积/km²	最大过闸流量/(m³/s)	关闸水位/m	闸前控制水位/m	涵闸底坎高程/m	孔数	尺寸/m(宽×高)	备注
柳江左岸	沙塘片区	沙塘堤	1	沙塘防洪闸	沙塘河	32.70	231.00	86.00	90.0	78.50	2	5.0×5.0	在建
			2	古灵防洪闸	古灵河	14.26	136.00	86.50	89.0	78.50	2	4.0×4.0	在建
	河北片区	白露堤	3	云头溪上支排涝涵	云头溪上支	0.78	7.40	84.00	92.3	80.50	1	1.2×1.2	在建
			4	云头溪排涝闸	云头溪	20.40	118.00	82.50	85.5	78.20	2	3.5×4.0	在建
			5	电厂防洪闸	电厂引水渠	—	16.73	—	—	87.35	2	3.5×3.0	已建
			6	云头村防洪闸	电厂排水渠	—	16.73	89.70	90.0	87.35	1	4.5×3.5	已建
			7	冷水冲排涝涵	冷水冲	0.77	根据市政排水沟设穿堤涵	85.00	87.0	87.00	1	φ0.6	已建
			8	独木冲防洪闸	独木冲	6.85	13.20	85.00	87.0	81.60	1	2.0×2.0	已建
			9	白露冲防洪闸	白露冲		79.30	82.50	87.0	73.00	2	3.0×4.0	已建
		木材厂	10	水面排涝涵	居民排水沟	1.50	根据市政排水沟设穿堤涵	86.00	88.5	85.50	1	φ1.0	已建
			11	木材厂防洪闸	市政排水沟		19.90	86.00	88.5	80.50	1	2.5×3.0	已建
			12	桂景湾排涝涵	桂景湾市政排水沟		根据市政排水沟设穿堤涵			82.97	1	φ1.0	已建
			13	香格里别墅排涝涵	市政排水渠		根据市政排水沟设穿堤涵			85.79	1	φ1.0	已建
			14	开发区上游排涝涵	市政排水渠		根据市政排水沟设穿堤涵			86.19	1	φ1.0	已建
			15	开发区下游排涝涵	市政排水渠		根据市政排水沟设穿堤涵			86.55	1	φ1.0	已建
			16	木材厂车间上游排涝涵	市政排水渠		根据市政排水沟设穿堤涵			86.31	1	φ1.0	已建
			17	木材厂车间下游排涝涵	市政排水渠		根据市政排水沟设穿堤涵			86.50	1	φ1.0	已建
			18	林机厂防洪闸	市政排水沟		—	86.00	88.5	82.90	1	1.5×1.5	已建
		雅儒堤	19	雅儒防洪闸	雅儒沟	1.52	22.10	82.50	85.0	75.83	1	2.5×5.5	已建
		曙光堤	20	立新防洪闸	立新干渠	0.41	10.02	82.50	85.0	77.50	1	2.0×2.0	规划
			21	东台防洪闸	东台干渠	0.83	18.50	82.20	83.0	77.50	2	3.5×3.0	规划

续表

片区	位置	堤段	顺序	闸名称	所在河流	集雨面积/km²	最大过闸流量/(m³/s)	关闸水位/m	闸前控制水位/m	涵闸底坎高程/m	孔数	尺寸/m(宽×高)	备注
河北片区		柳州饭店堤	22	柳州饭店5#防洪闸	柳州饭店5#渠	0.11	3.88	86.00	86.5	71.70	1	1.0×1.5	已建
			23	柳州饭店6#防洪闸	柳州饭店6#渠	0.01	0.80	86.00	86.5	72.80	1	1.0×1.5	已建
		三中堤	24	三中防洪闸	三中干渠	0.78	5.96	81.50	85.5	72.90	1	1.8×1.4	已建
			25	市委南支渠防洪闸	南支渠	0.24	14.50	81.50	85.0	79.52	1	1.8×1.4	已建
	柳江左岸	白沙堤	26	三桥西防洪闸	黄村排水干渠	0.98	18.00	81.25	83.5	79.06	1	2.5×2.18	已建
			27	锌品厂防洪闸	锌品厂支渠	0.39	7.00	81.23	85.5	81.30	1	2.0×2.0	已建
			28	二纸厂防洪闸	二纸厂支渠	0.06	1.80	81.16	89.0	85.20	1	φ1.5	已建
			29	针织厂防洪闸	针织厂支渠	0.08	2.00	81.14	86.0	83.20	1	φ1.5	已建
			30	上白沙防洪闸	上白沙支渠	1.67	21.50	81.08	85.0	76.81	1	2.0×2.0	已建
			31	下白沙防洪闸	下白沙支渠	0.30	6.30	81.02	86.5	81.69	1	1.6×1.6	已建
			32	化纤厂防洪闸	胜利干渠	1.65	19.60	80.93	84.0	75.89	1	2.0×2.0	已建
白沙片区			33	二桥下游排涝涵	市政排水沟		根据市政排水沟设穿堤涵			83.14	1	φ1.0	已建
			34	3+454排涝涵	市政排水沟		根据市政排水沟设穿堤涵			80.80	1	φ0.6	已建
			35	3+963排涝涵	市政排水沟		根据市政排水沟设穿堤涵			83.86	1	φ1.0	已建
			36	4+366排涝涵	市政排水沟		根据市政排水沟设穿堤涵			78.00	1	φ0.8	已建
			37	回龙冲防洪闸	回龙冲沟	6.21	57.30	80.80	83.5	71.00	2	2.5×3.0	已建
		鹧鸪江堤	38	新江排涝闸	新江冲沟	6.22	45.10	80.68	83.5	78.10	1	3.0×4.5	已建
			39	香兰排涝闸	香兰冲沟	32.26	89.30	80.59	83.5	78.10	1	4.5×4.5	已建
官塘片区		官塘上段	40	洛埠沟防洪闸	洛埠沟	3.68	33.40	80.00	83.5	77.00	1	2.5×3.0	在建
			41	莫道江南支防洪闸	莫道江南支沟	6.55	49.10	80.00	85.0	77.30	1	3.0×3.0	在建

续表

| 片区 | 位置 | 堤段 | 顺序 | 闸名称 | 所在河流 | 集雨面积/km² | 最大过闸流量/(m³/s) | 关闸水位/m | 闸前控制水位/m | 涵闸底坎高程/m | 闸孔 | | 备注 |
											孔数	尺寸/m（宽×高）	
官塘片区		官塘堤下段	42	官塘冲上支闸	官塘冲上支沟	0.53	14.10	80.00	83.0	77.50	1	2.0×2.0	在建
			43	官塘冲防洪闸	官塘冲	26.85	206.00	80.00	83.0	77.50	3	4.5×5.0	在建
			44	交雍沟防洪闸	交雍沟	19.52	130.00	80.00	83.0	77.40	2	4.0×5.0	在建
阳和片区	柳江左岸	阳和堤	45	犁头咀高水高排涵管	犁头咀冲沟	8.76	77.80	78.34	81.0	77.30	3	3.0×3.0	在建
			46	犁头咀冲排涵管	犁头咀冲沟	17.26	108.00	89.30	—	—	3	4.0×3.0	在建
			47	三家冲防洪闸	三家冲	4.11	40.00	80.00	83.0	77.20	1	2.5×3.0	在建
			48	董家沟防洪闸	董家沟	3.60	38.10	80.00	84.0	77.74	1	2.5×3.0	在建
			49	社湾排涝涵	社湾沟	0.86	6.00	80.00	84.0	77.50	1	φ1.35	在建
			50	江泗冲防洪闸	江泗冲	2.36	24.00	80.00	83.0	77.86	1	3.8×2.6	在建
			51	红银防洪闸	红银沟	0.73	7.30	80.00	83.0	77.20	1	2.0×3.0	在建
			52	封木防洪闸	封木渠	4.19	38.10	80.00	83.0	77.65	1	3.5×3.5	在建
			53	大塘防洪闸	大塘冲	16.80	164.00	80.00	82.5	77.65	3	4.0×4.0	在建
河西片区	柳江右岸	河西堤上游延长线段	54	和平沟防洪闸	和平沟	7.26	59.00	82.50	85.0	78.50	1	4.0×4.0	规划
			55	曾家沟防洪闸	曾家沟	6.43	—	82.50	84.5	78.50	1	4.0×4.0	规划
			56	老韩冲防洪闸	老韩冲	0.80	10.40	82.50	87.0	78.50	1	1.5×2.0	规划
		河西堤	57	渡口村上排涝涵	居民排水沟	根据市政排水沟设穿堤涵				86.00	1	φ0.6	已建
			58	渡口村下排涝涵	居民排水沟	根据市政排水沟设穿堤涵				85.00	1	φ1.0	已建
			59	航监楼防洪闸	潭中排水干渠	0.24	5.41	82.50	86.0	81.25	1	1.0×1.3	已建
			60	0+680排涝涵	居民排水沟	根据市政排水沟设穿堤涵				84.04	1	φ0.6	已建
			61	壶西桥下游排涝涵	居民排水沟	根据市政排水沟设穿堤涵				80.00	1	φ0.6	已建
			62	1+030排涝涵	居民排水沟	根据市政排水沟设穿堤涵				85.70	1	φ0.6	已建

续表

位置	片区	提段	顺序	闸名称	所在河流	集雨面积/km²	最大过闸流量/(m³/s)	关闸水位/m	闸前控制水位/m	涵闸底状高程/m	孔数	尺寸/m（宽×高）	备注
	河西片区	河西堤	63	崩冲防洪闸	崩冲沟	6.09	51.70	82.30	85.5	78.50	1	3×4	已建
			64	磨滩村排涝涵	居民排水沟	0.61	根据市政排水沟设穿堤涵			86.00	1	φ0.6	已建
			65	水电段防洪闸	市政排水沟		10.10	82.00	86.0	78.50	1	1.5×1.5	已建
			66	铁桥头排涝涵	市政排水沟		根据市政排水沟设穿堤涵			83.20	1	φ1.0	已建
			67	竹鹅溪防洪闸	竹鹅溪	72.80	383.20	81.80	84.5	72.50	3	3.5×7.0	已建
			68	景江苑排涝涵	市政排水沟		根据市政排水沟设穿堤涵			83.10	1	φ0.6	已建
		华丰湾堤	69	防空洞防洪闸	河西防空洞		81.80	81.80	85.0	79.70	1	2.0×2.0	已建
			70	华丰湾防洪闸	华丰湾	1.52	33.20	81.80	85.0	71.00	2	2.5×2.5	已建
柳江右岸	河东片区		71	印染厂防洪闸	印染厂支渠	0.57	9.17	84.00	86.0	82.50	1	2.0×2.0	已建
			72	三棉厂防洪闸	三棉厂支渠	0.19	3.72	84.00	86.0	78.70	1	1.2×1.5	已建
			73	友谊桥防洪闸	友谊桥支渠	1.18	19.11	85.00	87.0	79.50	1	2.5×3.0	已建
		河东堤	74	三桥东防洪闸	三桥南、三桥北排洪渠	0.59	7.03	84.80	85.5	80.00	1	2.5×3.0	已建
			75	目伯冲防洪闸	河东三干渠	1.35	19.50	86.00	88.0	81.40	1	2.5×3.0	已建
			76	王家村防洪闸	河东二干渠	1.44	17.11	87.00	89.0	80.00	1	2.5×3.0	已建
			77	河东桥防洪闸	河东一干渠	0.97	14.91	85.00	87.0	78.88	1	2.5×3.0	已建
			78	二棉北防洪闸	二棉北沟	0.25	5.30	85.00	87.0	82.50	1	1.5×2.0	已建
		河东堤下游延长线	79	新村防洪闸	新村沟	1.42	15.70	86.50	88.0	86.50	1	3.0×3.0	规划
			80	唐家防洪闸	唐家冲	3.10	38.20	85.00	87.0	78.00	1	2.5×3.0	规划
			81	下茅洲防洪闸	下茅洲	0.81	7.60	86.50	88.5	78.00	1	1.5×2.0	规划
			82	油炸沟防洪闸	油炸沟	1.05	14.90	84.50	86.5	78.00	1	2.0×2.5	规划

续表

片区	位置	堤段	顺序	闸名称	所在河流	集雨面积/km²	最大过闸流量/(m³/s)	关闸水位/m	闸前控制水位/m	涵闸底坎高程/m	孔数	尺寸/m (宽×高)	备注
鸡喇片区	柳江右岸	静兰堤	83	静兰下防洪闸	西环干渠	19.43	106.00	80.00	81.5	76.64	2	3.5×4.0	在建
		鸡喇堤	84	福利院防洪闸	福利院冲沟	0.51	10.20	80.00	82.0	75.70	1	1.6×1.8	已建
			85	冷水冲防洪闸	冷水冲沟	11.19	66.20	77.71	82.0	70.90	2	3.0×6.0	已建
			86	龙泉冲防洪闸	龙泉冲沟	1.13	14.30	77.71	81.5	78.50	1	2.0×2.0	已建
			87	柳机厂排涝涵	柳机厂	根据市政排水沟设穿堤涵				68.00	1	φ1.0	已建
			88	莲花防洪闸	莲花干渠	6.35	42.30	78.00	80.0	70.60	1	4.5×5.0	已建
			89	鸡喇副堤排涝涵	柳石路	根据市政排水沟设穿堤涵				79.00	1	φ0.8	已建
响水片区	响水河	洛维堤	90	洛维防洪闸	洛维冲	0.83	12.50	80.00	82.0	77.50	1	2.0×2.0	规划
		月山堤	91	月山防洪闸	月山沟	6.08	58.80	79.00	82.5	77.50	1	3.5×4.5	规划
		园艺场堤	92	环江防洪闸	环江	1.67	22.80	80.00	84.8	77.50	1	2.0×3.0	规划
			93	跃进防洪闸	跃进	2.84	33.10	80.50	83.1	78.00	1	3.0×3.0	规划
		都乐右堤	94	都乐防洪闸	都乐	13.60	94.80	81.00	84.4	78.50	2	3.0×4.0	规划
		社王堤	95	社王防洪闸	社王	15.60	112.00	81.50	88.4	78.50	2	3.0×4.0	规划
		都乐左堤	96	千亩湖防洪闸	千亩湖	4.46	42.90	81.00	84.6	78.50	1	3.0×3.0	规划
		乐龙堤	97	龙珠防洪闸	龙珠	1.08	17.30	80.50	83.8	78.00	1	2.0×2.5	规划
		响龙堤	98	新坡防洪闸	新坡	1.75	25.30	81.00	82.9	78.50	1	3.0×3.0	规划
			99	塘背防洪闸	塘背	1.45	19.90	80.00	82.6	77.50	1	2.0×3.0	规划
维谷东片区	洛清江左岸	维谷堤	100	马步河防洪闸	马步河	39.10	219.00	80.00	82.0	74.00	3	4.5×4.5	规划
		东芽堤	101	大芽防洪闸	大芽沟	2.29	34.90	80.00	83.0	74.00	1	2.5×3.0	规划

续表

片区	位置	堤段	顺序	闸名称	所在河流	集雨面积/km²	最大过闸流量/(m³/s)	关闸水位/m	闸前控制水位/m	涵闸底状高程/m	闸孔		备注
											孔数	尺寸/m（宽×高）	
雒容东片区	洛清江左岸	雒容东堤	102	杨弓湾防洪闸	杨弓湾	11.63	94.60	79.00	82.0	73.75	2	3.5×4.0	规划
			103	盘古沟防洪闸	盘古沟	2.26	30.20	80.00	82.0	75.75	1	2.5×3.0	规划
			104	王家沟防洪闸	王家沟	0.98	14.90	80.00	82.0	76.00	1	2.0×2.0	规划
			105	林家沟防洪闸	林家沟	2.26	29.60	79.00	83.0	76.00	1	3.0×3.0	规划
			106	城阁北沟防洪闸	城阁北沟	1.62	20.50	79.00	83.0	75.00	1	2.5×3.0	规划
			107	城阁南沟防洪闸	城阁南沟	1.17	15.50	78.50	82.0	75.00	1	2.0×2.0	规划
雒容西片区	洛清江右岸	雒容西堤	108	东小河防洪闸	东小河	29.10	207.00	79.00	81.0	74.00	3	5.0×5.0	规划
			109	西小河防洪闸	西小河	38.29	245.00	79.00	81.0	74.00	3	5.0×5.0	规划
			110	雒容中沟防洪闸	雒容中沟	5.74	64.00	79.00	81.0	75.00	1	4.0×4.0	规划
			111	雒容上支防洪闸	雒容上支沟	0.47	6.50	79.00	81.0	75.00	1	2.0×2.0	规划
			112	雒容下支防洪闸	雒容下支沟	0.49	5.60	79.00	81.0	75.00	1	2.0×2.0	规划
			113	雒容南沟防洪闸	雒容南沟	4.65	46.20	78.50	81.0	75.00	1	3.0×4.0	规划

表 3-2-3　现状堤防工程建设统计表

位置	片区	堤段名	建设性质	建设标准	堤线长度/km 主堤	堤线长度/km 支堤	堤防级别	堤首水位/m (P=2%)	堤末水位/m (P=2%)	护岸	排涝闸/个	排涝泵站 座数/座	排涝泵站 总装机/kW	保护人口/万人	保护面积	备注
柳江左岸	沙塘片区	沙塘堤	在建	P=1%	0.826	0	1级	沙塘河口 93.91	古灵河口 93.63	0.41	1	2	10500	26.8	6.25	
	河北片区	白露堤	在建	P=2%	2.747		2级	唯又村 92.31	云头村 92.13		1	1	4410	3.2	3.43	
		木材厂堤	已建	P=2%	4.303	0.132	2级	云头村 92.13	区林机厂 91.76	3.05	6	4	3597	2.4	10.4	
		雅儒堤	已建	P=2%	0.323	0	2级	雅儒路 91.37	中山路 91.37	0	1	1	840	2.26	1.92	
		柳州饭店堤	已建	P=2%	0.539	0	2级	柳州饭店 90.82	柳州饭店 90.82	0.54	2	1	222	1.2	1.52	
		三中堤	已建	P=2%	0.56	0	2级	柳州饭店 90.82	柳州市第三中学 90.82	0.56	2	1	620	0.9	1.28	
		小计			9.298	0.132				4.56	14	10	20189	36.76	24.8	
	白沙堤片区	白沙堤	已建	P=2%	4.756		3级	地区公安处 90.71	回龙 90.23	2.9	8	5	4595	7.98	9.55	
		鹧鸪江堤	已建	P=2%	1.806	0.05	2级	市师范学校 90.00	岸头抽水站 89.80	0.8	2	2	2060	5.25	7.1	
		小计			6.562	0.05				3.7	10	7	6655	13.23	16.65	
	官塘片区	官塘堤上段	在建	P=2%	1.144	0	2级	洛埠沟 88.86	莫道江南支 88.51	0.15	2	2	1485	24.57	34.29	
		官塘堤下段	在建	P=2%	2.9	0	2级	官塘上 88.16	雍沟 87.8		3	2	8190			
		小计			4.044	0				0.15	5	4	9675	24.57	34.29	
	阳和片区	阳和堤	在建	P=2%	8.676	0	2级	六座村 87.3	大塘冲 85.95	2.48	7	7	13110	7.7	20.32	
		小计			8.676	0			大塘冲 85.95	2.48	7	7	13110	7.7	20.32	
		合计			28.58	0.182				10.89	36	28	49629	82.26	96.06	
柳江右岸	河西片区	河西堤	已建	P=2%	3.433	0	3级	渡口屯 91.76	市中药厂 91.37	2.85	4	4	13850	11.29	10.2	
		华丰湾堤	已建	P=2%	0.583	0.485	2级	柳南水厂 91.27	飞鹅路 91.27	0	1	1	1040	1.19	14.22	
		小计			4.016	0.485				2.85	5	5	14890	12.48	24.42	

续表

位置	片区	堤段名	建设性质	建设标准	堤线长度/km 主堤	堤线长度/km 支堤	堤防级别	堤首水位/m (P=2%)	堤末水位/m (P=2%)	护岸	排涝闸/个	排涝泵站 座数/座	排涝泵站 总装机/kW	保护人口/万人	保护面积	备注
柳江右岸	河东片区	河东堤	已建	P=2%	5.506	0	2级	市卫校90.95	河东大桥下游90.34	1.93	8	6	4540	3.57	3.57	市政已建、未设排涝措施
		河东堤下游延长线	已建	P=2%	4.569	0	2级	河东大桥下游90.34	油榨89.75		8			2.09	2.09	
		小计			10.075	0				1.93	8	6	4540	5.66	5.66	
	鸡喇片区	静兰堤	在建	P=2%	0.593	0.05	2级	静兰桥	余家村86.950	2.15	1	1	3200	5.7	5.66	
		鸡喇堤	已建	P=2%	2.471	0.121	2级	福利院86.58	鸡喇街86.27	1.559	4	3	4680	8.81	10.22	
		小计			3.064	0.171				3.709	5	4	7880	14.51	15.92	
		合计			17.155	0.656				8.489	18	15	27310	32.65	46	
响水河及支流		都乐右堤	已建	P=5%	2.355		4级	跃进桥85.94	仙佛洞85.05					0.46	0.65	市政已建、未设排涝措施
		都乐左堤	已建	P=5%	2.428		4级	跃进桥85.94	仙佛洞85.05					0.74	1.04	市政已建、未设排涝措施
		龙珠堤	已建	P=5%	1.49		4级	七彩山庄87.49	清水坝85.38					0.28	0.39	市政已建、未设排涝措施
		合计			6.273	0.838								1.48	2.08	
总计					52.008	0.838				19.379	54	43	76939	116.39	144.14	

表 3-2-4　排涝泵站参数表

片区	堤段	序号	泵站名称	建设情况	所在河流	集雨面积/km²	设计洪峰流量/(m³/s)	抽排流量/(m³/s)	内江水位/m 起抽水位	内江水位/m 控制水位	外江水位/m 设计水位	外江水位/m 最高水位	扬程/m 设计	扬程/m 最大	总装机容量/(台数×kW)	备注
沙塘片区	沙塘堤	1	沙塘泵站	在建	沙塘河	32.7	109	65.1	86	90	87.8	93.91	4	7.91	6×1050	
		2	古灵泵站	在建	古灵河	14.26	34.9	35.4	86.5	89	87.7	93.63	3.1	7.13	4×1050	
河北片区	白露堤	3	云头溪泵站	在建	云头溪	20.4	52.7	38.6	82.5	86.5	86.26	92.17	6.3	11.7	7×630	
	木材厂堤	4	云头村泵站	已建	电厂排水渠	—	16.73	1.76	89.7	90	92.13	92.13	4	4.5	6×160	
		5	独木冲泵站	已建	独木冲沟	0.769	5.39	1.3	85	87	86.19	90.89	5	8.3	3×55	
		6	白露冲泵站	已建	白露冲沟	3.673	33.8	17.5	82.5	87	86.08	92.04	6	9	6×280	
		7	木材厂泵站	已建	木材厂排水渠	1.497	10.6	8.03	86	88.5	87.9	91.82	4	7	6×132	
	雅儒堤	8	雅儒泵站	已建	雅儒沟	1.52	11.7	9.1	82.5	85	83.7	91.37	3.6	8.5	3×280	
	曙光堤	9	立新泵站	规划	立新渠	0.412	4.11	3.96	82.5	85	85.18	91.13	5.5	10.6	3×160	
		10	东台泵站	规划	东台渠	0.833	7.83	7.53	82.2	83	85.04	90.99	5.5	10.8	6×160	
白沙片区	柳州饭店堤	11	柳州饭店泵站	已建	柳州饭店5#渠	0.12	1.67	1.63	86	86.5	88.9	90.84	5	6.5	6×37	
	三中堤	12	三中泵站	已建	三中干渠	1.02	7.79	6.4	82	85	83.38	90.82	5.85	9.124	4×155	
		13	三桥西泵站	已建	黄村排水干渠	0.98	8.8	5.8	82.5	85	83.2	90.7	6.1	11.6	4×155	
		14	锌品厂泵站	已建	锌品厂支渠	0.45	4.08	2.3	85	86	83.18	90.68	2.5	6.5	3×55	
	白沙堤	15	上白沙泵站	已建	上白沙支渠	2.05	14.9	10.76	83	85	83.07	90.38	3	7.6	3×330	
		16	化纤厂泵站	已建	胜利干渠	1.65	11.6	8	82	85	82.94	90.38	3	7.8	3×280	
		17	回龙冲泵站	已建	回龙冲沟	6.21	37.5	19.5	81	85	82.84	90.23	3.62	8.7	6×330	
	鹧鸪江堤	18	新江泵站	已建	新江冲沟	6.22	22.8	6.3	80.68	84.5	84.06	90	3.8	11	4×160	
		19	香兰泵站	已建	香兰冲沟	32.26	39	11.9	80.59	84.5	83.95	89.87	4	11	4×355	

续表

片区	堤段	序号	泵站名称	建设情况	所在河流	集雨面积/km²	设计洪峰流量/(m³/s)	抽排流量/(m³/s)	内江水位/m 起抽水位	内江水位/m 控制水位	外江水位/m 设计水位	外江水位/m 最高水位	扬程/m 设计	扬程/m 最大	总装机容量/(台数×kW)	备注
管塘片区	管塘堤上段	20	洛埠泵站	在建	洛埠沟	3.68	19.5	5	80	83.5	83.07	88.86	4.3	10.4	3×180	
		21	莫道江泵站	在建	莫道江南支	6.55	32.4	8.5	80	85	82.5	88.51	4.4	10.5	3×315	
	管塘冲堤	22	管塘冲泵站	在建	管塘冲	74.3	74.3	48	80	83	82.04	88.06	5.6	10.7	9×560	
	交雍沟堤	23	交雍沟泵站	在建	交雍沟	97.6	97.6	38	80	83	81.87	87.8	2.2	8.8	7×450	
阳和片区	阳和堤	24	犁头咀泵站	在建	犁头咀冲沟	8.76	39	29	78.34	81	81.79	87.2	6.6	11	6×560	
		25	三家冲泵站	在建	三家冲	4.11	19	18.1	80.75	83	81.69	87.1	4.6	9.2	5×400	
		26	董家沟泵站	在建	董家沟	3.6	17.6	16.9	81	84	81.48	86.75	4	8.9	5×355	
		27	江洞村泵站	在建	江洞冲	2.36	11.2	10.6	80.75	83	81.26	86.4	4.2	8.7	3×355	
		28	红银渠泵站	在建	红银渠	0.73	4.1	3.9	80.75	83	81.01	86.2	3.6	7.9	3×145	
		29	封木渠泵站	在建	封木渠	4.19	18	17.2	80.75	83	80.83	86.05	3.9	8.6	5×355	
		30	大塘冲泵站	在建	大塘冲	16.8	97.9	28.5	80.46	82.5	80.65	85.95	4.25	9.7	6×450	
河西片区	河西堤上游延长线	31	和平沟泵站	规划	和平沟	7.26	26.3	16	82.5	85	86.45	92.42	5	10.9	3×630	
		32	曾家沟泵站	规划	曾家沟	6.43	26	16	82.5	84.5	86.25	92.21	5	10.7	3×630	
		33	里边沟泵站	规划	里边沟	3.28	14.3	14.3	85	89	85.9	91.87	3	7.8	3×450	
	河西堤	34	航监楼泵站	已建	潭中排水干渠	0.24	1.27	0.3	85.5	86	84.19	91.6	3	9.7	1×30	
		35	萌冲沟泵站	已建	萌冲沟	6.09	25.5	19.8	82.3	86.5	85.6	91.52	4.33	10.5	4×500	
		36	水电段泵站	已建	柳铁市政排水沟	0.61	3.54	1.18	85.7	86	83.34	91.43	3	9.7	3×40	
		37	竹鹅溪泵站	在建	竹鹅溪	72.8	165	103.5	81.8	84.5	85.32	91.37	5.8	11.5	9×1300	
	华丰湾堤	38	华丰湾泵站	已建	华丰湾	1.52	13	8.95	81.8	85	83.49	91.27	5.6	9	4×260	

续表

片区	堤段	序号	泵站名称	建设情况	所在河流	集雨面积/km²	设计洪峰流量/(m³/s)	抽排流量/(m³/s)	内江水位/m 起抽水位	内江水位/m 控制水位	外江水位/m 设计水位	外江水位/m 最高水位	扬程/m 设计	扬程/m 最大	总装机容量/(台数×kW)	备注
河东片区	河东堤	39	三棉厂泵站	已建	三棉厂支渠	0.754	5.655	5.6	84	86	85.93	90.97	4.2	8.2	4×160	
		40	友谊桥泵站	已建	友谊桥支渠	1.181	8.739	8.73	85	87	85.77	90.84	4	7.1	6×132	
		41	三桥东泵站	已建	三桥南、三桥北排水渠	0.587	4.423	4.41	84.8	85.5	85.67	90.69	4.2	7.2	3×132	
		42	目估冲泵站	已建	河东三干渠	1.352	9.623	9.62	86	88	85.64	90.68	4.8	6.6	6×160	
		43	王家村泵站	已建	河东二干渠	1.442	9.136	9.13	87	89	85.54	90.54	4.8	5.8	6×160	
		44	河东桥泵站	已建	河东一干渠	1.22	8.64	8.63	85	87	85.4	90.37	3.8	6.9	6×132	
	河东堤下游延长线	45	新村泵站	规划	新村沟	1.42	7	5.7	86.5	88	88.4	90.3	3.5	5	3×155	
		46	唐家泵站	规划	唐家沟	3.1	14.3	12	85	87	87.56	90.12	4.2	6.3	3×350	
		47	下茅洲泵站	规划	下茅洲	0.81	3.6	3.6	86.5	88.5	88.21	89.92	3.3	4.5	3×110	
		48	油炸泵站	规划	油炸	1.05	6.2	6.2	84.5	86.5	87.13	89.75	4.2	6.3	3×220	
	静兰堤	49	静兰桥下泵站	在建	河东干渠	19.43	46.56	38.8	80	82.5	81.67	86.88	3.5	9	4×800	
鸡喇片区	鸡喇堤	50	莲花泵站	已建	莲花干渠	6.353	26.2	16.49	78	80	79.57	86.3	4.81	8.74	5×310	
		51	福利院泵站	已建	福利院沟	0.511	4.73	2.4	80	82	81.4	86.54	4.1	7.45	3×110	
		52	冷水冲泵站	已建	冷水冲沟	12.316	48.22	30.46	78	81.5	81.31	86.43	5.37	9.4	10×280	
响水片区	园艺场堤	53	环江泵站	规划	响水河	1.67	11.2	9.3	80	84.8	81.18	86.39	3.9	7.5	3×350	
	都乐右堤	54	跃进泵站	规划		2.84	17.8	15.5	80.5	83.1	81.77	86.96	5.7	7.3	3×500	
		55	都乐泵站	规划		13.6	45.7	42.3	81	84.4	83.82	89.08	6	7.8	4×1050	
	社王堤	56	社王泵站	规划		15.6	53.2	49.5	81.5	88.4	84.87	90.25	6	8.2	5×1050	
	都乐左堤	57	千亩湖泵站	规划		4.46	22.5	19.1	81.5	84.6	83.03	88.26	6	7.8	3×400	

续表

片区	堤段	序号	泵站名称	建设情况	所在河流	集雨面积/km²	设计洪峰流量/(m³/s)	抽排流量/(m³/s)	内江水位/m 起抽水位	内江水位/m 控制水位	外江水位/m 设计水位	外江水位/m 最高水位	扬程/m 设计	扬程/m 最大	总装机容量/(台数×kW)	备注
响水片区	乐龙堤	58	龙珠泵站	规划	响水河	1.08	7.9	6.7	80.5	83.8	81.6	86.79	6	7.3	3×250	
	响龙堤	59	新坡泵站	规划	响水河	1.75	12.3	10.2	81	82.9	82.47	87.69	5.6	7	3×400	
		60	塘背泵站	规划	响水河	1.45	9.7	8	80	83.1	81.77	86.96	4.2	7.5	3×250	
	洛维堤	61	洛维泵站	规划	洛维沟	0.83	5.7	1.6	80	82	81.01	86.2	2.4	7.2	3×65	
	月山堤	62	月山泵站	规划	月山冲	6.08	26.5	12.6	79	82.5	80.47	85.78	2.4	7.8	3×375	
雒容东片区	雒容东堤	63	马步河泵站	规划	马步河	39.1	90.6	62	80	82	83.03	88.33	4.5	9.3	6×1050	
		64	大芽沟泵站	规划	大芽沟	2.29	14.8	11.5	80	83	82.69	87.99	4	9	3×400	
		65	杨弓湾泵站	规划	杨弓湾	11.63	41.5	24.8	79	82	82.01	87.31	4	9.4	4×630	
		66	盘古沟泵站	规划	盘古沟	2.26	15.2	14.6	80	82	81.61	86.91	3.2	8	3×450	
		67	王家沟泵站	规划	王家沟	0.98	7.6	7	80	82	80.81	86.11	2.4	7.1	3×200	
		68	林家沟泵站	规划	林家沟	2.26	14.9	7.5	79	82	80.67	85.97	2.7	8	3×250	
		69	城阁北沟泵站	规划	城阁北沟	1.62	10.2	6	78.5	82	80.48	85.78	3	8.3	3×200	
		70	城阁南沟泵站	规划	城阁南沟	1.17	7.8	4.4	78.5	82	80.39	85.69	2.9	8.2	3×155	
雒容西片区	雒容西堤	71	东小河泵站	规划	东小河	29.1	88	56	79	81	81.56	86.88	3.9	8.9	5×1050	
		72	西小河泵站	规划	西小河	38.29	101	61	79	81	81.46	86.78	3.8	8.8	5×1200	
		73	雒容中沟泵站	规划	雒容中沟	5.74	31.4	19.6	79	81	81.15	86.45	3.6	8.5	4×500	
		74	雒容南沟泵站	规划	雒容南沟	4.65	22.4	10.5	78.5	81	80.32	85.62	2.9	8.2	3×350	

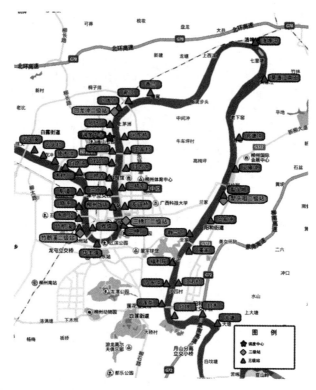

图 3-2-1　柳州市已建排涝泵站示意图

3.3　历年洪水内涝灾害调查

3.3.1　柳江灾害调查

柳江流域总集水面积 58398km^2，干流河长 750.5km。柳州市位于柳江的中下游，距河源 587.6km，集水面积 45413km^2，约占全流域面积的 78%。柳江流域呈扇形展布，汇流时间短，且柳州市上游有多个暴雨中心，形成柳州市洪水峰高量大、来势凶猛、暴涨暴落的特点。柳州市每年较为明显的洪水过程平均为 15 次左右，一次洪水过程最大变幅可达 18m 左右，24h 最大涨幅可达 12.1m。

中华人民共和国成立后，水位超过 85m 以上的有 15 次，发生了 4 次超过 20 年一遇的大洪水，发生年份分别为 1988 年、1994 年、1996 年和 2009 年。此外，超过 10 年一遇洪水的年份分别为 2000 年和 2004 年。

4 次超过 20 年一遇的典型大洪水中，1988 年"8.31"洪水，洪峰水位达 89.57m，洪峰流量为 27000m^3/s，约为 26 年一遇洪水；1994 年"6.17"洪水，洪峰水位达 89.78m，洪峰流量为 26600m^3/s，约为 24 年一遇洪水；1996 年"7.19"洪水，洪峰水位达 92.96m，洪峰流量为 33700m^3/s，约为 120 年一遇洪水；2009 年"7.5"洪水，洪峰水位达 89.5m，洪峰流量为 26800m^3/s，约为 25 年一遇洪水。这 4 场大洪水都给柳州市市区造成严重的经济损失（图 3-3-1）。

(a) 犁头咀被冲毁的汽车

(b) 古亭山中学2016年6月14日洪痕

(c) 古亭山小学校园被泡1m多深

(d) 西江路被淹

图 3-3-1　内涝情况调查情况

3.3.2　洪水、内涝灾害调查

柳州市市区内河众多，经常受到强降雨影响，导致严重内涝。

据历史文献记载，近 500 年间，柳州市发生较大水灾 34 次，近 100 年来发生较大水灾 12 次，中华人民共和国成立前，以 1902 年最大，洪水位为 92.14m，洪峰流量 32000m³/s，市区除城北一小部分高地露出外，城垛尽淹没，全市一片汪洋，次大洪水是 1924 年，洪水位为 91.16m，洪峰流量为 29400m³/s，再次是 1949 年洪水，洪水位 89.52m，最大流量 27300m³/s。中华人民共和国成立后水位超过 84m 以上的有 12 次，1988 年以来发生了 3 次超过 30 年一遇的大洪水（1988 年、1994 年和 1996 年），其中 1988 年 8 月 31 日柳州市水文站洪峰水位 89.71m，全市受淹面积 366km²，经济损失 2.34 亿元（当年价，下同）；1994 年"6.17"洪水最高洪水位 89.92m，受灾人口 20.17 万人，市区直接经济损失约为 13.33 亿元；1996 年"7.19"洪水，洪峰水位约为 93.10m，全市一片汪洋，市区直接经济损失 77.52 亿元。此外，洪峰流量超过 20000m³/s 的洪水还有 1962 年、1970 年、1983 年、2001 年、2004 年和 2009 年，都给柳州市造成较大的经济损失，其中在 2004 年 7 月 17 日至同年 7 月 21 日的洪水中，全市受灾 81.85 万人，全市直接经济损失 5.2 亿元；在 2009 年 7 月 1 日至同年 7 月 5 日的洪水中，全市受灾人口约为 79.73 万人，全市洪灾直接经济损失约为 13.06 亿元。

近年来发生较严重的涝水灾害还有犁头咀"2016 年 6 月 14 日"涝灾。2016 年 6 月 13 日 8 时至同年 6 月 14 日 8 时 24 小时内，柳州市市区遇特大暴雨袭击，降雨量达到 251mm（接近 50 年一遇的暴雨量 268.6mm），造成城区多处被淹，部分公共汽车停运，小区停电，学校停课，其中以犁头咀流域内涝灾害尤为严重。此次涝灾造成犁头咀流域内 5023 人不同程度地受灾，1 人下落不明，24 户人家的 49 间房屋倒塌，21 户人家的

47 间房屋不同程度地损坏，受灾门面 184 间，20 辆汽车被洪水冲走，109 辆汽车被洪水浸泡，家庭财产损失 921.29 万元；六座新村、大利村屯道路被涝水冲毁，香桥路、兴亭路路面损坏约为 5200m²，造成基础设施损失约为 126.1 万元；损毁耕地 1.3hm²，农作物受灾面积 67.33hm²，受淹鱼塘 5 个，受淹养殖场 2 间，死亡畜禽 938 头（只），农业损失约为 316.3 万元；50 家企业受灾，造成直接经济损失 1161.6 万元，间接损失 37 万元；2 家在建工地因灾停工，机关单位、学校、社区卫生服务中心不同程度受损。据不完全统计，造成的直接经济损失为 3309.56 万元。

3.4 柳州市排涝设施存在的主要问题分析

据统计，柳州市未经改造的老旧防洪排涝设施主要有：新江泵站、香兰泵站、回龙冲泵站、雅儒泵站、华丰湾泵站、福利院泵站、三中泵站、冷水冲泵站，新江防洪闸、香兰防洪闸、回龙冲防洪闸、雅儒防洪闸、华丰湾防洪闸、二纸厂防洪闸、化纤厂防洪闸、福利院防洪闸、三中防洪闸、冷水冲防洪闸，以及云头村泵站、独木冲泵站、白露沟泵站、木材厂泵站、水电段泵站、柳州饭店泵站、锌品厂泵站、化纤厂泵站、三棉厂泵站、友谊桥泵站、三桥东泵站、目估冲泵站、王家村泵站、河东桥泵站、静兰下泵站、航道泵站、新江泵站、香兰泵站、福利院泵站等泵站信息自动化系统缺失。未经改造的老旧排涝设施调查分析如下。

3.4.1 新江泵站、防洪闸

1. 现状分析

1）主要建筑物

新江泵站于 2007 年 8 月 11 日开工建设，2009 年 10 月 25 日完工，于 2013 年 11 月 29 日通过竣工验收，泵站位于柳州市柳北区柳州市钢一中学凤凰岭校区东侧柳江河岸，集雨面积 6.22km²，重要保护区域有鹧鸪江路、思源路等。泵站现安装 4 台 ZQ2850-4（50°）潜水轴流泵，总装机容量为 640kW，总抽排流量 6.30m³/s，起抽水位 80.84m，停机水位 80.34m，内江控制淹没水位 84.66m。在新江泵站东南面约 60m 处设有防洪闸 1 扇，孔口尺寸 3.0m×4.5m，设计流量约为 45.10m³/s，防洪闸为平板闸门，配卷扬式启闭机 1 台，启闭力约为 320kN。

泵站主要建筑物有进水建筑物、主泵房、检修间、出水建筑物等。

主泵房长 21.30m，宽 17.16m，共设有电机层（高程 86.26m）、水泵层（高程 82.96m）和流道层（高程 78.66m）三层。电机层布置电机、开关柜、吊物孔等；水泵层布置 4 台 ZQ2850-4（50°）潜水轴流泵及其配套设施，安装高程约为 79.21m；流道层布置进水流道，各泵之间用闸墩分隔，各设一道拦污栅和一道工作闸门。检修间长 7.28m，宽 6.76m，地面高程 86.26m。利用现状新江冲沟作调蓄，作为天然前池，池底高程 78.46m，最大容积 1670m³。出水池紧靠主机间，长 11.95m，宽 6.0m，池底高程 82.16m（图 3-4-1）。

图 3-4-1　新江泵站现状图

2）水力机械

新江泵站于 2009 年建成投入使用，泵站设计抽排流量 6.3m³/s。共装设 4 台水泵机组，水泵型号为 ZQ2850-4（50°）的潜水轴流泵，泵站设计扬程为 3.8m，最大扬程 11.0m，最小扬程 2.0m，设计扬程时的单机抽排流量 1.65m³/s，设计扬程时的总抽排流量 6.6m³/s。配套电动机型号功率为 160kW，额定电压为 380V，泵站总装机容量为 640kW。泵站现状如图 3-4-2 至图 3-4-4 所示。

图 3-4-2　新江泵站原水泵布置现状图

图 3-4-3　新江泵站起重机现状图

图 3-4-4　新江泵站渗漏集水井现状图

3）电气设备

（1）供电电源

泵站总装机容量为640kW，10kV电压双电源供电，主供引自白沙站白沙堤Ⅱ线沙3A11，电缆型号为YJV22-3×50（50m），防洪排涝闸起闭机的电源由泵站低压配电屏引接。

（2）供电负荷等级

按防洪排涝要求，泵站为二级负荷。

（3）供电负荷及供电电压

泵站机组主要负荷为4台160kW水泵和防洪排涝闸起闭机及其他负荷30kW，电压等级为0.4kV。

（4）电气主接线

10kV采用单母线接线，设1台主变压器，型号SCB11-800/10，1台站用变压器，型号SCB11-80/10，低压0.4kV采用单母线接线方式。

（5）主要电气设备

①变压器

泵站主变压器型号为SCB11系列，具体泵站主变压器型号及规格如下。

主变压器　　　　SCB11-800/10

额定电压　　　　10/0.4kV

额定容量　　　　800kV·A

阻抗电压　　　　4%

连接组别　　　　D. yn11

泵站站用变压器型号为SCB11系列，具体泵站主变压器型号及规格如下。

站变压器　　　　SCB11-80/10

额定电压　　　　10/0.4kV

额定容量　　　　80kV·A

阻抗电压　　　　4%

连接组别　　　　D. yn11

②10kV高压开关柜设备

型号　　　　　　GZS1-12

额定电压　　　　12kV

额定频率　　　　50Hz

额定电流　　　　630A

额定开断电流　　31.5kA

③低压开关柜设备

低压开关柜型号为GCK，电机配套启动柜为GCK型自耦减压启动柜，在0.4kV母线上装设有GCK型无功功率补偿屏。

④电气二次保护装置

泵站继电保护包括10kV进线保护、变压器保护、电动机保护等。

4）金属结构

新江泵站每台机组进水口均有一道拦污栅，孔口尺寸为 2.6m×7.0m（$b×h$），共 4 孔。拦污栅为垂直放置活动式叠梁拦污栅。拦污栅底槛高程为 78.66m，工作平台高程为 86.16m，内江控淹水位为 84.66m。人工清污，设计水头为 1.5m。采用一台 MD 型-50kN-12m 电动葫芦用于拦污栅的检修和维护操作，电动葫芦安装高程为 92.96m，电动葫芦轨道长 21.30m。

新江泵站总管出水口处为 1 扇 ϕ2.0m 钢拍门，采用双开式节能式钢拍门，水利自控。

2. 存在问题

1）泵站不能满足抽排 20 年一遇雨洪同期最大 24 小时暴雨洪水设计标准，建议对新江泵站进行扩容改造。

2）运管单位的正常维护、保养使水泵、电机外观基本完好，但潜水轴流泵缺乏渗漏、绝缘、温度等自动化监测，无法实现对水泵状态监测，对水泵安全稳定可靠运行存在隐患。

3）变压器设备型号较旧，为 SCB11 型，电能损耗较大。

4）高、低压开关柜于 2009 年开始投入运行，设备已投入运行多年，目前操作已不灵活，备品备件也较难采购。

5）电气二次保护装置为 2009 年的设备，保护设备采用常规电磁式保护，已到更换周期，无计算机监控系统。

3.4.2 香兰泵站、防洪闸

1. 现状分析

1）主要建筑物

香兰泵站于 2007 年 8 月 11 日开工建设，2009 年 10 月 15 日完工，于 2013 年 11 月 29 日通过竣工验收，泵站位于柳州市柳北区鹧鸪江油库西侧柳江河岸，集雨面积 16.13km²，重要保护区域有鹧鸪江路、鹧鸪江村等。泵站现安装 4 台 1000HPS-9 混流泵，总装机容量为 1260kW，总抽排流量 11.90m³/s，起抽水位 80.75m，停机水位 80.55m，内江控制淹没水位 84.66m。在香兰泵站南面约 50m 处设有防洪闸 1 扇，孔口尺寸 4.5m×4.5m，设计流量为 82.20m³/s，防洪闸为平板闸门，配卷扬式启闭机 1 台。

泵站主要建筑物有进水建筑物、主泵房、检修间、出水建筑物等。

主泵房长 27.30m，宽 17.16m，共设有电机层（高程 86.26m）、水泵层（高程 82.95m）和流道层（高程 77.66m）3 层。电机层布置电机、开关柜、吊物孔等；水泵层布置 4 台 1000HPS-9 混流泵及其配套设施，安装高程 78.65m；流道层布置进水流道，各泵之间用闸墩分隔，各设一道拦污栅和一道工作闸门。检修间长 8.48m，宽 6.76m，地面高程 86.26m。利用现状香兰冲沟作调蓄，作为天然前池，池底高程 78.46m。出水管采用单机单管形式，出水管采用 ϕ1400 预应力混凝土管，单根长 31.84m，出口采用梯级消能设施，消力池长 10m，宽 18m，池底高程 76.66m（图 3-4-5）。

图 3-4-5　香兰泵站现状图

2）水力机械

新江泵站于 2009 年建成投入使用，泵站设计抽排流量 11.9m³/s。共装设 4 台水泵机组，水泵型号为 1000HPS-9 的单基础立式轴流泵，泵站设计扬程 3.8m，最大扬程 11.0m，最小扬程 2.0m，设计扬程时的单机抽排流量 3.0m³/s，设计扬程时的总抽排流量 12.0m³/s。配套电动机型号 YLBT560/12，功率 315kW，额定电压 10kV，泵站总装机容量 1260kW。泵站现状如图 3-4-6 至图 3-4-8 所示。

图 3-4-6　香兰泵站原水泵布置现状图

图 3-4-7　香兰泵站起重机现状图

图 3-4-8　香兰泵站渗漏井布置现状图

3）电气设备

（1）供电电源

泵站总装机容量1260kW，10kV电压双电源供电，主供引自白沙站白沙堤Ⅱ线沙3A11，电缆型号为YJV22-3×95（195m），备供引自回龙岭Ⅲ线香兰泵站1号开闭所，电缆型号为YJV22-3×185（100m），防洪排涝闸起闭机的电源由泵站低压配电屏引接。

（2）供电负荷等级

按防洪排涝要求，泵站为二级负荷。

（3）供电负荷及供电电压

泵站机组主要负荷为4台315kW水泵和防洪排涝闸起闭机及其他负荷30kW，电压为0.4kV。

（4）电气主接线

10kV采用单母线接线，4台10kV直配电机接于10kV母线，1台站用变压器，型号SCB11-80/10，低压0.4kV采用单母线接线方式。

（5）主要电气设备

①变压器

泵站站用变压器型号为SCB11系列，具体泵站主变压器型号及规格如下。

站变压器　　　SCB11-80/10

额定电压　　　10/0.4kV

额定容量　　　80kV·A

阻抗电压　　　4%

连接组别　　　D. yn11

②10kV高压开关柜设备

型号　　　　　KYN28A-12

额定电压　　　12kV

额定频率　　　50Hz

额定电流　　　630A

额定开断电流　31.5kA

③低压开关柜设备

低压开关柜型号GCS型，在0.4kV母线上装设有GCS型无功功率补偿屏。

④电气二次保护装置

泵站继电保护包括10kV进线保护、变压器保护、电动机保护等。

4）金属结构

香兰泵站每台机组进水口均有一道拦污栅，孔口尺寸为4.0m×4.5m（$b \times h$），共4孔4扇。拦污栅为垂直置放活动式叠梁拦污栅。拦污栅底槛高程为77.66m，工作平台高程为86.16m，内江控淹水位为84.66m。人工清污，设计水头为2.0m。采用一台MD1-2×100kN-11m电动葫芦用于拦污栅的检修和维护操作，电动葫芦安装高程为93.26m，电动葫芦轨道长19.9m。

2. 存在问题

（1）泵站不能满足抽排 20 年一遇雨洪同期最大 24 小时暴雨洪水设计标准。建议对香兰泵站进行扩容改造。

（2）运管单位的正常维护、保养使水泵、电机外观基本完好。由于泵站需技术供水等辅助系统，开机前需进行技术供水系统操作，实行自动化控制较为复杂；平时需对辅助系统进行日常维护检修；长时间停机需要多人人工盘车后才能启动，操作极为不便，启动响应时间久，无法实现无人值守远程操作。

（3）变压器设备型号较旧，为 SCB11 型，电能损耗较大。

（4）高、低压开关柜于 2009 年开始投入运行，设备运行多年，目前操作已不灵活，备品备件也较难采购。

（5）电气二次保护装置为 2009 年的设备，保护设备采用常规电磁式保护，已到更换周期，无计算机监控系统。

3.4.3 回龙冲泵站、防洪闸

3.4.3.1 现状分析

1. 主要建筑物

回龙冲泵站于 2003 年 1 月通过竣工验收，泵站位于柳州市柳北区白沙堤段，集雨面积 7.02km²，重要保护区域有雀山公园、柳钢医院、污水处理厂、琥珀东岸、滨江世纪城等单位及小区。2005 年 10 月建成的红花电站回水至回龙冲河段水位远高于回龙冲防洪闸进出口高程，造成回龙冲防洪闸出口被淤泥堵塞，严重影响了防洪闸的正常启闭和洪水过流排泄。为此，2019 年在白沙堤下游桩号 4+590 位置，移址新建了 1 座防洪闸代替原有防洪闸功能，同时对原有防洪闸进行了封堵。

泵站现安装 6 台 1000ZLB-7 型轴流泵，总装机容量 1980kW，总抽排流量 19.5m³/s，起抽水位 80.96m，停机水位 79.16m，内江控制淹没水位 85.16m。防洪闸 2 扇，单孔涵管尺寸 2.5m×4.0m（宽×高），设计流量为 60.60m³/s，防洪闸为平板闸门，配卷扬式启闭机 1 台。

泵站主要建筑物有进水建筑物、主泵房、检修间、出水建筑物等。

主泵房长 58.56m，宽 17.70m，共设有电机层（高程 83.41m）、水泵层（高程 78.41m）和流道层（高程 75.91m）3 层。电机层布置电机、开关柜、吊物孔等；水泵层布置 6 台 1000ZLB-7 型轴流泵及其配套设施，安装高程为 77.74m；流道层布置进水流道，各泵之间用闸墩分隔，各设一道拦污栅和一道工作闸门。检修间长 15.30m，宽 17.70m，地面高程 83.41m。利用现状回龙冲作调蓄，作为天然前池，池底高程 77.66m，最大容积 5207m³。出水池紧靠主机间，长 21.37m，宽 5m，池底高程 79.16m。

2. 水力机械

回龙冲泵站于 2003 年建成投入使用，泵站设计抽排流量 19.5m³/s。共装设 6 台水泵机组，水泵型号为 1000ZLB-7 的双基础立式轴流泵，泵站设计扬程为 4.0m，最大扬程 11.0m，最小扬程 3.2m，设计扬程时的单机抽排流量 3.5m³/s，设计扬程时的总抽排流量 21.0m³/s。电机参数为型号 JSL-15-12，功率 330kW，电压 380V，转速 490r/min，B 级绝缘，泵站总装机容量 1980kW。泵站现状如图 3-4-9 至图 3-4-12 所示。

图 3-4-9　回龙冲泵站现状图

图 3-4-10　回龙冲泵站电机布置现状图

图 3-4-11　回龙冲泵站水泵布置现状图

图 3-4-12　回龙冲泵站起重机现状图

3. 电气设备

1）供电电源

泵站总装机容量 1980kW，10kV 电压双电源供电，主供引自 110kV 三中站 10kV 白沙堤 I 线（S15），电缆型号为 YJV22-3×120（118m），备供引自 110kV 白沙站 10kV 白沙堤 II 线（沙 3），电缆型号为 YJV22-3×120（100m），防洪排涝闸起闭机的电源由泵站低压配电屏引接。

2）供电负荷等级

按防洪排涝要求，泵站为二级负荷。

3）供电负荷及供电电压

泵站机组主要负荷为 6 台 330kW 水泵和防洪排涝闸起闭机及其他负荷 30kW，电压为 0.4kV。

4）电气主接线

10kV 采用单母线接线，设 2 台主变压器，型号 S13-M-1250/10.5，1 台站用变压器，型号 S13-M-315/10.5，低压 0.4kV 采用单母线接线方式。

5）主要电气设备

（1）变压器

泵站主变压器型号为 S13-M 系列，具体泵站主变压器型号及规格如下。

主变压器　　　　　S13-M-1250/10.5

额定电压   10.5/0.4kV

额定容量   1250kV·A

阻抗电压   4%

连接组别   D. yn11

泵站站用变压器型号为 S13-M 系列，具体泵站主变压器型号及规格如下。

站变压器   S13-M-315/10.5

额定电压   10.5/0.4kV

额定容量   315kV·A

阻抗电压   4%

连接组别   D. yn11

（2）10kV 高压开关柜设备

型号   KYN28A-12

额定电压   12kV

额定频率   50Hz

额定电流   630A

额定开断电流   31.5kA

（3）低压开关柜设备

低压开关柜型号 GCK 型，在 0.4kV 母线上装设有 GCK 型无功功率补偿屏。

（4）电气二次保护装置

泵站继电保护包括 10kV 进线保护、变压器保护、电动机保护等。

4. 金属结构

回龙冲泵站每台机组进水口均有一道拦污栅，为垂直置放活动式拦污栅，孔口尺寸为 4.0m×2.70m （b×h），共 6 孔 6 扇。拦污栅底槛高程为 75.91m，工作平台高程为 85.36m，内江控淹水位为 85.16m，设计水头为 2.0m。采用两台 QPQ-2×80kN-12m 双向台车用于拦污栅的检修和维护操作（与检修闸共用），台车轨道长 31.20m。

回龙冲泵站在拦污栅后设置一道检修闸，孔口尺寸为 4.0m×2.0m （b×h），共 6 孔 1 扇，检修闸采用潜孔式平板滑动钢闸门。底槛高程为 75.91m，工作平台高程为 85.36m，启闭平台高程为 92.26m，内江控淹水位为 85.16m。设计水头为 9.25m。闸门反向止水，考虑充水平压，操作方式为静水启闭，选用两台 QPQ-2×80kN-12m 双向台车操作运行（与拦污栅共用），台车轨道长 31.20m。

3.4.3.2　存在的问题

（1）泵站不能满足抽排 20 年一遇雨洪同期最大 24h 暴雨洪水设计标准。建议对回龙冲泵站进行扩容改造。

（2）泵房外墙立面材料以瓷砖为主，内墙刮腻子。现状内、外墙陈旧，且内、外墙均局部出现立面材料脱落情况，影响美观，也存在较大的安全隐患。

（3）回龙冲泵房控制层屋顶设计为过车屋面，由于修建凤凰岭大桥时施工用重型车辆从泵房屋顶通过，导致泵房屋顶出现数条贯穿性裂缝，严重影响到泵站安全运行，建议对回龙冲泵房进行结构加固。

（4）闸门、门槽埋件、滚轮等金属构件存在锈蚀现象。

（5）由于泵站需技术供水等辅助系统，开机前需进行技术供水系统操作，实行自动化控制较为复杂；平时需对辅助系统进行日常维护检修；长时间停机需要多人人工盘车后才能启动，操作极为不便，启动响应时间久，无法实现无人值守远程操作。

（6）泵站已投入运行多年，运管单位的正常维护、保养使水泵、电机外观基本完好，但水泵汽蚀、锈蚀程度变得更严重，轴系偏心加剧振动和噪声。

（7）电动机绝缘等级低，为 B 级绝缘等级，加上建成时间长，绝缘老化。JS 型电机是我国 20 世纪 60 年代引进苏联技术开发的产品，属工业和信息化部《高耗能落后机电设备（产品）淘汰目录（第四批）》里的高耗能淘汰产品，技术水平落后，JSL 与 JS 属同等技术水平的产品。

（8）拦污栅（含拉杆）、检修闸（含拉杆）及埋件表面局部轻微锈蚀。

（9）启闭机部分设备使用年限基本已达到 20 年，目前虽然能正常运行，但设备陈旧老化明显。

3.4.4　福利院泵站、防洪闸

3.4.4.1　现状分析

1. 主要建筑物

福利院泵站于 2000 年 12 月 1 日开工建设，至 2004 年 1 月通过竣工验收，泵站位于柳州市东南部的柳江右岸九头山附近，集雨面积 0.571km²。泵站现安装 3 台 700QZ-50D 潜水轴流泵，总装机容量 330kW，总抽排流量 3.45m³/s，起抽水位 80.16m，停机水位 79.16m，内江控制淹没水位 82.16m。防洪闸 1 扇，孔口尺寸 1.6m×1.8m，设计流量为 11.20m³/s，防洪闸为平板闸门，配螺杆式启闭机 1 台。

福利院泵站主要建筑物有主泵房、变压器场、防汛物资仓库、机修间、办公生活设施、进出水建筑物、排涝涵闸等。

泵房原装机 3 台 700QZ-50D 潜水轴流泵，为了便于运行、安装、管理，泵房设置有安装间、高压开关室、低压配电室等。泵房自下而上分为流道层、水泵层、电缆层、安装间运行层（即地面层），为减少泵站占地面积，将管理办公室设于泵房二楼。根据厂家的水泵外形安装尺寸和流道尺寸以及机电设备的布置要求，确定机组间距为 3.3m。

泵房长 17.94m，宽 11.42m。泵站前池最低运行水位 79.00m，流道层底板高程为 77.30m，机组中心至池壁净距为 1.25m，隔流墩厚度 0.8m；水泵层高程 81.10m，内净宽 5.12m，四周为密封钢筋混凝土挡水（土）墙。水泵出水管中心高程 82.10m。水泵层及安装间运行层间有一电缆夹层。

根据原地面高程以及堤后抢险道路高程，确定厂区设计地面高程为 85.30m，确定泵房安装间运行层高程为 85.37m。安装间、高压开关室、低压配电室均位于该层。为便于水泵及其闸阀安装，每台机组均设有尺寸为 2.8m×2.0m 的吊物孔至水泵层。高低压室中控室底层为电缆夹层。电缆层高层 83.350m，高压配电室东南墙角处设有 0.8m×0.8m 的进人孔及活动爬梯通至电缆层。

泵房设置一台 LD 型，配葫芦 MD1，起重量 5t 的起重机用于场内运输，吊车梁轨道顶高程 91.25m，吊钩中心高程 90.55m。

泵房前面设长方形进水前池，前池进水管按小于 0.5m/s 流速确定断面尺寸

6.25m²，前池进水管设进口拦污栅。为解决内江发生暴雨时排涝涵管雨污水进入前池流道内，于拦污栅前设前池进水闸。泵房占地总长（包括前池）20.42m，总宽17.94m。

防洪排涝涵管位于泵房下游侧，靠近泵房布置。涵管自S1溶洞冲沟相连的鱼塘边进口至堤轴线之间长约230m。压力出水管采用三合一总管出水，再汇入排涝涵管消力池段内。福利院排涝闸为1孔，孔口尺寸（$b×h$）1.6m×1.8m，设计最大下泄流量11.2m³/s，闸门采用铸铁闸门。

2. 水力机械

福利院泵站于2000年12月开工，2004年1月完工。泵站目前安装3台潜水轴流泵机组，两主一备，泵站原设计抽排流量2.4m³/s，单机功率110kW，总装机功率330kW。泵站原水泵设计参数为：型号700QZ-50D，0°，设计扬程4.10m，设计扬程下单机流量1.15m³/s，设计扬程下总抽排流量2.3m³/s（加上备用泵3.45m³/s），最大扬程7.45m，额定转速580r/min。水泵铭牌参数为：型号700QZ-50D，流量1.15m³/s，扬程4.1m，转速580r/min。电机参数为：型号YQGFN520-10，功率110kW，电压380V，转速580r/min，F级绝缘（图3-4-13～图3-4-16）。

图3-4-13　福利院泵站机组层现状图

图3-4-14　福利院泵站循环试机管现状图

图3-4-15　福利院泵站起重机现状图

图3-4-16　福利院泵站渗漏排水管现状图

3. 电气设备

1）供电电源

泵站总装机容量330kW，10kV电压双电源供电，主供引自冷水冲泵站1号开闭所914间隔，备供引自冷水冲2号开闭所912间隔，电缆型号为YJLV-3×240，防洪排涝闸起闭机的电源由泵站低压配电屏引接。

2）供电负荷等级

按防洪排涝要求，泵站为二级负荷。

3）供电负荷及供电电压

泵站机组主要负荷为3台110kW水泵和防洪排涝闸起闭机及其他负荷30kW，电压等级为0.4kV。

4）电气主接线

10kV采用单母线接线，设一台主变压器，型号S9-500/10，低压0.4kV采用单母线接线方式。

5）主要电气设备

（1）主变压器

泵站主变压器型号为S9系列，具体泵站主变压器型号及规格如下。

主变压器	S9-500/10
额定电压	10/0.4kV
额定容量	500kV·A
阻抗电压	4%
连接组别	Y.yno

（2）10kV高压开关柜设备

型号	KYN28-12Z
额定电压	12kV
额定频率	50Hz
额定电流	630A
额定开断电流	31.5kA

（3）低压开关柜设备

低压开关柜型号GGD型，电机配套启动柜为GGD-JJ1B-110/B型自耦减压启动柜，在0.4kV母线上装设有GGJ型无功功率补偿屏。

（4）电气二次保护装置

泵站继电保护包括10kV进线保护、变压器保护、电动机保护等。

4. 金属结构

泵站前池进水口依次设一道拦污栅和一道工作闸门。拦污栅设1孔，1扇，孔口尺寸（$b×h$）2.5m×4.49m，拦污栅型式为平面滑动钢栅，采用直立式布置。拦污栅采用1台50kN电动葫芦（CD型）提栅至检修平台，人工清污。前池进水口工作闸门设1孔，1扇，孔口尺寸（$b×h$）2.5m×2.5m，闸门型式为铸铁镶铜闸门（潜孔式，单向止水），采用一台250kN手电两用螺杆启闭机（QDA-250kN）操作。泵站安装有3台7000Z-50D潜水轴流泵，每台泵出水管设拍门（DN1000）一扇。

3.4.4.2 存在问题

（1）泵站不能满足抽排 20 年一遇雨洪同期最大 24h 暴雨洪水设计标准。建议对福利院泵站进行扩容改造。

（2）运行多年，机组密封出现漏水，电动机绝缘有老化迹象，根据《泵站技术管理规程》，泵站潜水泵运行年限已远超折旧年限 10 年。

（3）主变压器设备型号较旧，S9 型，电能损耗较大。

（4）未单独设置站用变压器，非汛期时使用主变带站用负荷，变压器损耗大。

（5）低压开关柜于 2004 年 2 月开始投入运行，设备运行多年，目前操作已不灵活，备品备件也较难采购。

（6）电气二次保护装置为 2003 年的设备，保护设备采用常规电磁式保护，已到更换周期，无计算机监控系统。

（7）经多年运行，泵站进水口拦污栅的栅槽埋件、栅体表面锈迹斑斑，防腐破坏严重，启闭设备电动葫芦基本完好；进水口工作闸门表面防腐破坏严重，启闭机螺杆、拉杆表面欠养护；目前拦污栅、闸门运行基本正常，启闭顺畅。

（8）经多年运行，压力钢管、机组出水管拍门表面防腐均受不同程度破坏，尚未影响至正常使用。

（9）泵站的检修平台门（栅）槽孔口钢盖板、进人孔及吊物孔盖板表面均有不同程度的锈蚀破坏。

3.4.5 三中泵站、防洪闸

3.4.5.1 现状分析

1. 主要建筑物

三中泵站于 1997 年 11 月开工建设，至 1998 年 11 月通过竣工验收。泵站位于柳州市河北保护区三中堤段，集雨面积 1.02km²，重要保护区域有原市委、柳州市第三中学等。泵站安装 4 台 700ZLB-8 型轴流泵，总装机容量 620kW，总抽排流量 6.40m³/s，起抽水位 82.16m，停机水位 81.16m，内江控制淹没水位 83.50m。设三中防洪闸和南支渠防洪闸各 1 扇，孔口尺寸均为 1.8m×1.4m，设计流量分别为 14.48m³/s、5.96m³/s，防洪闸均为平板闸门，均配有螺杆式启闭机 1 台。

三中泵站的主要建筑物有：泵房、进水前池、出水管、引水渠、排涝闸、变压器场、副厂房等。

现有泵房平面尺寸 20.70m×7.60m，装置 4 台 700ZLB-8 立式轴流泵，总装机容量 620kW，机组间距 3.40m。泵房采用干式，各层自上而下依次为：控制层（电机层）、水泵层和流道层。泵房北端有安装间，设有 LDA 型 3t 电动单梁吊车一台。

现有排涝闸孔口尺寸为 1.4m×1.8m（$b×h$）。

2. 水力机械

三中泵站建于 1997 年 10 月开工，1998 年 6 月完工投产。泵站目前安装 4 台立式轴流泵组，泵站原设计抽排流量 6.4m³/s，单机功率 155kW，总装机功率 620kW。泵站原水泵设计参数为：型号 700ZLB1.3-7.2，+2°，设计扬程 5.85m，设计扬程下单机流量 1.62m³/s，设计扬程下总抽排流量 6.48m³/s，最大扬程 9.12m，额定转速 730r/min。

水泵铭牌参数为：型号 700ZLB-8，流量 1.66m³/s，扬程 6.5m，效率 85.0％，转速 730r/min。电机参数为：型号 JSL-12-8，功率 155kW，电压 380V，转速 730r/min，B 级绝缘（图 3-4-17～图 3-4-19）。

图 3-4-17　三中泵站现状图　　　　图 3-4-18　三中泵站原水泵铭牌

图 3-4-19　三中泵站原电动机铭牌

泵站水泵进水流道采用开敞式流道，出水管单机单管，DN700 出水管上设置 DN700 电动蝶阀，在管道末端设置 DN700 圆形下垂式拍门。

辅助系统设有技术供水及渗漏排水系统。

厂房内设有一台额定起重量 3 吨的 LDA-3t 型电动单梁桥式起重机（图 3-4-20～图 3-4-22）。

图 3-4-20　三中泵站水泵层现状图　　　　图 3-4-21　三中泵站电机层现状图

图 3-4-22　三中泵站起重机现状图

3. 电气设备

1）供电电源

三中泵站总装机容量 620kW。泵站采用 10kV 双电源供电，主供引自三中变 S15 白沙堤Ⅰ线-白沙堤Ⅰ线 1 号开闭所 913 间隔，备供引自白沙变白沙堤Ⅱ线-白沙堤Ⅱ线 1 号开闭所 912 间隔引接，均为 10kV 电缆进线，电缆型号为 YJV22-3×50。4 台水泵接于主变低压 0.4kV 母线，防洪排涝闸启闭机的电源由站用变低压配电屏引接。

2）供电负荷等级

按防洪排涝要求，泵站为二级负荷。

3）供电负荷及供电电压

泵站机组主要负荷为 4 台 155kW 水泵和防洪排涝闸启闭机及其他负荷 72kW，电压等级为 0.4kV。

4）电气主接线

10kV 采用单母线接线，一台主变压器，型号 S13-M-1250/10.5，低压 0.4kV 采用单母线接线方式。

5）主要电气设备

（1）主变压器

型号　　　　　S13-M-1250/10.5

额定电压　　　10.5±2×2.5％/0.4kV

额定容量　　　1250kV・A

阻抗电压　　　4.5％

连接组别　　　Dyn11

（2）站用变压器

型号　　　　　S13-M-160/10.5

额定电压　　　10.5±2×2.5％/0.4kV

额定容量　　　160kV・A

阻抗电压　　　4％

连接组别　　　Dyn11

（3）10kV 高压开关柜设备

型号　　　　　　KYN28-12

额定电压　　　　12kV

额定频率　　　　50Hz

额定电流　　　　630A

额定开断电流　　31.5kA

（4）低压开关柜设备

低压开关柜型号 MNS-型，电机配套启动柜为 MNS-变频（匹配 155kW 电机功率）启动柜，在 0.4kV 母线上装设有 MNS 型无功功率补偿屏。

（5）电气二次保护装置

泵站继电保护包括 10kV 进线保护、变压器保护、电动机保护等，微机保护测控一体化，已设置计算机监控系统。

4. 金属结构

（1）泵站前池进水口依次设一道检修闸门，2 孔，2 扇，孔口尺寸（$b \times h$）2.0m×1.5m，闸门型式为组装式拱形铸铁闸门（潜孔式，单向止水），采用一台 50kN 手摇式螺杆启闭机（LQ-50kN）操作。

（2）每台机组水口设一道拦污栅 1 孔，1 扇，孔口尺寸（$b \times h$）2.6m×2.0m，拦污栅型式为平面滑动钢栅，采用直立式布置。4 台机共 4 扇拦污栅，共用 1 台 50kN 电动葫芦（CD 型）提栅至检修平台，人工清污。

（3）机组出水管支管出水口接入压力水箱，管口设拍门 1 扇，共 4 扇，拍门尺寸为 $\phi700$mm。

3.4.5.2　存在问题

（1）泵站不能满足抽排 20 年一遇雨洪同期最大 24h 暴雨洪水设计标准。建议对三中泵站进行扩容改造。

（2）电动机绝缘等级低，为 B 级绝缘等级，加上建成时间长，绝缘老化，JS 型电机是我国 20 世纪 60 年代引进苏联技术开发的产品，属工业和信息化部《高耗能落后机电设备（产品）淘汰目录（第四批）》里的高耗能淘汰产品，技术水平落后，JSL 与 JS 属同等技术水平产品。

（3）因经常过低水位运行，加上水泵叶片为碳钢材质抗汽蚀能力差，水泵叶片汽蚀严重。

（4）水泵出水管采用下垂式拍门，张开角度小、局部损失大。

（5）经多年运行，泵站进水口拦污栅的栅槽埋件、栅体、拉杆表面锈迹斑斑，防腐破坏严重；电动葫芦因年久失修、锈蚀等因素现已不能正常运行。

（6）经多年运行，所有铸铁闸门表面防腐均有不同程度被破坏，启闭机螺杆表面欠养护，但尚未影响至正常使用；目前闸门运行基本正常，启闭顺畅。

（7）经多年运行，压力钢管、机组出水管拍门表面防腐均受不同程度地破坏，但尚未影响正常使用。另外，泵房内的进人孔及吊物孔盖板表面均有不同程度锈蚀破坏，但尚未影响正常使用。

3.4.6 冷水冲泵站、防洪闸

3.4.6.1 现状分析

1. 主要建筑物

冷水冲泵站于 2001 年 2 月开工建设,至 2003 年 6 月通过竣工验收。泵站位于柳州市鸡口喇保护区鸡喇堤段,集雨面积 12.316km²,重要保护区域有五菱柳机、广西脑科医院、市工人医院、市龙潭公园、柳石二小、白云小学、柳州市燎原职业培训学校等。泵站安装 10 台 1000ZLB3.2-5.4 轴流泵,总装机容量 2800kW,总抽排流量 30.46m³/s,起抽水位 78.16m,停机水位 77.16m,内江控制淹没水位 81.66m。设冷水冲防洪闸和龙泉冲防洪闸各 1 扇,孔口尺寸分别为 4.0m×4.0m、2.0m×2.0m,设计流量分别为 80.30m³/s、14.30m³/s,防洪闸均为平板闸门,各配有卷扬式启闭机 1 台。泵站规模为中型,等别为Ⅲ等。

泵站主要建筑物有进水建筑物、主泵房、检修间、出水建筑物等。

主泵房长 62.04m,宽 9.12m,共设有电机层(高程 81.25m)、水泵层(高程 76.25m)和流道层(高程 73.75m)三层。电机层布置 10 台 YL500-12 电机、开关柜、吊物孔等;水泵层布置 10 台 1000ZLB3.2-5.4 轴流泵及其配套设施,安装高程为 75.506m;流道层布置进水流道,各泵之间用闸墩分隔,各设一道拦污栅和一道工作闸门。检修间长 18m,宽 13.1m,地面高程 81.25m。前池近似矩形,长 75m,宽 36m,池底高程 78.00m。出水池紧靠主机间,长 51.48m,宽 5m,池底高程 77.10m(图 3-4-23)。

图 3-4-23 冷水冲泵站现状图

2. 水力机械

冷水冲泵站建于 2001 年 2 月开工,2003 年 6 月完工投产。泵站目前安装 10 台立式轴流泵机组,泵站原设计抽排流量 30.46m³/s,单机功率 280kW,总装机功率 2800kW。泵站原水泵设计参数为:型号 1000ZLB1-7,+2°,设计扬程 5.37m,设计扬程下单机流量 3.19m³/s,设计扬程下总抽排流量 31.9m³/s,最大扬程 9.4m,额定转速 490r/min。水泵铭牌参数为:型号 1000ZLB3.2-5.4,流量 3.19m³/s,扬程 5.3m,转速 490r/min。电机参数为:型号 YL500-12,功率 280kW,电压 380V,转速 493r/min,F 级绝缘(图 3-4-24~图 3-4-27)。

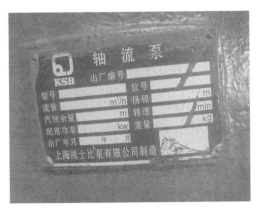

图 3-4-24　冷水冲泵站原水泵铭牌

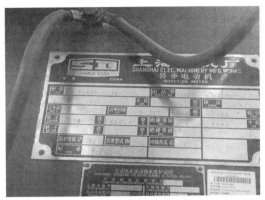

图 3-4-25　冷水冲泵站原电动机铭牌

图 3-4-26　冷水冲泵站水泵层现状图

图 3-4-27　冷水冲泵站电机层现状图

3. 电气设备

1）供电电源

冷水冲泵站总装机容量 2800kW。泵站采用 10kV 双电源供电，主供引自冷水冲泵站 1 号开闭所 915 间隔，备供引自冷水冲 2 号开闭所 914 间隔，电缆型号为 YJLV-3×240，均为 10kV 电缆进线，电缆型号为 YJV-3×240。5 台水泵接于 1♯ 主变低压 0.4kV 母线，另外 5 台水泵接于 1♯ 主变低压 0.4kV 母线，两段母线之间设有联络开关。防洪排涝闸启闭机的电源由站用变低压配电屏引接。

2）供电负荷等级

按防洪排涝要求，泵站为二级负荷。

3）供电负荷及供电电压

泵站机组主要负荷为 10 台 280kW 水泵和防洪排涝闸启闭机及其他负荷 72kW，电压等级为 0.4kV。

4）电气主接线

10kV 采用单母线接线，设两台主变压器，型号 S13-M-2500/10.5，低压 0.4kV 采用单母线分段接线方式。

5）主要电气设备

（1）主变压器

型号 S13-M-2500/10.5

额定电压 10.5±2×2.5%/0.4kV

额定容量 2500kV·A

阻抗电压 5.12%

连接组别 Dyn11

（2）站用变压器

型号 S13-M-315/10.5

额定电压 10.5±2×2.5%/0.4kV

额定容量 315kV·A

阻抗电压 4%

连接组别 Yyno

（3）10kV 高压开关柜设备

型号 KYN28-12

额定电压 12kV

额定频率 50Hz

额定电流 630A

额定开断电流 31.5kA

（4）低压开关柜设备

低压开关柜型号 MNS 型，电机配套启动柜为 MNS-变频（匹配 155kW 电机功率）启动柜，在 0.4kV 母线上装设有 MNS 型无功功率补偿屏。

（5）电气二次保护装置

泵站继电保护包括 10kV 进线保护、变压器保护、电动机保护等，微机保护测控一体化，已有计算机监控系统。

4. 金属结构

冷水冲泵站安装有 10 台 1000ZLB1-7 潜水轴流泵，每台抽水泵进水口分别设有一道拦污栅和一道检修闸门。拦污栅设 10 孔，10 扇，孔口尺寸（$b×h$）4.0m×2.5m，拦污栅型式为平面滑动钢栅，采用直立式布置。10 扇拦污栅共用 2 台 100kN 电动葫芦操作，提栅至检修平台，人工清污。检修闸门设 10 孔，3 扇，孔口尺寸（$b×h$）4.0m×2.0m，闸门型式为潜孔平面滑动钢闸门（单向止水），采用 2 台 100kN 电动葫芦操作。4 台葫芦共同安装在 1 台移动式门机（MH 型）上。泵站安装有 10 台抽水泵，每台泵出水管设拍门（DN1200）一扇，共 10 扇拍门。

3.4.6.2 存在问题

（1）泵站不能满足抽排 20 年一遇雨洪同期最大 24h 暴雨洪水设计标准。

（2）经多年运行，机组流道进水口拦污栅的栅槽埋件、栅体以及拉杆表面锈迹斑斑，防腐破坏严重，但 2 台启闭设备电动葫芦基本完好；机组流道进口检修门槽埋件、检修闸门门叶以及拉杆表面均锈迹斑斑，防腐破坏严重，闸门存在止水装置老化破损、部分侧轮装置锈结、脱落、滑块锈蚀、紧固螺栓锈蚀和脱落等情况，但 2 台启闭设备电动葫芦基本完好。目前，门机外观涂层完好，运行正常，拦污栅、检修闸门勉强维持基本运行，启闭过程不顺畅。

（3）经多年运行，压力钢管、机组出水管拍门表面防腐均受到不同程度的破坏，但尚未影响正常使用。

（4）泵站的检修平台门（栅）槽孔口钢盖板、进人孔及吊物孔盖板表面均有不同程度的锈蚀破坏，但尚未影响正常使用。

3.4.7 雅儒泵站、防洪闸

3.4.7.1 现状分析

1. 主要建筑物

雅儒泵站于 1998 年 4 月开工建设，至 2000 年 10 月通过竣工验收。泵站位于柳州市河北保护区雅儒堤段，集雨面积 1.52km²，重要保护区域有广雅片区、福柳新都片区等。泵站现安装 3 台 1000ZLB1-7 型轴流泵和 1 台 500S13 型离心泵，总装机容量950kW，总抽排流量 9.10m³/s，起抽水位 82.66m，停机水位 82.06m，内江控制淹没水位 85.16m。在雅儒泵站西南面约 50m 处设有防洪闸 1 扇，孔口尺寸 2.5m×5.5m，设计流量为 22.10m³/s，防洪闸为平板闸门，配卷扬式启闭机 1 台。

泵站主要建筑物有进水建筑物、主泵房、检修间、出水建筑物等。

主泵房长 22.04m，宽 17.48m，共设有电机层（高程 87.60m）、水泵层（高程81.64m）和流道层（高程 79.14m）三层。电机层布置 3 台 JSL-14-10 电机、开关柜、吊物孔等；水泵层布置 3 台 1000ZLB1-7 型轴流泵和 1 台 500S13 型离心泵及其配套设施，安装高程分别为 80.352m、82.23m；流道层布置进水流道，各泵之间用闸墩分隔，各设一道拦污栅和一道工作闸门。检修间长 6.02m，宽 17.48m，地面高程 87.598m。前池近似矩形，长 23.19m，宽 17.2m，池底高程 79.06～78.896m。出水池紧靠主机间，长 20.9m，宽 4.15m，池底高程 82.31m。

2. 水力机械

雅儒泵站于 2000 年建成投入使用，泵站设计抽排流量 9.1m³/s。共装设 4 台水泵机组，其中 3 台立式轴流泵，1 台离心泵。3 台立式轴流泵型号为：1000ZLB1-7（0°）的双基础立式轴流泵，泵站设计扬程为 3.6m，最大扬程 9.1m，最小扬程 1.0m，设计扬程时的单机抽排流量 3.35m³/s，设计扬程时的总抽排流量 10.05m³/s。配套电机参数为：型号 JSL-14-12，功率 280kW，电压 380V，转速 490r/min，B 级绝缘。1 台卧式离心泵型号为 500S-13，泵站设计扬程为 3.6m，最大扬程 9.1m，最小扬程 1.0m，设计扬程时的单机抽排流量 0.76m³/s，设计扬程时的总抽排流量 0.76m³/s。配套电动机功率110kW，额定电压 380V。泵站总装机容量 950kW。泵站现状如图 3-4-28 和图 3-4-29 所示。

3. 电气设备

1）供电电源

泵站总装机容量 950kW，10kV 电压双电源供电，主供引自 110kV 八一站 10kV 雅儒泵站Ⅰ线 B22 间隔，电缆型号为 YJV22-3×95，备供引自 110kV 八一站 10kV 雅儒南线 B05 线路中山西路 1 号开闭所 915 间隔，电缆型号为 YJV22-3×95，防洪排涝闸起闭机的电源由泵站低压配电屏引接（图 3-4-28、图 3-4-29）。

图 3-4-28　雅儒泵站电机布置现状图　　　　图 3-4-29　雅儒泵站起重机现状图

2）供电负荷等级

按防洪排涝要求，泵站为二级负荷。

3）供电负荷及供电电压

泵站机组主要负荷为 3 台 280kW 水泵、1 台 110kW 水泵和防洪排涝闸起闭机及其他负荷 30kW，电压等级为 0.4kV。

4）电气主接线

10kV 采用单母线接线，设 1 台主变压器，型号 S13-M-1250/10.5；1 台站用变，型号 S13-M5315/10.5，低压 0.4kV 采用单母线接线方式。

5）主要电气设备

（1）变压器

泵站主变压器型号为 S13-M 系列，具体泵站主变压器型号及规格如下。

主变压器　　　　S13-M-1250/10.5

额定电压　　　　10.5/0.4kV

额定容量　　　　1250kV·A

阻抗电压　　　　4%

连接组别　　　　D.yn11

泵站站用变压器型号为 S13-M 系列，具体泵站主变压器型号及规格如下。

站变压器　　　　S13-M-315/10.5

额定电压　　　　10.5/0.4kV

额定容量　　　　315kV·A

阻抗电压　　　　4%

连接组别　　　　D.yn11

（2）10kV 高压开关柜设备

型号　　　　　　KYN28A-12

额定电压　　　　12kV

额定频率　　　　50Hz

额定电流　　　　630A

额定开断电流　　31.5kA

（3）低压开关柜设备

低压开关柜型号 GCK 型，在 0.4kV 母线上装设有 GCK 型无功功率补偿屏。

（4）电气二次保护装置

泵站继电保护包括 10kV 进线保护、变压器保护、电动机保护等。

4. 金属结构

雅儒泵站每台机组进水口均有一道拦污栅，为垂直置放活动式拦污栅，孔口尺寸为 4m×3.8m（$b×h$），共 3 孔 3 扇。拦污栅底槛高程为 79.14m，工作平台高程为 87.38m，内江控淹水位为 85.16m。设计水头为 1.5m。采用一台 CD 型 50kN-9m 移动式电动葫芦用于拦污栅的检修和维护操作，电动葫芦轨道长 11m。

雅儒泵站拦污栅后有检修闸门，孔口尺寸为 4m×1.85m（$b×h$），共 3 孔 1 扇，检修闸采用潜孔式平板滑动钢闸门。闸底槛高程为 79.14m，检修水位为 82.66m，闸门设计水头 3.52m，反向止水，静水启闭，采用一台 CD 型 2×50kN-9m 移动式电动葫芦操作运行。检修工作平台高程为 87.54m，启闭机安装高程为 94.00m。

雅儒泵站总管出水口处设置 1 孔 2m×2m（$b×h$）事故防洪闸门，采用潜孔式平板定轮钢闸门。闸底槛高程为 81.66m，设防外江洪水位为 91.53m（$P=2\%$），闸门设计水头 9.87m，反向止水，动水启闭，采用一台 QPK-160kN-8m 固定式卷扬启闭机操作运行。检修工作平台高程为 86.46m，启闭机平台安装高程为 94.16m。

3.4.7.2 存在问题

（1）泵站不能满足抽排 20 年一遇雨洪同期最大 24h 暴雨洪水设计标准。建议对雅儒泵站进行扩容改造。

（2）防洪闸闸墩、启闭机房结构顶梁和柱个别部位碳化较为严重；启闭机电控柜局部锈蚀，卷筒表面防锈漆局部脱落。

（3）由于泵站需技术供水等辅助系统，开机前需进行技术供水系统操作，实行自动化控制较为复杂；平时需对辅助系统进行日常维护检修。长时间停机需要多人人工盘车后才能启动，操作极为不便，启动响应时间久，无法实现无人值守远程操作。

（4）泵站已投入运行多年，运管单位的正常维护、保养，使水泵、电机外观基本完好。但水泵汽蚀、锈蚀程度变得更严重，轴系偏心加剧振动和噪音。

（5）电动机绝缘等级低，为 B 级绝缘等级，加上建成时间长，绝缘老化。JS 型电机是我国 20 世纪 60 年代引进苏联技术开发的产品，属工业和信息化部《高耗能落后机电设备（产品）淘汰目录（第四批）》里的高耗能淘汰产品，技术水平落后，JSL 与 JS 属同等技术水平产品。

（6）原 1 台卧式离心泵（型号：500S-13）已多年未投入运行，且采用抽真空系统进行抽真空启动，启动时间久，启动可靠性差。

（7）泵站事故闸及埋件表面局部轻微锈蚀，止水橡胶有老化现象，启闭机、电动机等超过报废折旧年限，启闭机台车轨道、滚轮锈蚀。

（8）泵站出水事故闸无法满足自动化运行要求。

3.4.8 华丰湾泵站、防洪闸

3.4.8.1 现状分析

1. 主要建筑物

华丰湾泵站于 1998 年 12 月 10 日开工建设，至 2000 年 5 月通过竣工验收。泵站位于柳州市河西保护区华丰湾堤段，集雨面积 1.52km²，重要保护区域有飞鹅路东、飞鹅二路等。2005 年 10 月，红花电站建成，正常蓄水位达到 78.66m。为了防止外江水倒灌，华丰湾防洪闸闸门长期关闭，由于闸门常年水下运行，使得闸门变形锈蚀，启闭困难，检修维护运行管理极为困难。另外，防洪闸在运行过程中闸槽反轨现状局部变形，原二期混凝土局部开裂破损，因此在 2017 年对华丰湾防洪闸进行了改造，主要建设内容包括：①抬高泄水涵管，并封堵原 71.16m 高程涵管。抬高后的涵管底板进、出口高程为 78.36～78.06m，孔口净空尺寸为 2.5m×2.5m；②在防洪堤对应新闸孔位置采用切割开孔加固，开孔尺寸为 3.5m×3.5m，四周采用 C25 钢筋混凝土衬砌，衬砌后孔口净空尺寸为 2.5m×2.5m；③更换工作闸门 1 扇和新埋底槛闸门止水预埋件；④清除框格堤内淤泥；⑤对现有汇合井进行改造，在原汇合井下游处新建 1 座内径为 5m 的 C25 钢筋混凝土汇合井，井底高程为 71.04m，并在新汇合井 80.16m 高程处设置一根 DN1500C30 钢筋混凝土Ⅱ级预制管连通泵站前池。

泵站现安装 4 台 1000ZLB-7 轴流泵，总装机容量 1040kW，总抽排流量 8.95m³/s，起抽水位 81.96m，停机水位 79.25m，内江控制淹没水位 85.16m。防洪闸 1 扇，孔口尺寸 2.5m×2.5m，设计流量为 33.6m³/s，防洪闸为平板闸门，配卷扬式启闭机 1 台。

泵站主要建筑物有进水建筑物、主泵房、副厂房、出水建筑物等。

主泵房长 21.8m，宽 10.4m，共设有电机层（高程 83.65m）、水泵层（高程 78.65m）和流道层（高程 76.16m）三层。电机层布置 4 台 JSL138-10 电机、开关柜、吊物孔等；水泵层布置 4 台 900ZLB-6 立式轴流泵、电动蝶阀、集水井等，水泵机组间距 5m，安装高程 77.90m；流道层布置进水流道，各泵之间用闸墩分隔，各设一道拦污栅和一道工作闸门。副厂房长 24.661m，宽 10.4m，地面高程 85.46m。前池长 19.6m，宽 10.3m，池底高程 76.16m。出水池紧靠主机间，长 20.8m，宽 4.5m，池底高程 79.65m（图 3-4-30）。

图 3-4-30 华丰湾泵站现状图

2. 水力机械

华丰湾泵站于 2000 年建成投入使用，泵站设计抽排流量 8.95m³/s。共装设 4 台水泵机组，水泵型号为 1000ZLB-7 的双基础立式轴流泵，泵站设计扬程为 5.2m，设计扬程时的单机抽排流量 2.73m³/s，设计扬程时的总抽排流量 10.92m³/s。配套电机参数为：型号 JSL-14-12，功率 260kW，电压 380V，转速 490r/min，B 级绝缘，泵站总装机容量 1040kW。泵站现状如图 3-4-31～图 3-4-33 所示。

图 3-4-31 华丰湾泵站电机布置现状图

图 3-4-32 华丰湾泵站水泵
布置现状图

图 3-4-33 华丰湾泵站起重机现状图

3. 电气设备

1）供电电源

泵站总装机容量 1040kW，10kV 电压双电源供电，主供引自马鞍站 10kV 华丰湾泵线 M02 开关华丰湾泵站开闭所，电缆型号为 YJV22-3×95。备供引自文笔站 10kV 飞鹅商城线文 04 线飞鹅商城开闭所，电缆型号为 YJV22-3×95，防洪排涝闸起闭机的电源由泵站低压配电屏引接。

2）供电负荷等级

按防洪排涝要求，泵站为二级负荷。

3）供电负荷及供电电压

泵站机组主要负荷为 4 台 260kW 水泵和防洪排涝闸起闭机及其他负荷 30kW，电压等级为 0.4kV。

4）电气主接线

10kV 采用单母线接线，设 1 台主变压器，型号 S13-M-1600/10.5，1 台站用变，型号 S13-M-160/10.5，低压 0.4kV 采用单母线接线方式。

5）主要电气设备

（1）变压器

泵站主变压器型号为 S13-M 系列，具体泵站主变压器型号及规格如下。

主变压器	S13-M-1600/10.5
额定电压	10.5/0.4kV
额定容量	1600kV·A
阻抗电压	4%
连接组别	D.yn11

泵站站用变压器型号为 S13-M 系列，具体泵站主变压器型号及规格如下。

站变压器	S13-M-160/10.5
额定电压	10.5/0.4kV
额定容量	160kV·A
阻抗电压	4%
连接组别	D.yn11

（2）10kV 高压开关柜设备

型号	KYN28A-12
额定电压	12kV
额定频率	50Hz
额定电流	630A
额定开断电流	31.5kA

（3）低压开关柜设备

低压开关柜型号 GCK 型，在 0.4kV 母线上装设有 GCK 型无功功率补偿屏。

（4）电气二次保护装置

泵站继电保护包括 10kV 进线保护、变压器保护、电动机保护等。

4. 金属结构

华丰湾泵站每台机组进水口均有一道拦污栅，为垂直置放活动式拦污栅，孔口尺寸为 4m×2.19m（$b×h$），共 4 孔 4 扇。拦污栅底槛高程为 76.16m，工作平台高程为 85.46m，内江控淹水位为 85.16m，设计水头为 1.5m。采用一台 MD1-2×20kN-12m 电动葫芦用于拦污栅的检修和维护操作，电动葫芦轨道长 21.8m。

华丰湾泵站在拦污栅后设置一道检修闸，孔口尺寸为 4m×1.99m（$b×h$），共 4 孔 1 扇，检修闸采用潜孔式平板滑动钢闸门。底槛高程为 76.16m，工作平台高程为 85.46m，内江控淹水位为 85.16m，设计水头 9m。闸门反向止水，考虑充水平压，操作方式为静水启闭，选用一台 MD1-2×50kN-12m 电动葫芦操作运行，电动葫芦轨道长度约 21.8m。

华丰湾泵站总管出水口处为 1 扇 ϕ1.2m 钢拍门，采用双开式节能式钢拍门，水力自控。

3.4.8.2 存在问题

（1）主机间和安装间分缝两侧不均匀沉降，局部有渗漏痕迹；高压室右侧和上游侧墙体基础不均匀沉降，导致墙体拉裂。

（2）由于泵站需要技术供水等辅助系统，开机前需进行技术供水系统操作，实行自动化控制较为复杂；平时需对辅助系统进行日常维护检修。长时间停机需要多人人工盘车后才能启动，操作极为不便，启动响应时间久，无法实现无人值守远程操作。

（3）泵站已投入运行二十多年，运管单位的正常维护、保养，使水泵、电机外观基本完好。但水泵汽蚀、锈蚀程度变得更严重，轴系偏心加剧振动和噪声，水泵机组可靠性降低。根据《泵站技术管理规程》（GB/T 30948—2021），机电设备折旧年限，中小型电力排灌设备为 20 年，时间较接近，结合《灌排泵站机电设备报废标准计技术规范》（SL 510—2011），修复不经济。

（4）电动机绝缘等级低，为 B 级绝缘等级，加上建成时间长，绝缘老化，JS 型电机是我国 20 世纪 60 年代引进苏联技术开发的产品，属工业和信息化部《高耗能落后机电设备（产品）淘汰目录（第四批）》里的高耗能淘汰产品，技术水平落后，JSL 与 JS 属同等技术水平产品。

（5）闸门及埋件表面局部轻微锈蚀，止水橡胶有老化现象，工作闸门锁定装置存在运行不灵活的现象。

（6）启闭机部分设备使用年限已超过 20 年，目前虽然能正常运行，但设备陈旧老化明显。

（7）泵站出水事故闸无法满足自动化运行要求。

3.4.9 二纸厂防洪闸

3.4.9.1 现状分析

二纸厂防洪闸于 1998 年 11 月开工建设，2002 年 4 月通过竣工验收。二纸厂防洪闸位于白沙堤桩号 1+221 处，属于柳州市柳北区白沙防洪片区，集雨面积 0.06km²，主河道长 0.53km，主要自排通过二纸厂渠的来水。防洪闸设有铸铁闸门 1 扇，配螺杆式启闭机 1 台，涵管孔口尺寸 ϕ1.5m，设计流量为 1.8m³/s，内江控淹水位 89.16m。

防洪闸主要包括进水段、箱涵段、闸室段、出水渠（消力池）4 个部分。设 1 孔混凝土管涵，管涵为圆形断面，内径为 1.5m，管涵进口底部高程为 86.14m，出口高程为 85.36m，管涵壁厚 0.15m。闸室布置有 1 孔防洪闸，闸门孔口尺寸 1.5×1.5m，设有 1 扇工作门，无检修闸门，闸门检修平台 88.16m，启闭平台高程 92.27m，工作闸门型式为潜孔式平面铸铁闸门，闸门操作方式为动水启闭；工作闸门采用一台手电两用螺杆式启闭机启闭。出口为明渠，知形浆砌石结构，明渠出口尺寸为 2.0×1.5m（$b×h$），浆砌石渠道壁厚 0.8m，出口底板高程为 68.66m，后与柳江连接（图 3-4-34）。

图 3-4-34　二纸厂防洪闸现状图

3.4.9.2 存在问题

根据《广西柳州市二纸厂防洪闸安全评价报告》，二纸厂防洪闸金属结构安全为 C 级，二纸厂防洪闸为三类闸，需要对其进行除险加固。

3.4.10 化纤厂防洪闸

3.4.10.1 现状分析

化纤厂防洪闸于 1999 年 4 月开工建设，至 2002 年 2 月通过竣工验收。防洪闸位于白沙堤桩号 2+936.7 处，属于柳州市柳北区白沙防洪片区，集雨面积 1.65km²，主要自排通过胜利干渠的来水。闸门底槛调和为 76.05m，孔口尺寸 2.0m×2.0m，设计流量为 19.6m³/s，内江控淹水位 85.16m。防洪闸为平板钢闸门，配卷扬式启闭机 1 台。

防洪闸主要包括箱涵段、闸室段、出水渠（消力池）3 个部分。防洪闸设在堤外（外江面），紧靠防洪堤，出水口处设置 1 孔防洪闸，闸门为 1 扇平面钢闸门，闸门底槛调和为 76.05m，孔口尺寸 2.0m×2.0m，闸门由启闭机室的配卷扬式启闭机启闭，型号为 QPT 型，额定起重量 16t。排水箱涵为 1 孔钢筋混凝土整体式箱涵，断面尺寸 2.0m×2.0m，总长 83.72m。出口设消力池，与柳州市相接，出口消力池段总长 28.6m，其中斜坡段长 18.6m，宽 2m，底板高程 68.00～74.85m；水平段长 10m，宽 2～5m，底板高程 68.00m；消力槛顶高程 68.90m，渠道底板采用 C15 混凝土结构，板厚 0.35m，下部为 20cm 厚碎石垫层+20cm 厚沙垫层。消力池后接长 3.3m，厚度 1m 的 M7.5 浆砌石护底。出口两侧翼墙呈槽形，采用 C15 混凝土，墙顶高 0.6m，高 2.15～2.75m（图 3-4-35）。

图 3-4-35 化纤厂防洪闸现状图

3.4.10.2 存在的问题

(1) 闸门和启闭机整体完好，局部存在锈蚀现象。

(2) 启闭运行良好，制动器和变速器偶有卡顿。

(3) 防洪闸未设必要的安全监测设施，不满足规范要求。

3.4.11　云头村泵站

3.4.11.1　现状分析

1. 泵站概况

云头村泵站于 2007 年建设，2008 年开始运行，已运行十多年，电气设备老化，设备型号较旧。

2. 电气设备现状

1）供电电源

云头村泵站总装机容量 960kW，10kV 电压双电源供电，分别引自云头村泵站 1 号开闭所 913 间隔和云头村泵站 2 号开闭所 923 间隔，均为 10kV 电缆进线，电缆型号为 YJV22-3×50，防洪排涝闸起闭机的电源由泵站低压配电屏引接。

2）供电负荷等级

按防洪排涝要求，泵站为二级负荷。

3）供电负荷及供电电压

泵站机组主要负荷为 6 台 160kW 水泵和防洪排涝闸起闭机及其他负荷约 60kW，电压等级为 0.4kV。

4）电气主接线

10kV 采用单母线接线，一台主变压器，型号 S9-M-1250/10，低压 0.4kV 采用单母线接线方式。

5）主要电气设备

（1）主变压器（图 3-4-36）

泵站主变压器为 S9 系列，泵站主变压器具体型号及规格如下。

图 3-4-36　主变压器

主变压器	S9-M-1250/10
额定电压	10/0.4kV
额定容量	1250kVA

阻抗电压　　　　4.5%

连接组别　　　　D. Yn11

（2）站用变压器

泵站站用变压器具体型号及规格如下。

站用变压器　　　S9-100/10

额定电压　　　　10/0.4kV

额定容量　　　　100kV·A

阻抗电压　　　　4 %

连接组别　　　　D. Yn11

（3）高压开关柜设备（图 3-4-37）

图 3-4-37　高压开关柜设备

10kV 高压开关柜设备型号为 KYN28。

（4）低压开关柜设备（图 3-4-38）

图 3-4-38　低压开关柜设备

0.4kV 低压开关柜设备的型号为 GGD2。

3.4.11.2　存在问题

1. 主变压器、站用变压器

S9 型变压器，设备型号较旧，电能损耗较大，生锈老化，变压器为 2007 年的设备，且已运行十多年，故需更换主变压器和站用变压器。

2. 高压开关柜设备

高压开关柜为 2007 年的设备，且已运行十多年。设备老化，维护维修困难。

3. 低压开关柜设备

柜内设备运行多年，目前操作已不灵活，备品备件也较难采购，故柜内设备需要更换。

4. 电气二次保护装置

电气二次保护装置为 2007 年的设备，并已运行十多年，已到更换周期，无计算机监控系统，此次改造所有电气二次保护装置均应更换，并增加计算机监控系统。

5. 其他

蝶阀控制箱为老式继电器控制装置无远传信号；封闭母线、电缆桥架局部有不同程度的生锈，电缆也老化。

3.4.12　独木冲泵站

3.4.12.1　现状分析

1. 泵站概况

本泵站于 2007 年建设，2009 年开始运行，已运行十多年，电气设备老化，设备型号较旧，10kV 进线柜及主变压器进线柜均采用负荷开关。

2. 电气设备现状

1）供电电源

独木冲泵站总装机容量 165kW，10kV 电压双电源供电，分别引自独木冲泵站 1 号开闭所 913 间隔和独木冲泵站 2 号开闭所 923 间隔，均为 10kV 电缆进线，电缆型号为 YJV22-3×50，防洪排涝闸起闭机的电源由泵站低压配电屏引接。

2）供电负荷等级

按防洪排涝要求，泵站为二级负荷。

3）供电负荷及供电电压

泵站机组主要负荷为 3 台 55kW 水泵和防洪排涝闸起闭机及其他负荷约 30kW，电压等级为 0.4kV。

4）电气主接线

10kV 采用单母线接线，一台主变压器，型号 SC9-250/10，低压 0.4kV 采用单母线接线方式。

5）主要电气设备

（1）主变压器

泵站主变压器型号为 SC9 系列，具体型号及规格如下。

主变压器　　　SC9-250/10
额定电压　　　10/0.4kV
额定容量　　　250kV·A
阻抗电压　　　4%
连接组别　　　D. yn11

（2）高压开关柜设备（图 3-4-39）

图 3-4-39　高压开关柜设备

10kV 高压开关柜设备型号为 XHGN-12。

（3）低压开关柜设备（图 3-4-40）

图 3-4-40　低压开关柜设备

0.4kV 低压开关柜设备的型号为 GGD。

3.4.12.2　存在问题

1. 主变压器

SC9 型变压器，设备型号较旧，电能损耗较大，变压器为 2005 年的设备，且已运行十多年。目前主变压器布置在低压室，由于原低压室空间比较小，无法布置户内变压器，故需更换主变压器为箱式变压器。

2. 高压开关柜设备

高压开关柜为 2005 年的设备，已运行近 20 年，设备老化，维护维修困难。主要设备为负荷开关，手动操作，无法远程控制。

3. 低压开关柜设备

柜内设备运行多年，目前操作已不灵活，备品备件也较难采购，故柜内设备需要更换。

4. 电气二次保护装置

电气二次保护装置为 2007 年的设备，并已运行近 20 年，已到更换周期，无计算机监控系统，此次改造所有电气二次保护装置均应更换，并增加计算机监控系统。

5. 其他

蝶阀控制箱为老式继电器控制装置无远传信号；电缆桥架局部有不同程度的生锈，电缆也老化。

3.4.13　白露沟泵站

3.4.13.1　现状分析

1. 泵站概况

本泵站于 2004 年建设，2006 年开始运行，已运行近 20 年，电气设备老化，设备型号较旧。

2. 电气设备现状

1）供电电源

露沟泵站总装机容量 1680kW，10kV 电压双电源供电，分别引自白露泵站 1 号开闭所 913 间隔和白露泵站 2 号开闭所 923 间隔，均为 10kV 电缆进线，电缆型号为 YJV22-3×95，防洪排涝闸起闭机的电源由泵站低压配电屏引接。

2）供电负荷等级

按防洪排涝要求，泵站为二级负荷。

3）供电负荷及供电电压

泵站机组主要负荷为 6 台 280kW 水泵和防洪排涝闸起闭机及其他负荷约 60kW，电压等级为 0.4kV。

4）电气主接线

10kV 采用单母线接线，2 台主变压器，型号 S9-1250/10，低压 0.4kV 采用单母线分段接线方式。

5）主要电气设备

（1）主变压器（图 3-4-41）

泵站主变压器为 S9 系列，泵站主变压器具体型号及规格如下。

图 3-4-41　主变压器

主变压器　　　　　　S9-1250/10

额定电压　　　　　　10/0.4kV

额定容量　　　　　　1250kV·A

阻抗电压　　　　　　4.5%

连接组别　　　　　　Y.yno

（2）站用变压器

泵站站用变压器具体型号及规格如下。

站用变压器　　　　　S9-100/10

额定电压　　　　　　10/0.4kV

额定容量　　　　　　100kV·A

阻抗电压　　　　　　4%

连接组别　　　　　　Y.yno

（3）高压开关柜设备（图3-4-42）

图3-4-42　高压开关柜设备

10kV高压开关柜设备型号为XGN2-10Q。

（4）低压开关柜设备（图3-4-43）

图3-4-43　低压开关柜设备

0.4kV低压开关柜设备的型号为GGD。

3.4.13.2　存在问题

1. 主变压器、站用变压器

S9 型变压器，设备型号较旧，电能损耗较大，生锈老化；变压器为 2004 年的设备，且已运行近 20 年，故需更换主变压器和站用变压器。

2. 高压开关柜设备

高压开关柜为 2004 年的设备，设备老化，维护维修困难。设备为固定式安装，目前柳州市泵站基本采用铠装中置式金属封闭式开关柜。

3. 低压开关柜设备

柜内设备运行多年，目前操作已不灵活，备品备件也较难采购，故柜内设备需要更换。

4. 电气二次保护装置

电气二次保护装置为 2007 年的设备，并已运行十多年，已到更换周期，无计算机监控系统。此次改造所有电气二次保护装置均应更换，并增加计算机监控系统。

5. 其他

蝶阀控制箱为老式继电器控制装置无远传信号；封闭母线、电缆桥架局部有不同程度的生锈，电缆也老化。

3.4.14　木材厂泵站

3.4.14.1　现状分析

1. 泵站概况

本泵站于 2003 年建设，2004 年开始运行，已运行近 20 年，电气设备老化，设备型号较旧，高压断路器开断容量明显不足。

2. 电气设备现状

1）供电电源

木材厂泵站总装机容量 792kW，10kV 电压双电源供电，分别引自木材厂泵站 1 号开闭所 913 间隔和木材厂泵站 2 号开闭所 923 间隔，均为 10kV 电缆进线，电缆型号为 YJV22-3×50，防洪排涝闸起闭机的电源由泵站低压配电屏引接。

2）供电负荷等级

按防洪排涝要求，泵站为二级负荷。

3）供电负荷及供电电压

泵站机组主要负荷为 6 台 132kW 水泵和防洪排涝闸起闭机及其他负荷约 60kW，电压等级为 0.4kV。

4）电气主接线

10kV 采用单母线接线，一台主变压器，型号 S9-M-1000/10，低压 0.4kV 采用单母线接线方式。

5）主要电气设备

（1）主变压器（图 3-4-44）

泵站主变压器为 S9 系列，泵站主变压器具体型号及规格如下。

图 3-4-44　主变压器

主变压器　　　　S11-1-1000/10
额定电压　　　　10/0.4kV
额定容量　　　　1000kV・A
阻抗电压　　　　4.5%
连接组别　　　　D.yn11

（2）站用变压器

泵站站用变压器具体型号及规格如下。

站用变压器　　　　S11-M-100/10
额定电压　　　　10/0.4kV
额定容量　　　　100kV・A
阻抗电压　　　　4%
连接组别　　　　Y.yno

（3）高压开关柜设备（图 3-4-45）

图 3-4-45　高压开关柜设备

10kV 高压开关柜设备型号为 KYN28A。

（4）低压开关柜设备（图 3-4-46）

图 3-4-46　低压开关柜设备

0.4kV 低压开关柜设备的型号为 GGD。

3.4.14.2　存在问题

1. 主变压器、站用变压器

S9 型变压器，设备型号较旧，电能损耗较大，生锈老化；变压器为 2003 年的设备，且已运行已近 20 年，故需更换主变压器和站用变压器。

2. 高压开关柜设备

高压开关柜为 2003 年的设备，设备老化，维护维修困难。电网经过多年发展，短路容量很大，泵站高压断路器开断容量明显不足。

3. 低压开关柜设备

柜内设备运行多年，目前操作已不灵活，备品备件也较难采购，故柜内设备需要更换。

4. 电气二次保护装置

电气二次保护装置为 2004 年的设备，并已运行已 20 年，已到更换周期，无计算机监控系统。此次改造所有电气二次保护装置均应更换，并增加计算机监控系统。

5. 其他

蝶阀控制箱为老式继电器控制装置，无远传信号；封闭母线、电缆桥架局部有不同程度的生锈，电缆也老化。

3.4.15　水电段泵站

3.4.15.1　现状分析

1. 泵站概况

本泵站于 1997 年建设，1998 年开始运行，已运行超 20 年，电气设备老化，设备型号较旧。

2. 电气设备现状

1）供电电源

水电段泵站总装机容量 120kW，10kV 电压双电源供电，分别引自水电段泵站 1 号开闭所 913 间隔和水电段泵站 2 号开闭所 923 间隔，均为 10kV 电缆进线，电缆型号为

YJV22-3×50，防洪排涝闸起闭机的电源由泵站低压配电屏引接。

2）供电负荷等级

按防洪排涝要求，泵站为二级负荷。

3）供电负荷及供电电压

泵站机组主要负荷为 3 台 40kW 水泵和防洪排涝闸起闭机及其他负荷约 30kW，电压等级为 0.4kV。

4）电气主接线

10kV 采用单母线接线，一台组合式箱变，型号 YBM-200/10-0.4，低压 0.4kV 采用单母线接线方式。

5）主要电气设备

（1）主变压器

泵站主变压器型号为 YBM-200/10-0.4 系列箱变。2016 年的设备，不需要改造。

（2）低压开关柜设备（图 3-4-47、图 3-4-48）

0.4kV 低压开关柜设备的型号为 GGD。

图 3-4-47　低压开关柜设备（一）

图 3-4-48　低压开关柜设备（二）

3.4.15.2 存在问题

1. 低压开关柜设备

低压开关柜为 1997 年的设备，柜内设备运行已超 20 年，目前操作已不灵活，备品备件也较难采购，故柜内设备需要更换。

2. 电气二次保护装置

本泵站电气二次保护装置设备不需要改造，本泵站无计算机监控系统，可考虑增加计算机监控系统。

3. 其他

蝶阀控制箱为老式继电器控制装置，无远传信号；电缆老化，电缆桥架生锈。

3.4.16 河东桥泵站

3.4.16.1 现状分析

1. 泵站概况

本泵站于 2002 年建设，2003 年开始运行，已运行已超 20 年，电气设备老化，设备型号较旧，高压断路器开断容量明显不足。

2. 电气设备现状

1）供电电源

河东桥泵站总装机容量 792kW，10kV 电压双电源供电，分别引自潭中变 T14 河东堤Ⅰ线-河东堤防洪 2 号开闭所 923 间隔和河鹿山变 L23 河东堤Ⅱ线-河东堤防洪 1 号开闭所 913 间隔，均为 10kV 电缆进线，电缆型号为 YJV22-3×50，防洪排涝闸起闭机的电源由泵站低压配电屏引接。

2）供电负荷等级

按防洪排涝要求，泵站用电负荷性质为二级负荷。

3）供电负荷及供电电压

泵站机组主要负荷为 6 台 132kW 水泵和防洪排涝闸起闭机及其他负荷约 100kW，电压等级为 0.4kV。

4）电气主接线

10kV 采用单母线接线，一台主变压器，型号 S9-1000/10，低压 0.4kV 采用单母线接线方式。

5）主要电气设备

（1）主变压器（图 3-4-49）

泵站主变压器为 S9 系列，泵站主变压器具体型号及规格如下。

主变压器　　　　S9-1000/10
额定电压　　　　10/0.4kV
额定容量　　　　1000kV·A
阻抗电压　　　　4.5%
连接组别　　　　Y.yno

（2）站用变压器（图 3-4-50）

泵站站用变压器具体型号及规格如下。

图 3-4-49　主变压器

图 3-4-50　站用变压器

站用变压器	S9-160/10
额定电压	10/0.4kV
额定容量	160kV·A
阻抗电压	4 ‰
连接组别	Y.yno

（3）高压开关柜设备（图 3-4-51）

10kV 高压开关柜设备型号为 XGN2-12。

（4）低压开关柜设备（图 3-4-52）

图 3-4-51　高压开关柜设备

图 3-4-52　低压开关柜设备

0.4kV 低压开关柜设备的型号为 GGD。

3.4.16.2　存在问题

1. 主变压器、站用变压器

S9 型变压器，设备型号较旧，电能损耗较大，生锈老化；变压器为 2003 年的设备，且已运行已超 20 年，故需更换主变压器和站用变压器。

2. 高压开关柜设备

高压开关柜为 2003 年的设备，设备老化，维护维修困难。电网经过多年发展，短路容量很大，泵站高压断路器开断容量明显不足。

3. 低压开关柜设备

柜内设备运行多年，目前操作已不灵活，备品备件也较难采购，故柜内设备需要更换。

4. 电气二次保护装置

电气二次保护装置为 2003 年的设备，并已运行已超年，已到更换周期，无计算机监控系统。此次改造所有电气二次保护装置均应更换，并增加计算机监控系统。

5. 其他

蝶阀控制箱为老式继电器控制装置，无远传信号；封闭母线、电缆桥架局部有不同程度的生锈，电缆也老化。

3.4.17 静兰下泵站

3.4.17.1 现状分析

1. 泵站概况

本泵站于 2008 年建设，2010 年开始运行，本泵站已运行已多年，电气设备还与污水处理厂的电气设备共用电源，运行及维护维修不方便；电气设备老化，高压断路器开断容量明显不足。

2. 电气设备现状

1）供电电源

静兰下泵站总装机容量 3200kW，10kV 电压双电源供电，分别引自附近静兰泵站开闭所和静兰开关站，为 10kV 电缆进线，电缆型号为 YJV22-3×95，防洪排涝闸起闭机的电源由泵站低压配电屏引接。

2）供电负荷等级

按防洪排涝要求，泵站用电负荷性质为二级负荷。

3）供电负荷及供电电压

泵站机组主要负荷为 4 台 800kW 水泵，电压等级为 10kV；防洪排涝闸起闭机及其他负荷约 120kW，电压等级为 0.4kV。

4）电气主接线

10kV 采用单母分段线接线（Ⅰ段为污水处理厂水泵供电，Ⅱ段为防洪排涝泵站水泵供电），低压 0.4kV 采用单母线接线方式。

5）主要电气设备

（1）站用变压器

泵站站用变压器型号为 SC9 系列，具体变压器型号为 SC9-200/10，站用变压器属于污水处理厂运行管理，需要新增一台容量为 80kVA 变压器。

（2）高压开关柜（图 3-4-53）

图 3-4-53 高压开关柜

高压开关柜设备与污水处理厂共用，其10kV高压开关柜设备型号为KYN28A-12。改造方案可考虑保留原有供给污水处理厂高压电气设备，更换防洪排涝泵站的高压电气设备。

（3）低压开关柜设备（图3-4-54）

图 3-4-54　低压开关柜设备

低压开关柜设备与污水处理厂共用，其低压开关柜设备的型号为MNS-TY。改造方案可以考虑保留原有厂用设备仅给污水处理厂供电，新增防洪排涝泵站的站用设备。

3.4.17.2　存在问题

1. 站用变压器

本泵站站用变压器属于污水处理厂运行管理。泵站站用设备运行、维护维修均不方便。为了方便管理、运行、维修，保留原有站用变压器给污水处理厂供电，可考虑新增一台容量为80kVA变压器，专为防洪排涝泵站供电。

2. 高压开关柜设备

高压开关柜为2009年时的设备，且已运行十多年。设备老化，维护维修困难。电网经过十多年发展，短路容量很大，泵站高压断路器开断容量明显不足。

3. 低压开关柜设备

低压开关柜设备与污水处理厂共用，其低压开关柜设备的型号为MNS-TY。可考虑保留原有厂用设备仅给污水处理厂供电，新增防洪排涝泵站的站用设备。

4. 10kV进线高压设备

本泵站供电电源为10kV电压双电源供电，分别引自静兰泵站开闭所和静兰开关站。由于目前泵站10kV电源供电与污水处理厂共用，现将供电电源分开供电，需要增加一台开闭所（即从静兰开关站电源引新增开闭所，再从开闭所分别引至防洪排涝泵站高压开柜和污水处理厂高压开关柜）。

5. 电气二次保护装置

电气二次保护装置为2009年时的设备，并已运行十多年，已到更换周期，无计算机监控系统。此次改造所有电气二次保护装置均应更换，并增加计算机监控系统。

6. 其他

蝶阀控制箱为老式继电器控制装置，无远传信号；电缆桥架局部有不同程度的生锈，电缆也老化。

3.4.18 柳州饭店泵站

3.4.18.1 现状分析

1. 泵站概况

本泵站于 2001 年建设，2005 年开始运行，已运行已近 20 年，电气设备老化，设备型号较旧。

2. 电气设备现状

1）供电电源

柳州饭店泵站总装机容量 222kW，10kV 电压单电源供电，引自白沙堤防洪 1 号开闭所 914 间隔，为 10kV 电缆进线，电缆型号为 YJV22-3×50，防洪排涝闸起闭机的电源由泵站低压配电屏引接。

2）供电负荷等级

按防洪排涝要求，泵站为二级负荷。

3）供电负荷及供电电压

泵站机组主要负荷为 6 台 37kW 水泵和防洪排涝闸起闭机及其他负荷约 30kW，电压等级为 0.4kV。

4）电气主接线

10kV 采用单母线接线，一台主变压器，型号 ZGS11-Z-315/10，低压 0.4kV 采用单母线接线方式。

5）主要电气设备

（1）主变压器（图 3-4-55）

泵站主变压器型号为 ZGS11-Z-系列箱变，泵站主变压器具体型号及规格如下。

图 3-4-55 主变压器

主变压器　　　　　ZGS11-Z-315/10
额定电压　　　　　10/0.4kV
额定容量　　　　　315kV・A
阻抗电压　　　　　4%
连接组别　　　　　D.yn11

（2）低压开关柜设备（图3-4-56）

图3-4-56　低压开关柜设备

0.4kV低压开关柜设备的型号为WDQC1/37。

3.4.18.2　存在问题

1. 主变压器

ZGS11-Z-系列箱变，设备型号较旧，电能损耗较大；箱变为2003年的设备，已运行20多年，生锈老化，故需更换主变压器。

2. 低压开关柜设备

低压开关柜为2004年的设备，柜内设备运行20多年，目前操作已不灵活，备品备件也较难采购，故柜内设备需要更换。

3. 电气二次保护装置

本泵站高压设备采用熔断器保护，故不需设电气二次保护装置，本泵站无计算机监控系统，可考虑增加计算机监控系统。

4. 其他

蝶阀控制箱为老式继电器控制装置，无远传信号；电缆老化，电缆桥架生锈。

3.4.19　锌品厂泵站

3.4.19.1　现状分析

1. 泵站概况

本泵站于1998年建设，2001年开始运行，已运行20多年，电气设备老化，设备型号较旧，高压断路器开断容量明显不足。

2. 电气部分现状

1）供电电源

锌品厂泵站总装机容量 165kW，10kV 电压双电源供电，分别引自三中变 S13 白沙堤 I 线-白沙堤防洪 1 号开闭所 912 间隔和白沙变沙 3 白沙堤 II 线-白沙堤防洪 2 号开闭所 922 间隔，均为 10kV 电缆进线，电缆型号为 YJV22-3×50，防洪排涝闸起闭机的电源由泵站低压配电屏引接。

2）供电负荷等级

按防洪排涝要求，泵站用电负荷性质为二级负荷。

3）供电负荷及供电电压

泵站机组主要负荷为 3 台 55kW 水泵和防洪排涝闸起闭机及其他负荷约 30kW，电压等级为 0.4kV。

4）电气主接线

10kV 采用单母线接线，一台主变压器，型号 S9-315/10，低压 0.4kV 采用单母线接线方式。

5）主要电气设备

（1）主变压器（图 3-4-57）

泵站主变压器型号为 S9 系列，具体型号及规格如下。

图 3-4-57　主变压器

主变压器　　　S9-315/10
额定电压　　　10/0.4kV
额定容量　　　315kV·A
阻抗电压　　　4%
连接组别　　　Y.yn0

（2）高压开关柜设备（图 3-4-58）

图 3-4-58 高压开关柜设备

10kV 低压开关柜设备型号为 XGN2-12。

（3）低压开关柜设备（图 3-4-59）

图 3-4-59 低压开关柜设备

0.4kV 低压开关柜设备的型号为 GGD。

3.4.19.2　存在问题

1. 主变压器

S9 型变压器，设备型号较旧，电能损耗较大，生锈老化；变压器为 2000 年的设备，已使用 20 多年，故需更换主变压器。

2. 高压开关柜设备

设备已运行多年，设备老化，维护维修困难。

3. 低压开关柜设备

柜内设备运行多年，目前操作已不灵活，备品备件也较难采购，故柜内设备需要更换。

4. 电气二次保护装置

电气二次保护装置为 1999 年的设备，并已运行 20 多年，保护设备采用常规电磁式保护，已到更换周期，无计算机监控系统。此次改造所有电气二次保护装置均应更换，并增加计算机监控系统。

5. 其他

蝶阀控制箱为老式继电器控制装置无远传信号；电缆桥架局部有不同程度的生锈，电缆也老化。

3.4.20　化纤厂泵站

3.4.20.1　现状分析

1. 泵站概况

本泵站于 2000 年建设，2001 年开始运行，已运行 20 多年，电气设备老化，设备型号较旧，高压断路器开断容量明显不足。

2. 电气部分现状

1）供电电源

化纤厂泵站总装机容量 950kW，10kV 电压双电源供电，分别引自三中变 S13 白沙堤Ⅰ线-白沙堤防洪 1 号开闭所 912 间隔和白沙变沙 3 白沙堤Ⅱ线-白沙堤防洪 2 号开闭所 924 间隔，均为 10kV 电缆进线，电缆型号为 YJV22-3×50，防洪排涝闸起闭机的电源由泵站低压配电屏引接。

2）供电负荷等级

按防洪排涝要求，泵站用电负荷性质为二级负荷。

3）供电负荷及供电电压

泵站机组主要负荷为 3 台 280kW 和 1 台 110kW 水泵和防洪排涝闸起闭机及其他负荷约 360kW，电压等级为 0.4kV。

4）电气主接线

10kV 采用单母线接线，一台主变压器，型号 S9-1250/10，低压 0.4kV 采用单母线接线方式。

5）主要电气设备

（1）主变压器（图 3-4-60）

泵站主变压器为 S9 系列，泵站主变压器具体型号及规格如下。

图 3-4-60　主变压器

主变压器　　　　S9-1250/10

额定电压　　　　10/0.4kV

额定容量　　　　1250kV・A

阻抗电压　　　　4.5%

连接组别　　　　Y.yno

（2）站用变压器（图3-4-61）

泵站站用变压器具体型号及规格如下。

图 3-4-61　站用变压器

站用变压器　　　　S9-500/10

额定电压　　　　10/0.4kV

额定容量　　　　500kV・A

阻抗电压　　　　4%

连接组别　　　　Y.yno

（3）高压开关柜设备（图 3-4-62）

图 3-4-62　高压开关柜设备

10kV 高压开关柜设备型号为 XGN2B-12。

（4）低压开关柜设备（图 3-4-63）

图 3-4-63　低压开关柜设备

0.4kV 低压开关柜设备的型号为 GGD2-36A。

3.4.20.2　存在问题

1. 主变压器、站用变压器

S9 型变压器，设备型号较旧，电能损耗较大，生锈老化，变压器为 2000 年的设备，且已运行多年，故需更换主变压器和站用变压器。

2. 高压开关柜设备

高压开关柜为 2000 年的设备，且已运行 20 多年。设备老化，维护维修困难。电网经过多年发展，短路容量很大，泵站高压断路器开断容量明显不足。

3. 低压开关柜设备

柜内设备运行多年，目前操作已不灵活，备品备件也较难采购，故柜内设备需要更换。

4. 电气二次保护装置

电气二次保护装置为 1999 年的设备，并已运行 20 多年，已到更换周期，无计算机监控系统。此次改造所有电气二次保护装置均应更换，并增加计算机监控系统。

5. 其他

蝶阀控制箱为老式继电器控制装置无远传信号；母线、电缆桥架局部有不同程度的生锈，电缆也老化。

3.4.21　三棉厂泵站

3.4.21.1　现状分析

1. 泵站概况

本泵站于 2001 年建设，2004 年开始运行，已运行 20 年，电气设备老化，设备型号较旧。

2. 电气部分现状

1）供电电源

三棉厂泵站总装机容量 640kW，10kV 电压双电源供电，分别引自河东堤防洪 2 号开闭所 922 间隔和河东堤防洪 1 号开闭所 912 间隔，均为 10kV 电缆进线，电缆型号为 YJV22-3×50，防洪排涝闸起闭机的电源由泵站低压配电屏引接。

2）供电负荷等级

按防洪排涝要求，泵站用电负荷性质为二级负荷。

3）供电负荷及供电电压

泵站机组主要负荷为 4 台 160kW 水泵和防洪排涝闸起闭机及其他负荷约 120kW，电压等级为 0.4kV。

4）电气主接线

10kV 采用单母线接线，一台主变压器，型号 S9-800/10，低压 0.4kV 采用单母线接线方式。

5）主要电气设备

（1）主变压器（图 3-4-64）

泵站主变压器为 S9 系列，泵站主变压器具体型号及规格如下。

图 3-4-64　主变压器

主变压器　　　　　S9-800/10

额定电压　　　　　10/0.4kV

额定容量　　　　　800kV·A

阻抗电压　　　　　4.5%

连接组别　　　　　D.YⅡ11

（2）站用变压器

泵站站用变压器具体型号及规格如下。

站用变压器　　　　S9-200/10

额定电压　　　　　10/0.4kV

额定容量　　　　　200kV·A

阻抗电压　　　　　4%

连接组别　　　　　Yyn0

（3）高压开关柜设备（图3-4-65）

图 3-4-65　高压开关柜设备

10kV 高压开关柜设备型号为 XGN2-10。

（4）低压开关柜设备（图3-4-66）

图 3-4-66　低压开关柜设备

0.4kV 低压开关柜设备的型号为 GGJ1。

3.4.21.2　存在问题

1. 主变压器、站用变压器

SCB9 型变压器，设备型号较旧，电能损耗较大，且已使用 10 多年；2011 年 2 月主变（S9-800/10）漏油，2014 年 1 月站变（S9-200/10）渗油，故需更换站用变压器。

2. 高压开关柜设备

高压开关柜为 2001 年的设备，且已运行 20 多年。设备老化，维护维修困难。

3. 低压开关柜设备

柜内设备运行多年，目前操作已不灵活，备品备件也较难采购，故柜内设备需要更换。

4. 电气二次保护装置

电气二次保护装置为 2001 年的设备，并已运行 20 多年，已到更换周期，无计算机监控系统。此次改造所有电气二次保护装置均应更换，并增加计算机监控系统。

5. 其他

蝶阀控制箱为老式继电器控制装置，无远传信号；封闭母线、电缆桥架局部有不同程度的生锈，电缆也老化。

3.4.22　友谊桥泵站

3.4.22.1　现状分析

1. 泵站概况

本泵站于 2003 年建设，2005 年开始运行，已运行 20 年，电气设备老化，设备型号较旧，高压断路器开断容量明显不足。

2. 电气设备现状

1）供电电源

友谊桥泵站总装机容量 792kW，10kV 电压双电源供电，分别引自潭中变 T14 河东堤Ⅰ线－河东堤防洪 2 号开闭所 922 间隔和鹿山变 L23 河东堤Ⅱ线-河东堤防洪 1 号开闭所 912 间隔，均为 10kV 电缆进线，电缆型号为 YJV22-3×50，防洪排涝闸起闭机的电源由泵站低压配电屏引接。由于 10kV 电源供电的路线比较长，维修不方便，故可考虑在本泵站增加 2 台开闭所。

2）供电负荷等级

按防洪排涝要求，泵站用电负荷性质为二级负荷。

3）供电负荷及供电电压

泵站机组主要负荷为 6 台 132kW 水泵和防洪排涝闸起闭机及其他负荷约 100kW，电压等级为 0.4kV。

4）电气主接线

10kV 采用单母线接线，一台主变压器，型号 S9-M-1000/10，低压 0.4kV 采用单母线接线方式。主接线未作改变，设备需更换。

5）主要电气设备

（1）主变压器（图 3-4-67）

泵站主变压器为 S9 系列，泵站主变压器具体型号及规格如下。

图 3-4-67　主变压器

主变压器　　　　S9-1000/10
额定电压　　　　10/0.4kV
额定容量　　　　1000kV·A
阻抗电压　　　　4.5%
连接组别　　　　Y.yn0

（2）站用变压器（图 3-4-68）

泵站站用变压器具体型号及规格如下。

图 3-4-68　站用变压器

站用变压器　　　　S9-160/10
额定电压　　　　　10/0.4kV
额定容量　　　　　160kV·A
阻抗电压　　　　　4%

连接组别　　　　Y. yno

（3）高压开关柜设备（图 3-4-69）

图 3-4-69　高压开关柜设备

10kV 高压开关柜设备型号为 XGN2。

（4）低压开关柜设备（图 3-4-70）

图 3-4-70　低压开关柜设备

0.4kV 低压开关柜设备的型号为 GGJ1。

3.4.22.2　存在问题

1. 主变压器、站用变压器

S9 型变压器，设备型号较旧，电能损耗较大，生锈老化；变压器为 2003 年的设备，已运行 20 多年；2011 年 2 月主变漏油，2012 年 4 月泵站主变压器存在高压侧绕组直流电阻不平衡问题，2017 年 1 月主变压器存在高压侧绕组直流电阻不平衡问题，故需更换主变压器和站用变压器。

2. 高压开关柜设备

高压开关柜为 2003 年的设备，设备老化，维护维修困难。电网经过 20 多年发展，短路容量很大，泵站高压断路器开断容量明显不足。

3. 低压开关柜设备

柜内设备运行多年，目前操作已不灵活，备品备件也较难采购，故柜内设备需要更换。

4. 10kV 电源进线高压设备

本泵站供电电源为 10kV 电压双电源供电，分别引自本站电缆分接箱，由于停电维修不方便，需更换为开闭所。

5. 电气二次保护装置

电气二次保护装置为 2004 年的设备，并已运行 20 年，已到更换周期，无计算机监控系统。此次改造所有电气二次保护装置均应更换，并增加计算机监控系统。

6. 其他

蝶阀控制箱为老式继电器控制装置，无远传信号；封闭母线、电缆桥架局部有不同程度的生锈，电缆也老化。

3.4.23 三桥东泵站

3.4.23.1 现状分析

1. 泵站概况

本泵站于 2002 年建设，2003 年开始运行，已运行 20 多年，电气设备老化，设备型号较旧。

2. 电气设备现状

1）供电电源

三桥东泵站总装机容量 396kW，10kV 电压双电源供电，分别引自潭中变 T14 河东堤Ⅰ线-河东堤防洪 2 号开闭所 922 间隔和鹿山变 L23 河东堤Ⅱ线-河东堤防洪 1 号开闭所 912 间隔，均为 10kV 电缆进线，电缆型号为 YJV22-3×50，防洪排涝闸起闭机的电源由泵站低压配电屏引接。

2）供电负荷等级

按防洪排涝要求，泵站用电负荷性质为二级负荷。

3）供电负荷及供电电压

泵站机组主要负荷为 3 台 132kW 水泵和防洪排涝闸起闭机及其他负荷约 120kW，电压等级为 0.4kV。

3. 电气主接线

10kV 采用单母线接线，一台主变压器，型号 S9-500/10，低压 0.4kV 采用单母线接线方式。主接线未作改变，设备需更换。

4. 主要电气设备

1）主变压器（图 3-4-71）

泵站主变压器为 S9 系列，泵站主变压器具体型号及规格如下。

图 3-4-71　主变压器

主变压器	S9-500/10
额定电压	10/0.4kV
额定容量	500kV・A
阻抗电压	4%
连接组别	Y. yn0

2）站用变压器

泵站站用变压器具体型号及规格如下。

站变压器	S9-200/10
额定电压	10/0.4kV
额定容量	200kV・A
阻抗电压	4%
连接组别	Y. yn0

3）高压开关柜设备（图 3-4-72）

图 3-4-72　高压开关柜设备

10kV 高压开关柜设备型号为 XGN2。

4）低压开关柜设备（图 3-4-73、图 3-4-74）

图 3-4-73 低压开关柜设备（一）

0.4kV 低压开关柜设备的型号为 GGD1。

图 3-4-74 低压开关柜设备（二）

0.4kV 低压开关柜设备的型号为 GGJ1。

3.4.23.2 存在问题

1. 主变压器、站用变压器

S9 型变压器，设备型号较旧，电能损耗较大，生锈老化；变压器为 2002 年的设备，已运行 20 多年；2015 年 7 月主变压器大面积渗油，2014 年 9 月泵站站用变压器大面积渗油，故障多，故需更换主变压器和站用变压器。

2. 高压开关柜设备

高压开关柜为 2002 年的设备，设备老化，维护维修困难。

3. 低压开关柜设备

柜内设备运行多年，目前操作已不灵活，备品备件也较难采购，故柜内设备需要更换。

4. 10kV 电源进线高压设备

本泵站供电电源为 10kV 电压双电源供电，分别引自本站电缆分接箱，由于停电维修不方便，需更换为开闭所。

5. 电气二次保护装置

电气二次保护装置为 2002 年的设备，已运行 20 多年，已到更换周期，无计算机监控系统。此次改造所有电气二次保护装置均应更换，并增加计算机监控系统。

6. 其他

蝶阀控制箱为老式继电器控制装置，无远传信号；封闭母线、电缆桥架局部有不同程度的生锈，电缆也老化。

3.4.24　目估冲泵站

3.4.24.1　现状分析

1. 泵站概况

本泵站于 2002 年建设，2003 年开始运行，已运行 20 多年，电气设备老化，设备型号较旧。

2. 电气设备现状

1）供电电源

目估冲泵站总装机容量 960kW，10kV 电压双电源供电，分别引自潭中变 T14 河东堤 I 线-河东堤防洪 2 号开闭所 922 间隔和鹿山变 L23 河东堤 II 线-河东堤防洪 1 号开闭所 912 间隔，均为 10kV 电缆进线，电缆型号为 YJV22-3×50，防洪排涝闸起闭机的电源由泵站低压配电屏引接。

2）供电负荷等级

按防洪排涝要求，泵站用电负荷性质为二级负荷。

3）供电负荷及供电电压

泵站机组主要负荷为 6 台 160kW 水泵和防洪排涝闸起闭机及其他负荷约 120kW，电压等级为 0.4kV。

4）电气主接线

10kV 采用单母线接线，1 台主变压器，型号 S9-1250/10，低压 0.4kV 采用单母线接线方式。主接线未作改变，设备需更换。

5）主要电气设备

（1）主变压器（图 3-4-75）

泵站主变压器为 S9 系列，泵站主变压器具体型号及规格如下。

图 3-4-75　主变压器

主变压器　　　　S9-1250/10

额定电压　　　　10/0.4kV

额定容量　　　　1250kV・A

阻抗电压　　　　4.5%

连接组别　　　　Y.yno

（2）站用变压器

泵站站用变压器具体型号及规格如下。

站用变压器　　　S9-200/10

额定电压　　　　10/0.4kV

额定容量　　　　200kV・A

阻抗电压　　　　4%

连接组别　　　　Y.yno

（3）高压开关柜设备（图 3-4-76）

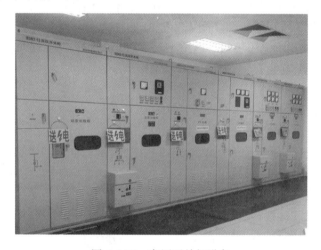

图 3-4-76　高压开关柜设备

10kV 高压开关柜设备型号为 XGN2-10Q。

（4）低压开关柜设备（图 3-4-77）

图 3-4-77 低压开关柜设备

0.4kV 低压开关柜设备的型号为 GGD1。

3.4.24.2 存在问题

1. 主变压器、站用变压器

S9 型变压器，设备型号较旧，电能损耗较大，生锈老化，变压器为 2003 年的设备，已运行将近 20 年；2017 年 1 月站用变压器已出现密封垫老化、渗油等现象，故需更换主变压器和站用变压器。

2. 高压开关柜设备

高压开关柜为 2003 年的设备，已运行 20 多年。设备老化，维护维修困难。

3. 低压开关柜设备

柜内设备运行多年，目前操作已不灵活，备品备件也较难采购，故柜内设备需要更换。

4.10kV 电源进线高压设备

10kV 电源供电分别从潭中变 T14 河东堤Ⅰ线-河东堤防洪 2 号开闭所 922 间隔和鹿山变 L23 河东堤Ⅱ线-河东堤防洪 1 号开闭所 912 间隔引接。线路比较长，停电维修不方便，故本站需增加 2 台开闭所。

5. 电气二次保护装置

电气二次保护装置为 2003 年的设备，已运行 20 多年，已到更换周期，无计算机监控系统。此次改造所有电气二次保护装置均应更换，并增加计算机监控系统。

6. 其他

蝶阀控制箱为老式继电器控制装置，无远传信号；封闭母线、电缆桥架局部有不同程度的生锈，电缆也老化。

3.4.25 王家村泵站

3.4.25.1 现状分析

1. 泵站概况

本泵站于 2002 年建设，2003 年开始运行，已运行 20 多年，电气设备老化，设备型号较旧。

2. 电气设备现状

1）供电电源

王家村泵站总装机容量 960kW，10kV 电压双电源供电，分别引自潭中变 T14 河东堤Ⅰ线-河东堤防洪 2 号开闭所 924 间隔和鹿山变 L23 河东堤Ⅱ线-河东堤防洪 1 号开闭所 912 间隔，均为 10kV 电缆进线，电缆型号为 YJV22-3×50，防洪排涝闸起闭机的电源由泵站低压配电屏引接。

2）供电负荷等级

按防洪排涝要求，泵站用电负荷性质为二级负荷。

3）供电负荷及供电电压

泵站机组主要负荷为 6 台 160kW 水泵和防洪排涝闸起闭机及其他负荷约 120kW，电压等级为 0.4kV。

4）电气主接线

10kV 采用单母线接线，1 台主变压器，型号 S9-1250/10，低压 0.4kV 采用单母线接线方式。主接线未作改变，设备需更换。

5）主要电气设备

（1）主变压器（图 3-4-78）

泵站主变压器为 S9 系列，泵站主变压器具体型号及规格如下。

图 3-4-78　主变压器

主变压器　　　　S9-1250/10

额定电压　　　　10/0.4kV

额定容量　　　　1250kV·A

阻抗电压　　　　4.5%

连接组别　　　　Y.yno

（2）站用变压器（图 3-4-79）

泵站站用变压器具体型号及规格如下。

图 3-4-79　站用变压器

站用变压器　　　　S9-200/10
额定电压　　　　　10/0.4kV
额定容量　　　　　200kV·A
阻抗电压　　　　　4 ％
连接组别　　　　　Y. yno

（3）高压开关柜设备（图 3-4-80）

图 3-4-80　高压开关柜设备

10kV 高压开关柜设备型号为 XGN2-10Q。

（4）低压开关柜设备（图 3-4-81）

图 3-4-81　低压开关柜设备

0.4kV 低压开关柜设备的型号为 GGD1。

3.4.25.2　存在问题

1. 主变压器、站用变压器

S9 型变压器，设备型号较旧，电能损耗较大，生锈老化。变压器为 2003 年的设备，已运行 20 多年，故需更换主变压器和站用变压器。

2. 高压开关柜设备

高压开关柜为 2003 年的设备，已运行 20 多年。设备老化，维护维修困难。

3. 低压开关柜设备

柜内设备运行多年，目前操作已不灵活，备品备件也较难采购，故柜内设备需要更换。

4.10kV 电源进线高压设备

本泵站供电电源为 10kV 电压双电源供电，其中一回引自本站电缆分接箱，由于停电维修不方便，需更换为开闭所。

5. 电气二次保护装置

电气二次保护装置为 2003 年的设备，已运行 20 多年，已到更换周期，无计算机监控系统。此次改造所有电气二次保护装置均应更换，并增加计算机监控系统。

6. 其他

蝶阀控制箱为老式继电器控制装置，无远传信号；封闭母线、电缆桥架局部有不同程度的生锈，电缆也老化。

3.4.26　航道泵站

3.4.26.1　现状分析

1. 主要建筑物

航道泵站于 1997 年 3 月 6 日开工建设，至 1997 年 7 月 20 日竣工，泵站位于柳州市河西保护区河西堤段，集雨面积 0.24km²，重要保护区域有柳南区政府、壶西实验中学等。泵站现安装 1 台 350QZ-70G 潜水泵，装机容量 30kW，抽排流量 0.30m³/s，起抽水位 85.66m，停机水位 84.16m，内江控制淹没水位 86.16m。

泵站主要建筑物有进水建筑物、主泵房、出水建筑物等。

2. 水力机械

航道泵站于 1997 年建成投入使用，泵站设计抽排流量 0.30m³/s。共装设 1 台水泵机组，水泵型号为：350QZ-70G 潜水泵，泵站设计扬程为 5.5m。配套电机功率 30kW，电压 380V，转速 490r/min，B 级绝缘，泵站总装机容量 30kW。

3. 电气设备

1）供电电源

泵站装机 30kW，380V 电压双电源供电。

2）供电负荷等级

按防洪排涝要求，泵站为二级负荷。

3）供电负荷及供电电压

泵站机组主要负荷为 1 台 30kW 水泵和防洪排涝闸起闭机及其他负荷 30kW，电压等级为 0.4kV。

3.4.26.2 存在问题

（1）泵站不能满足抽排 20 年一遇雨洪同期最大 24 小时暴雨洪水设计标准。

（2）泵站抽排机组设备老化，电气及自动化设备老化，金属结构锈蚀。

3.5 共性问题分析

以上防洪排涝设施于 20 世纪 90 年代建成，实际运行已经超过 20 年，存在较多问题，通过老旧排涝设施运行状况的调查，对柳州市防洪排涝设施存在的共性问题分析如下。

3.5.1 流域内涝灾害频繁

城市内河流域常伴随洪涝灾害频发，并具有降雨强度大，雨量集中，汇流历时短，洪水迅猛，洪涝灾害出现快等特点。根据现场调查，流域内基本上每年都会有 1～2 次的内涝灾害发生。

3.5.2 城市化进程改变了排涝区产汇流条件

排涝泵站的抽排能力不满足设计标准；城市开发建设不断占用原有滞洪容积，滞洪容积不断减小；部分市政建设束窄了流域河道，导致河道过流能力大幅减小；下垫面硬化改变了产汇流条件，致使城市径流不断增大，加大了排涝的压力。

3.5.3 水文复核泵站抽排能力不足

现状防洪排涝设施不满扩容要求，排涝泵站于 20 世纪 90 年代建成，实际运行已经超过 20 年，随城市建设河道调蓄容积减小、过流能力减小、市政管网排水不畅问题凸显。雨洪同期发生较大洪水在现行泵站全开的情况下，依旧遭遇了洪灾损失，排涝泵站现状抽排能力不足，无法及时有效的将上游来水排出，是导致区域内涝的主要原因，也是排涝泵站改造类项目需要解决的问题。

3.5.4 泵站存在安全隐患，且维修困难

泵站需技术供水、油系统等辅助系统，开机前需运行技术供水系统；需对辅助系统进行日常维护检修；长时间停机需要多人人工盘车后才能启动，操作极为不便，启动响应时间久。

3.5.5 高、低压设备陈旧

建成于 20 世纪 90 年代中期的各泵站，电气设备、元器件使用年限长，运行至今均不同程度地出现故障、老化，如开关触头烧蚀、母排绝缘老化、操作机构故障不能使用等，极易发生安全事故，安全隐患非常大，严重影响设备防洪抢险安全运行。

3.5.6 备品备件缺失

由于年代久远，大部分设备、元器件产品已经淘汰、不生产或更新换代不再使用，如高压主开关、弹簧操作机构、继电保护元器件等，市场上已无法采购到备品备件，出现故障的设备无法及时维修，安全、稳定、可靠运行存在隐患。

3.5.7 运行管理方式落后

老式泵站采用单一的人工操作运行方式，不能实现自控功能，数据采集和记录采用人工记录，许多老式机组无法采集运行参数，依靠人工记录的方式容易产生数据的错误和遗漏，不利于泵站运行管理。

3.5.8 监控手段落后

监控设备缺失，机组运行状态监控依靠人工完成，大量运行数据无法采集收录。不具备水情、雨情信号采集的措施，环境变量无法采集，完全通过人工判断进行泵站运行操作，对于运行管理人员是一项繁重而且危险的工作，给泵站的安全运行留下了很大的隐患。

3.5.9 继电保护措施落后

老式泵站采用传统的机电型继电保护方式，可靠性差，故障率高，由于此类继电保护方式现在已经不使用，出现故障无法检修维护，与目前广泛使用的微机型继电保护方式相比，现有设备技术落后、陈旧、准确度低，故障率高，操作性差，不利于泵站的运行管理。

3.5.10 通信手段落后

老式泵站通信方式单一，对外通信只有通过程控电话的语音通信，站内设备无通信功能，陈旧的设备也不具备安装扩展通信模块的条件，设备之间无通信功能，泵站设备对外无通信功能。通信功能的不完善严重地制约了泵站的运行管理方式，距离智慧水利、智慧防排的要求仍有较大差距。

3.5.11 泵站机组抽排能力不匹配

现状泵站部分功能欠缺，功能不完善。建成多年的老旧泵站因当年技术水平、投资、建设条件影响，排涝泵站需扩容改造才能满足抽排规模和扬程要求。同时，由于城市建设发展，部分泵站由于市政管网建设，排水分区发生改变；部分内河河道硬化，泵站调蓄区域调整等造成泵站调蓄容积变化；外江水位等特征水位的调整等因素，造成部分泵站机组抽排能力不能及时将上游来水排出，严重影响到各个片区人民群众及企事业单位的安全。

3.5.12 金属结构锈蚀及功能可靠性降低

对柳州市老式泵站进行金属结构安全使用调查，大多数泵站金属结构由于使用年限、水质、材料等级的影响，各类闸门、阀门、金属结构管件及其辅件均有不同程度的锈蚀，部分金属结构已不能保证正常开启及关闭，给泵站的安全运行带来隐患。

3.5.13 泵站土建耐久性、稳定性及安全类别发生改变

柳州市大部分现有泵站设计建成于 20 世纪 90 年代中期，泵站使用年限超过 20 年，依据《泵站更新改造技术规范》（GB/T 50510—2009），为了确保泵站安全可靠运行、充分发挥效益，提高装置效率，需对已建超过 20 年的泵站依据《泵站安全鉴定规程》以及《泵站设计标准》（GB 50265）进行综合安全类别评定，并对评定结果为三类、四

类的泵站进行更新改造（图 3-5-1、图 3-5-2）。

(a) 荣军路蝴蝶山路口积水，车辆无法通行

(b) 柳石路小学路段积水，淹至人行道

(c) 燎原路九头山路口积水，车辆无法通行

图 3-5-1　防护区内涝情况

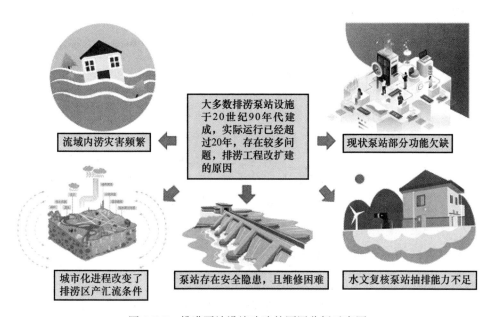

图 3-5-2　排涝泵站设施改造的原因分析示意图

防洪排涝设施担负着保障人民生命财产安全、保障社会稳定发展的重要使命。

3.6 老旧防洪排涝泵站扩容升级改造的意义

3.6.1 减免洪涝灾害,保障人民生命财产的需要

根据水文复核成果,新江泵站、香兰泵站、回龙冲泵站、福利院泵站、三中泵站、冷水冲泵站和雅儒泵站的抽排能力均不能满足设计要求,经复核,雅儒泵站的抽排流量由 $9.1m^3/s$ 扩大到 $14.2m^3/s$;三中泵站的抽排流量由 $6.4m^3/s$ 扩大到 $9.49m^3/s$;回龙冲泵站的抽排流量由 $19.5m^3/s$ 扩大到 $29.5m^3/s$;香兰泵站的抽排流量由 $33.3m^3/s$ 扩大到 $44.4m^3/s$;新江泵站的抽排流量由 $22.8m^3/s$ 扩大到 $28.4m^3/s$;福利院泵站的抽排流量由 $2.40m^3/s$ 扩大到 $7.04m^3/s$;冷水冲的抽排流量由 $30.46m^3/s$ 扩大到 $60.2m^3/s$。香兰防洪闸、福利院防洪闸和冷水冲防洪闸的自排能力均不能满足设计要求。当发生相应标准的设计洪水时,会导致上游保护区被淹没。上述泵站、防洪闸所在地均为已建城区内,城区内人口较多,商业发达,当发生洪涝灾害时,将造成严重的经济损失。因此,泵站改造项目建设是减免洪涝灾害,保障人民生命财产的需要。

3.6.2 柳州市社会经济发展的需要

柳州市位于广西壮族自治区中北部,地处东经 $108°32'$—$110°28'$,北纬 $23°54'$—$26°03'$之间,为湘桂、黔桂和枝柳铁路交汇处,是中国西南区域性中心城市和主要交通枢纽城市。柳州市是国家 31 座重点防洪城市之一,也是中国毗邻东盟的第一大工业城市,在广西壮族自治区建设"一带一路"有机衔接重要门户中发挥引擎作用,在《珠江—西江经济带发展规划》中规划建设成为区域性先进制造业中心和现代服务业基地,在广西壮族自治区经济社会发展中具有十分重要的地位。

为保障柳州市的防洪安全,1994 年广西壮族自治区人民政府批复了《广西柳州市防洪工程规划报告》,有效地指导了柳州市城市防洪工程的建设和管理,为保障城市经济社会发展发挥了重要作用。柳州市城市防洪工程虽经多年建设,但仍存在防洪工程体系不完善、城区部分河段防洪能力不达标、排涝设施不足等问题。随着柳州市城市建设的快速发展,特别是柳东新区和广西柳州汽车城的持续建设,城区范围不断扩大。同时,柳江上游支流贝江的落久水库即将建成受益,干流洋溪水库的前期工作正在推进。柳州城区防洪面临新的形势,现有的城市防洪排涝体系已难以适应经济社会发展的新要求。为完善柳州市城市防洪排涝体系,保障该市经济社会的可持续发展,对现有不满足排涝标准的泵站进行扩容改造是必要的。

3.6.3 排涝泵站安全运行的需要

柳州市是国家 31 座重点防洪城市之一,柳江两岸已建防洪排涝设施多年来为柳州市防洪排涝安全保障发挥了巨大作用,但柳州市主城区现有防洪排涝泵站大部分在 20 世纪 90 年代中期建成投入运行,经超过 20 多年的运行,已出现设备不同程度陈旧、老化、故障、金属结构锈蚀严重、管理信息智能化程度低等问题,严重地影响了防洪排涝泵站的安全运行。

3.6.4 加强智慧水利建设，提升数字化、网络化和智能化水平的需要

《"十四五"水安全保障规划》指出，重点抓住加强智慧水利建设，提升数字化、网络化、智能化水平。按照"强感知、增智慧、促应用"的思路，加强水安全感知能力建设，畅通水利信息网，强化水利网络安全保障，推进水利工程智能化改造，加快水利数字化转型，构建数字化、网络化、智能化的智慧水利体系。

3.6.5 提高泵站信息化综合管理水平，实现提前预报、快速决策、及时防洪、有效救灾的高效率防汛指挥系统的需要

目前，柳州市市区防洪工程现有防洪排涝泵站中有21座（三中泵站、三桥西泵站、上白沙泵站、雅儒泵站、竹鹅溪泵站、华丰湾泵站、莲花泵站、冷水冲泵站、官塘冲泵站、崩冲泵站、回龙冲泵站、云头溪泵站、洛埠沟泵站、莫道江泵站、犁头咀泵站、三家冲泵站、董家泵站、江泗泵站、红银泵站、封木泵站、大塘泵站）已完成自动化改造；19座（云头村泵站、独木冲泵站、白露沟泵站、木材厂泵站、水电段泵站、柳州饭店泵站、锌品厂泵站、化纤厂泵站、新江泵站、香兰泵站、三棉厂泵站、友谊桥泵站、三桥东泵站、目估冲泵站、王家村泵站、河东桥泵站、静兰下泵站、航道泵站、福利院泵站）未进行自动化改造。现未改造19座泵站均采用现场手动控制方式，机械式操作，继电保护等均采用20世纪90年代中期的技术手段，元器件多，电路复杂。目前此类技术方式随着运行年限增加，大部分设备已失效，故障率高且难以检修已不再使用。无计算机监控系统，设备自动化程度低，主要依靠传统人工方式处理，缺乏自动化管理技术手段，亟须进行自动化监控系统升级改造。目前已建成覆盖10座泵站视频监控系统，三段堤防监测系统及泵站全覆盖远程会议系统、OA办公系统等信息化建设，但是防洪排涝信息化建设相对滞后，软硬件设施无法满足现代化防洪排涝工程建设管理的要求，防洪排涝指挥调度、决策、运行管理等工作基本是依靠传统人工方式处理，缺乏信息化、智能化管理手段，信息化资源相对独立，还不能实现整合共享。目前泵站自动化处于一个独立终端，已改造的10座泵站没有形成一个信息化网络，不能进行远程操控和指挥调度，急需进行信息化系统建设。

3.6.6 符合《柳州市防洪规划修编》中新的防洪要求

根据《柳州市防洪规划修编》报告中的调查和阐述，同样存在城市开发建设不断占用泵站原有滞洪容积，滞洪容积不断减小；地面硬化改变了产汇流条件，致使城市径流不断增大，加大了排涝的压力；部分泵站的抽排能力不满足设计标准的问题。防洪排涝设施稳定、可靠、高效地运行，泵站控制系统科学、有序的管理，是柳州市高质量发展的迫切需求。

综上所述，为减免洪涝灾害，保障人民生命财产，完善柳州市城市防洪排涝体系，保障该市经济社会的可持续发展，满足新时期治水新思路及城市发展对信息化建设要求，对柳州市老旧防洪排涝泵站进行扩容升级改造是十分必要的。

3.7 防洪排涝设施改造工作内容

通过柳州市防洪排涝工程现状分析，明确防洪排涝设施改造工作，应该包含以下工作内容。

（1）复核工程所在流域概况、气象、水文基本资料，复核历史洪水，说明设计暴雨及产汇流计算方法，检查其成果的合理性，确定改造泵站工程场址设计洪水。

（2）复核、补充区域构造稳定性评价，基本查明工程地质条件，确定主要岩土体物理力学及水文地质参数，分部位评价工程存在的工程地质问题，复核料场及对新选料场的详查成果。

（3）论证工程建设的必要性，确定工程的任务；确定治涝区范围，确定治涝分区，确定治涝标准和治理原则；确定洪涝水调度原则、治涝工程总体布局和建设内容；复核治涝工程规模。

（4）复核工程等别、建筑物级别和相应洪水标准；经论证和比较选定主要建筑物轴线、型式。

（5）综合论证比较，选定泵站、排涝闸等工程总布置，说明各建筑物型式及布置；选定泵站、排涝闸等主要建筑物布置方案，选定各主要建筑物的具体位置、布置、结构型式、控制高程和主要尺寸，提出建筑物的水力计算、稳定计算、应力变形、渗流计算的方法和分析计算成果；选定建筑物的地基处理措施；确定安全监测系统布置、监测设计，提出安全监测自动化设计方案。

（6）选定水泵型式、装机台数、单机容量等；选定水泵主要技术参数和安装高程；选定水泵附属设备的型式、主要技术参数、数量及布置；复核水泵机组水锤计算成果；确定水泵进、出水流道型式、型线尺寸及断流方式；确定水泵机组运行方式；选定厂内起重设备型式、数量、主要技术参数及布置；选定辅助机械系统设计方案及主要设备的型式、数量、技术参数和布置。

（7）确定泵站、排涝闸等用电设施的供电方式及供电线路主要技术参数；选定电气主接线方案及站用电系统接线方案；选定主要电气设备的型式、规格、数量和主要技术参数；选定主要电气设备布置方案；提出过电压保护方案，基本选定接地设计方案；确定照明系统总体设计方案，基本选定工程关键部位照明灯具型式及布置；选定监控系统设计方案和监控中心位置。

（8）确定闸门、拦污栅、启闭设备等金属结构的布置方案、型式、容量、数量和主要技术参数；基本选定防止腐蚀、冰冻、淤堵、空蚀、磨损、振动等措施和设计方案；提出闸门结构主要受力构件的应力分析成果，选定启闭设备容量。

（9）选定采暖通风与空气调节设计方案、主要设备的型式、数量和布置。

（10）基本确定防火间距；基本确定消防车道设置；基本选定建筑物、构筑物产生的火灾危险性分类和耐火等级；基本选定疏散通道布置；基本选定防火设计方案及灭火设施；基本选定主机组、主变压器、电缆以及油系统等防火设计方案；基本选定主要消防设备的型式、数量及布置；基本选定消防水源；基本选定供水系统设计方案；基本选定事故通风设施；基本选定防排烟方式和设施；基本选定消防配电设计方案；基本选火灾自动报警系统的设计方案及主要设备配置。

（11）选定料场，提出满足综合平衡要求的料场规划，确定各类料场的开采方式、运输方式、堆存方式、设备选型、加工工艺以及弃料处理方式等；确定料场的拦挡及防护建筑物、边坡级别和设计标准；基本确定建筑物布置和结构型式，提出主要设计成果以及工程量。

（12）复核导流标准，确定施工导流方式，选定导流挡水、泄水建筑物型式和布置，提出工程量及稳定分析、应力分析的主要成果；选定截流时段、流量，确定导截流施工布置、施工程序、施工方法、备料计划和主要设备；确定主体的施工方法、施工程序；选定主体工程主要施工机械设备；复核对外交通运输方案，确定场内主要交通干线的标准和布置；选定主要施工工厂和生活设施以及风、水、电和通信系统的规模与布置；选定施工总体布置；确定施工总工期。

（13）复核并确定工程建设区用地范围；复核建设征地范围内的实物；复核移民安置规划设计水平年、人口自然增长率和安置标准等；提出临时用地复垦规划，编制土地复垦方案报告书（表）；复核工程建设征地数量及需补充的耕地数量，复核耕地占补平衡内容；复核城（集）镇迁建人口规模和建设用地规模、基础设施建设标准；复核企（事）业单位和专项设施处理；复核防护方案，编制防护工程设计文件；确定移民安置实施总进度及年度计划。

（14）复核并确定环境保护对象及保护标准；复核评价生态流量设计方案；确定水环境保护、生态保护、土壤环境保护、人群健康保护、大气及声环境保护、其他环境保护方案；确定环境管理和环境监理方案，制定施工期与运行期环境监测计划。

（15）确定水土流失防治责任范围及措施布局；明确弃渣场及其防护工程设计；确定表土保护利用与土地整治工程设计；确定植被恢复与建设工程设计、临时防护与其他工程设计；分区计算水土保持措施工程量，明确水土保持施工条件，确定水土保持工程施工进度安排；确定水土保持监测方案与管理设计。

（16）确定工程建设与运行中劳动安全与工业卫生的主要危险因素和危害程度；确定劳动安全措施、工业卫生措施、安全卫生管理责任机制。

（17）对项目进行能耗分析，提出不同类型建筑物的节能设计及能耗指标，对节能效果进行评价。

（18）确定工程管理体制、管理内容和要求，复核工程管理范围和保护范围，提出管理要求和相应的管理办法；确定管理设施与设备。

（19）根据工程建设任务、规模、建筑物特点及工程运用方式，确定工程信息化系统设计需求，确定信息系统开发建设的约束性要求；确定系统总体架构，选定系统分层和分区方案，确定业务系统；确定各分项系统的功能、设计方案及主要软、硬件配置；确定工程信息资源共享对象、共享内容、技术方案；确定信息系统安全防护技术方案，提出信息安全管理要求；确定工程信息系统集成的目标及总体方案，基本确定信息系统运行维护要求。

（20）编制投资概算，分析工程的经济合理性。

根据柳州市防洪排涝设施现状调查分析，结合城市建设条件、电网及管网配套设施、政策依据、技术标准、相关泵站扩容升级改造关键技术等因素，总结起来，柳州市防洪排涝泵站扩容升级改造可分为以下 3 种总体方案。

（1）通过鉴定，主体土建设施仍能满足安全稳定要求，结构强度足以承载新型设备运行的老旧泵站，保留主体建筑物，更换主要抽排设备、金属结构及电气设备，进行泵站信息化改造。

（2）针对抽排能力不足的部分，依据城市发展总体规划，选址新建扩容抽排泵站，新老泵站结合，新增泵站信息化功能。

（3）针对老旧泵站主体建筑存在安全隐患，且根据技术经济比较，采取拆除老旧泵站，原址重建适应城市发展的数字化防洪排涝泵站，进行智慧防排水利设施建设。

防洪排涝设施升级改造工作所涉及的相关技术，以及勘察、设计技术的重点、难点将在后面章节中详细论述。

4 穿堤建筑物设计关键技术

4.1 穿堤建筑物设计

4.1.1 穿堤建筑物设计方案特点

在防洪排涝泵站扩容改造工程中，大孔径穿堤排水通道的需求越发凸显。大型箱涵顶管法穿堤方案具有大流量排泄洪水，能提供稳定的洞内流态，无需大面积开挖已建堤防，实施周期短，能够有效保障改造施工期城区防洪安全等优势。

穿堤建筑物设计方案需对现状已建堤防的渗透稳定、堤身结构及堤岸坡稳定进行分析，判断其结构安全性；工程建设后，对现状已建堤防的渗透稳定、堤身结构及堤岸坡稳定进行分析，判断工程建设对已建堤防的影响，并对有影响的部位提出加固方案，并对加固方案进行合理性评价。

4.1.1.1 对防洪堤的影响

一些老旧排涝设施需要提高自排或抽排能力，扩大行洪通道需要破堤施工，施工期无法进行抽排，对城区防洪排涝产生不利影响，需复核其影响程度。

4.1.1.2 对岸坡稳定的影响

由于泵站坡堤后，堤防填土变化较大，可能影响堤防整体岸坡土体稳定，因此需要对工程实施后的堤防的整体稳定进行复核计算，并分析其稳定性。

4.1.1.3 对堤防防洪抢险的影响

施工期由于施工车辆会占用堤防抢险道路，可能会影响防洪抢险。

4.1.1.4 对堤基沉降的影响

对泵站进行扩容改造，自重增大，堤防上部永久荷载发生改变，引起堤基沉降变形加大，可能对堤防有不利影响，需复核工程建设前、后堤防基础沉降量，并分析位移沉降变形量是否超出设计允许值。

工程建成后主要对堤防的整体稳定、堤身结构稳定造成影响。根据工程与堤防的关系以及工程的设计推荐方案，选择工程建成后对堤防的最不利因素进行分析，复核其对堤防结构、沉降变形、堤防整体稳定的安全影响，主要分析和复核的内容见表 4-1-1。

表 4-1-1 堤防安全复核主要内容

序号	复核、分析计算内容	计算工况
一	堤防稳定影响分析	
1	堤防现状的自身稳定及结构分析	洪水退水工况 外江设计洪水工况

序号	复核、分析计算内容	计算工况
2	工程设计方案对堤防稳定及结构影响分析	洪水退水工况 外江设计洪水工况
二	整体边坡稳定影响分析	
1	现状整体边坡现状的稳定分析	洪水退水工况 1
2	整体边坡现状的稳定分析	洪水退水工况 2
3	整体边坡现状的稳定分析	水位非常降落工况 3
4	设计方案对整体边坡的稳定影响分析	洪水退水工况 1
5	设计方案对整体边坡的稳定影响分析	洪水退水工况 2
6	设计方案对整体边坡的稳定影响分析	水位非常降落工况 3
三	堤岸坡稳定影响分析	
1	现状整体边坡现状的稳定分析	洪水退水工况 1
2	整体边坡现状的稳定分析	洪水退水工况 2
3	整体边坡现状的稳定分析	水位非常降落工况 3
四	穿堤建筑物影响分析	
1	穿堤建筑物结构分析	道路建设前、后
2	泵房、防洪闸闸室稳定分析	道路建设前、后
3	穿堤建筑物沉降变形分析	道路建设前、后
五	堤防沉降变形	
1	堤基沉降变形	道路建设前、后

4.1.2 穿堤建筑物设计关键技术

4.1.2.1 堤防稳定计算

1. 计算工况

1）混凝土堤

根据《堤防工程设计规范》（GB 50286—2013），重力式混凝土堤均按正常工况的挡水及挡土两种情况分别计算堤防抗滑、抗倾、地基应力，具体如下。

工况 1（挡土，正常运用条件）：外江 $P=2\%$ 设计洪水位骤降至外江常水位，内侧取内江控淹水位时堤防抗滑、抗倾及地基应力。

工况 2（挡水，正常运用条件）：外江为 $P=2\%$ 设计洪水位，内侧取内江控淹水位稳定渗流期的堤防抗滑、抗倾及地基应力。

工况 3（挡土，非常运用条件Ⅰ）：施工期外江为柳江常水位时堤防抗滑、抗倾及地基应力。（现状堤防稳定不必计算此工况）。

2）土堤（岸坡）

根据按《水利水电工程边坡设计规范》（SL 386—2007）的要求，土堤主要考虑退水情况下的抗滑稳定计算，具体如下。

工况1（正常运用条件）：外江从 $P=2\%$ 设计洪水位骤降至外江常水位的临水侧岸坡，堤后地下水位取内江控制淹没水位。

工况2（正常运用条件）：外江从常水位骤降至红花水电站放空水位的临水侧岸坡，堤后地下水位取外江常水位。

工况3（非常运用条件Ⅰ）：外江从 $P=2\%$ 设计洪水位骤降至红花水电站放空水位的临水侧岸坡，堤后地下水位取内江控制淹没水位。

2. 荷载组合

荷载组合考虑：结构自重、土重、水重、墙背被动土压力、墙前主动土压力、水压力、人群荷载、结构荷载、汽车荷载及渗透压力。当堤顶行人荷载为有利堤防稳定的因素时，可不计堤顶行人荷载作用。

3. 计算公式

1）混凝土堤

（1）抗滑稳定安全系数

$$K_c = \frac{f\sum W}{\sum P}$$

式中　f——混凝土堤基础与土的摩擦系数，取0.3；

　　　$\sum W$——竖向荷载之和（kN）；

　　　$\sum P$——水平荷载之和（kN）。

（2）抗倾稳定安全系数

$$K_O = \frac{\sum M_{抗}}{\sum M_{倾}}$$

式中　$\sum M_{抗}$——抗倾覆力矩之和（kN·m）；

　　　$\sum M_{倾}$——倾覆力矩之和（kN·m）。

（3）基底应力

$$\sigma = \frac{\sum W}{B} \pm \frac{6\sum M_0}{B^2}$$

式中　$\sum M_0$——所有荷载对基底截面形心之矩（kN·m）；

　　　$\sum M_0$——基底截面的截面距矩（m³）；

　　　B——基底宽（m）。

式中符号同前。

2）土堤（岸坡）

（1）瑞典条分法计算公式

$$K = \frac{\sum [Cl + W\cos\theta \mathrm{tg}\varphi]}{\sum [W\sin\theta]}$$

式中　K——整个滑体剩余下滑力计算的安全系数；

　　　W——条块重量，浸润线以上取重度，浸润线以下取饱和重度；

　　　l——单个土条滑动面长度（m），$l = b\sec\theta$；

　　　θ——条块的重力线与通过此条块底面中点半径之间的夹角（度）；

　　　C、φ——土的抗剪强度指标。

（2）简化的毕肖普法计算公式

$$K=\frac{\sum\left[cb+(W-U)\ \mathrm{tg}\varphi\right]/m_{\theta}}{\sum\left[(W-U)\ \sin\theta+D\cos(\alpha-\theta)\right]}$$

$$m_{\theta}=\cos\theta-\sin\theta\times\mathrm{tg}\varphi/K$$

式中：W——土条重量；

  U——条块所受到的浮力（kN）；

  D——条块所受的渗透力（kN），据孔隙水压力梯度场积分得出；

  α——条块重力线与通过此条底面中点的半径之间的夹角；

  b——土条宽度；

c、θ——土条底面的有效应力抗剪强度指标。

4. 计算方法

计算可采用北京理正软件设计研究院编写的计算软件：《挡土墙计算软件》《边坡稳定分析》，该软件编写所参照的规范为《堤防工程设计规范》《水工挡土墙设计规范》，混凝土堤防根据堤防结构采用重力式挡土墙堤防稳定计算。

4.1.2.2　施工期防洪抢险措施复核分析

工程应避免在汛期施工，如在汛期施工则影响原抢险道路的交通，要求建设单位及施工单位对施工期的防汛抢险做出安排，编制度汛应急预案及汛期施工度汛方案。

施工期防汛抢险措施有制度安排、组织安排及事故调查安排及施工期车辆导行安排。汛期施工应维持原有交通组织形式，保证防洪抢险车辆出入要求。泵站改造项目如需要破堤施工，一旦发生危险，将严重地影响堤防保护区的防洪安全，危及该区域人民的生命财产安全。因此，建议建设单位及施工单位对施工期可能出现的堤防安全事故类型进行全面分析，拟定具体应对措施。一旦工程发生意外事故，及时采取有效的补救措施，防止发生影响堤防安全的重特大事故。

4.1.2.3　加固设计方案稳定性评价

根据复核计算成果，提出需要加固的主要建设内容，对加固设计方案进行稳定复核，并根据复核成果对加固设计方案进行评价，提出建议措施。

4.2　大孔径穿堤排水通道实施难点分析

目前在水利及市政雨污排水行业中使用的顶管集中于 3 m 口径以下的中小直径钢管及混凝土管，一些小型的市政顶管还可以使用拖曳式施工方法。对大直径、大尺度的大型箱涵顶管法穿堤建筑物少有研究，而大型箱涵在排涝工程中大流量排泄洪水的优势，是多孔中小口径组合管道所不能比拟的，它为稳定的洞内流态提供了必要条件，保证在排泄洪水过程中不出现明满流交替的流态。对大型箱涵顶管法在穿堤建筑中遇到问题的研究，采取堤身加固灌浆及管棚支撑，优化顶进箱涵断面，采用合理的摩阻力控制措施及有效的堤身沉降控制措施，使大型箱涵顶管法成为城市防洪排涝工程穿堤建筑改造中一个行之有效的可靠方案。

与目前市政工程中的中小直径钢管、混凝土管顶进方案不同，大型箱涵顶管穿堤方案会遇到以下亟待解决的问题。

（1）为了保证建成区的防洪安全，顶进箱涵穿越防洪堤对堤防沉降控制及防渗透控制具有较高要求。

（2）大型箱涵自重大，工作面大，顶进施工对堤身土体扰动大，对堤身稳定安全的保证率要求高。

（3）顶进大型箱涵所需的顶推力大，受堤防区域地形限制及建成区用地局限，大多数工程难以实现双向顶进，对顶推后背墙的设置提出了较高的要求。在顶进过程中减小摩阻力措施要求高。

（4）大顶推力下大型箱涵受力传导平衡问题需要重视（表 4-2-1）。

表 4-2-1　大型箱涵穿堤防顶进流程

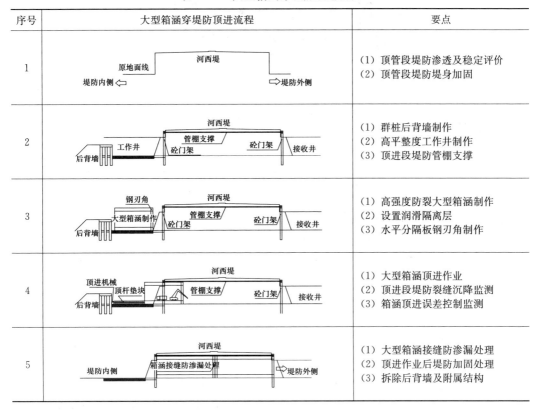

序号	大型箱涵穿堤防顶进流程	要点
1		（1）顶管段堤防渗透及稳定评价 （2）顶管段堤防堤身加固
2		（1）群桩后背墙制作 （2）高平整度工作井制作 （3）顶进段堤防管棚支撑
3		（1）高强度防裂大型箱涵制作 （2）设置润滑隔离层 （3）水平分隔板钢刃角制作
4		（1）大型箱涵顶进作业 （2）顶进段堤防裂缝沉降监测 （3）箱涵顶进误差控制监测
5		（1）大型箱涵接缝防渗漏处理 （2）顶进作业后堤防加固处理 （3）拆除后背墙及附属结构

4.3　顶管段堤防土体、堤顶道路路基加固及支护

穿越防洪堤段箱涵顶部覆土厚度约为 6.5m，顶进长度约为 28.12m，根据堤防安全稳定评价及深土洞土体应力分析评价，原则上箱涵顶进不会对堤身结构稳定造成影响。为进一步提高堤身稳定的保证率，防止堤身土体徐变、坍塌、断裂、沉降等现象发生，确保防洪堤及堤顶防汛抢险道路安全，在箱涵顶进实施前，采用灌浆加固土体及管棚支护措施对拟顶进箱涵的顶部土体进行加固处理。为了提高管棚承载能力，加强支撑结构的抗弯性、抗震动性及抗扰动性能，对支撑管棚进行灌浆处理，使管棚能有效地支撑局部散落土体。除此之外，管棚还可以隔离上部土体与箱涵，避免土体在箱涵顶进过程中

随箱涵一起移动（图 4-3-1）。

图 4-3-1　顶进箱涵管棚示意图

通过采用堤身加固灌浆及管棚支撑，能够保证顶推箱涵上部土体的稳定性，在不中断堤顶道路交通的前提下，避免土体坍塌。

4.4　顶进法穿堤箱涵的选型

大型箱涵顶进，本质上来说就是一个深土洞开挖土体应力的重分布问题。目前，顶管施工中顶进阻力 F_P 常用规程算法如下式所示。

$$F_P = \pi D_0 L f_k + N_F$$

式中　F_P——顶进阻力；

　　　D_0——管道外径；

　　　L——顶进长度；

　　　f_k——管道外壁与土的单位面积平均摩阻力；

　　　N_F——顶管机的迎面阻力。

该计算方法基于触变泥浆稳定技术，适用于四周摩阻系数均一致的圆形管道顶进阻力计算，对于土拱效应作用下采用箱涵润滑隔离层措施后，箱涵上表面、底板及侧面等不同作用面摩阻系数的差异不能被很好地反映。摩阻系数 f 是顶推力计算的敏感值，它不仅反映了箱涵各个面层与土体的摩擦情况，还包含顶进作业中箱涵"扎头""抬头"、偏移、倾斜所引起的阻抗和挖土不善、调偏预挖所产生的影响。崩冲大型箱涵顶进采用土拱效应折减顶推力计算法进行箱涵最大顶推力 P_{max} 计算，并以此为依据，进行顶推箱涵选型。

$$P_{max} = k \left[N_1 f_1 + （N_1 + N_2） f_2 + 2E \cdot f_3 + R \cdot A \right]$$

式中　P_{max}——最大顶力；

　　　N_1——箱涵顶上荷载；

　　　f_1——箱涵顶上表面与荷重摩阻系数；

　　　N_2——箱涵自重；

　　　f_2——箱涵底板与基底摩阻系数；

f_3——侧面摩阻系数；

E——箱涵两侧土压力；

R——钢刃角正面阻力；

A——钢刃角正面积。

土拱效应卸载作用计算如下式。

$$q=\frac{4}{3}a\cdot h\cdot \gamma=\frac{4}{3}\frac{a^2\gamma}{f_{kp}}$$

$$h=\frac{a}{f_{kp}}$$

$$a=b+h_t\cdot \tan\left(45°-\frac{\phi}{2}\right)$$

式中　f_{kp}——箱涵顶部堤身土体的坚固性系数；

　　　γ——土体容重；

　　　ϕ——土体内摩擦角（图4-4-1）。

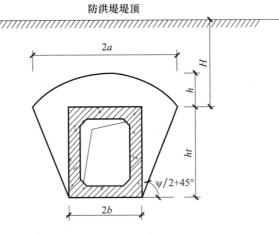

图 4-4-1　土拱卸载效应计算示意图

在箱涵顶部覆土厚度不大的情况下，箱涵顶部竖向土压力按土柱实际重量计算，由于堤身土体压实较为密实，且箱涵顶部覆土层较厚，需考虑卸荷拱的顶托作用带来的竖向荷载折减，当 H 大于 2 倍卸荷拱高度 h 时，卸荷拱作用明显，可以相对准确地计算出大型箱涵顶进作业的顶推力。崩冲箱涵选型，各高宽比箱涵断面所需的顶进作业顶推力计算见表4-4-1。

表 4-4-1　各高宽比箱涵断面所需顶推力汇总

箱涵外口尺寸/m	高宽比	规程顶推力算法/kN	土拱效应顶推力算法/kN
H 涵＝4.4	0.815	31260	18070
B 涵＝5.4			
H 涵＝4.9	1.000	25570	15220
B 涵＝4.9			
H 涵＝5.4	1.227	20640	12510
B 涵＝4.4			

依据上述分析并结合实际顶推实施效果可知,堤身土体卸载拱的作用较为明显。土拱跨度越小,在减小顶推力的同时,土体坍塌的风险就越小。在过流断面一致的前提下,小高宽比箱涵断面比大高宽比箱涵断面对顶推力的要求更大一些,合理的顶推力计算有益于后背顶推墙的设置及实施。同时,大高宽比箱涵更利于满足大流量无压过流断面的选型要求。

另外,为了保证箱涵能够承受最大顶推力,在箱涵的结构设计及配筋上需实行高标准要求。崩冲顶进箱涵采用的混凝土标号为C40,保证配筋率,确保箱涵在行进过程中是一个绝对的刚性体,避免箱涵在顶推过程中受力变形而无法承载箱涵侧向被动土压力,从而进一步加剧箱涵周边土体损失,进而导致防洪堤堤身沉降的加剧。并且在箱涵内侧使用 $\phi10@100$ 的钢筋格栅网片进行防裂处理,避免箱涵顶推过程中由于局部受力不均导致构件局部破坏向整体结构失效延展。为了防止顶进过程中出现"扎头"现象,在预制箱体时在箱底前端50cm长度范围内按5‰船头坡造型做成头高尾低的坡度形式,以便顶进时将高出箱涵底的土体压入箱底,增强涵底土层承载能力,防止"扎头"。

4.5 穿堤箱涵顶进润滑剂的使用

箱涵顶进过程中的抗摩阻力措施是顶进箱涵能否顺利实施的一个关键性问题。为防止预制箱涵与工作井滑板粘结成启动困难,在箱涵四周设置润滑隔离层。经过多方案比对,崩冲顶进箱涵隔离层做法是:加热石蜡至150℃,掺入一定比例(掺入量按石蜡的15%确定)的废机油,均匀浇洒在箱涵四周并刮平,待掺机油石蜡凝固后,在其表面撒一层 0.2~1.0mm 厚度的滑石粉,覆上塑料薄膜进行保护。在工作井底板隔离层做好后,绑扎钢筋、立模浇筑箱涵。该润滑隔离层的设置可以有效地降低行进摩阻系数(图 4-5-1)。

图 4-5-1 箱涵润滑隔离层设置示意图

4.6 顶进法穿堤工作井及顶推后背墙的设置

为了最大限度地减小摩阻力，工作井箱涵行进面要求平整光滑，不能有波浪起伏，为了解决工作井滑板的平整度问题，满足箱涵顶进启动要求，工作井行进路径区域每2m长度范围内凹凸误差不宜超过3mm。对箱涵顶进后背墙的设置，受堤防段地形及建成区用地范围的限制，穿堤箱涵不能双向顶进，后背墙考虑使用群桩叠加后背土体方案提供后背顶力。顶推后背墙布置13条直径1.5m的混凝土灌注桩作为后背支撑，后背墙能够提供15000kN的后背顶力。

在箱涵顶推过程中，为了尽量地减小土体位移空间，防止堤身沉降引起堤身裂缝的产生，同时避免造成土体和箱涵一起位移的深层滑动，导致堤防箱涵顶进出口土体挤压坍塌事故的发生，不得施工超挖。在局部需调整顶进误差，控制顶进方向时会有少量的调整型引导开挖。大型箱涵穿堤顶进，控制在1.5~2.5m/d的推进速度为宜，中间不间断（图4-6-1、图4-6-2）。

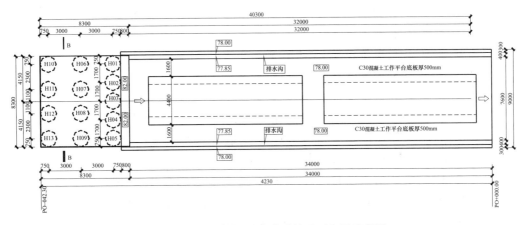

图 4-6-1　顶进箱涵后背墙群桩平面布置示意图

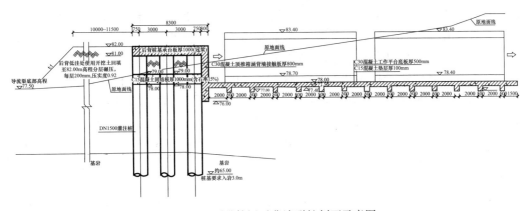

图 4-6-2　顶进箱涵后背墙群桩剖面示意图

4.7 堤防沉降控制及防渗加固处理

首先，在做好顶管段堤身土体、堤顶道路路基加固及支护措施前提下，沿箱涵顶进线路及土体45°扩散角范围内布置堤顶沉降控制监测点，提前掌握顶进过程中堤身各项变形参数变化情况。其次，要做好地面交通的疏导，在薄弱地段，必要的时候还可以架设贝雷桥进行临时通车，保证顶管上方不要有过大的附加荷载。

堤身土体沉降采用Peck提出的土体损失产生的地面（防洪堤顶面）沉降槽原理进行分析计算。

$$S(x) = S_{max} e^{-\frac{x^2}{2i^2}}$$

$$S_{max} = \frac{V_{loss}}{\sqrt{2\pi} i}$$

$$i = \frac{h}{\sqrt{2\pi} \tan(45° - \phi/2)}$$

式中 $S(x)$——行进路线 x 处堤顶沉降值；

S_{max}——堤顶最大沉降值；

V_{loss}——顶管单位长度土体损失量；

i——沉降槽宽度系数；

ϕ——土层内摩擦角。

由于崩冲采用小型机械预挖掘进后顶推的模式进行大型箱涵的顶推作业，土体损失率取值2.5%，依据公式进行分析计算，顶管穿越堤防段最大堤身沉降量为 $S_{max} = 16.7\text{mm}$，沉降量对比小口径管道顶推产生的土体沉降要大。

顶进箱涵作业完成后须及时进行回填灌浆处理，加固堤防。依据《堤防工程设计规范》（GB 50286）中第10.2.7条规定，"采用顶管法施工修建穿堤建筑物、构筑物时，应选择土质坚实的堤段进行，沿管壁不得超挖，其接触面应进行充填灌浆处理"。顶进大型箱涵施工，对土体的扰动比较大，大型箱涵顶进调偏过程中叠加滑板铺设的局部引导性开挖可以有效地降低切削土体的反作用力，减小土体非正常切削损失，同时利于调偏滑板铺设。引导性开挖以不超挖为前提，滑板置于大型箱涵顶进前端底部，按调偏方向做适当倾斜，为箱涵顶进调偏提供条件。崩冲箱涵顶进依据日进尺限度制定的调偏预案中，滑板单边尺寸不超过1.5m，箱涵前端引导性调偏开挖不大于1.5m，通过滑板铺设控制箱涵顶进前端土体切削，从而达到箱涵顶进水平轴线允许偏差＜50mm，箱涵内底高程允许偏差＜30mm的设计要求。为了防止引导性调偏开挖及滑板铺设导致堤防渗漏通道的产生，调偏预案中不建议滑板连续铺设，只在偏差预警时使用。控制局部顶进误差的调整性引导开挖，若不及时回填灌浆固结，土体徐变将导致堤防产生新的渗漏通道，威胁堤防安全。因此，除了加强顶推过程中箱涵周边土体的补压浆加固处理，箱涵顶进作业后堤防防渗处理须及时进行，具体措施为对箱涵接触面、箱涵行进段周边土体进行充填灌浆加固处理，处理方案须周密部署、及时响应，防止遗漏（图4-7-1）。

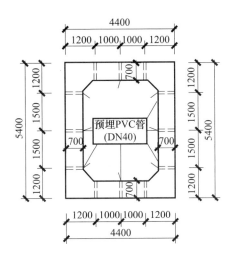

图 4-7-1 顶进箱涵预埋梅花形布置灌浆管示意图

为了减小堤防加固灌浆引起的箱涵侧周土体加固沉降或变形隆起,需合理安排灌浆次序,减小堤身土体的扰动,避免出现较大范围的土体二次应力重分布。崩冲箱涵顶进作业后堤防防渗加固处理采用从箱涵内预埋管向土体注浆的方案,施工次序为遵循先下后上,先下游后上游,分序跳孔灌浆,避免堤身土体由于扰动产生塑性变形,减小固结沉降的发生。经过有效的沉降控制措施,根据最终堤防沉降观测数据显示,崩冲大型箱涵顶进施工完成后,堤身最大沉降量为 19.2 mm,与前期计算分析结果基本相符。

大型箱涵顶进穿堤方案通过预埋管灌浆充填加固顶进路径周边堤身土体。

4.8 大型箱涵顶管穿堤关键技术要点

(1)通过堤身加固灌浆及管棚支撑,能够很好地保证顶推箱涵上部土体的稳定性。钢管顶棚灌浆处理可以形成一个高强度支撑构件。

(2)大型顶进箱涵宜使用大高宽比断面,润滑隔离层的设置可以有效地降低行进摩阻系数。

(3)大型箱涵穿堤顶进控制在 1.5~2.5m/d 的推进速度为宜,中间不间断,保证顶进进度及穿堤施工的安全。

(4)顶进过程中的箱涵润滑隔离层的设置可以有效地降低行进摩阻系数,前端滑板铺设可以避免摩阻力过大,造成土体和箱涵一起位移的深层滑动现象,避免堤防箱涵顶进出口土体挤压坍塌事故的发生。

(5)顶进箱涵作业实施后,通过及时对箱涵周边土体充填灌浆等加固处理,能够很好地避免大型箱涵顶进施工后堤防沉降及堤身裂缝的产生,避免在顶进箱涵周边形成渗漏通道,确保穿堤箱涵的防渗要求,使箱涵与防洪堤融为一体,充分发挥大型箱涵大流量排泄城区洪水的作用。

5 排涝泵站大口径水泵机组改造关键技术

5.1 泵站大口径水泵机组改造技术体系

我国城市防洪工程中，大量已建堤防、排涝泵站、排涝闸等已建成运行多年，存在大量现状水泵设备设施老旧、损坏，可靠度和安全性降低，排涝泵站的抽排能力不足，泵站存在安全隐患，维修困难，泵站部分功能欠缺等严重问题。近年来，根据国家相关政策要求，对防洪工程中排涝泵站、排涝闸等重要水利设施进行升级技术改造。其中更换、调整、维修水泵是较为常用且对现状设施影响较少的提升改造方式，该方式投资较少，实施可行性较高。

为实现智慧化、智能化泵站水泵改造，解决排涝泵站改造工程遇到的各项技术难题，许多老旧泵站在规划建设时由于用地指标、投资控制、技术限制、设计理念等原因，设置的水泵台数较少，泵房体量较小，水泵设备口径较大，单机功率较大，在泵站运行管理、检修维护以及后续的扩容改造上面临较多的难题和挑战。为解决以上问题，进行排涝泵站大口径水泵机组改造技术研究势在必行。

排涝泵站大口径水泵机组改造技术体系包含：大口径贯流泵立式安装技术，大口径水泵分体式安装技术以及相关联的安装装置和放置装置设计，泵站水泵更换安装的度汛协同建模分析，水泵更换安装的故障调试，运行过程的故障实时监控，后期成果的精度评价。水泵机组改造技术体系整合 BIM 技术、大数据分析技术和水泵设备分体安装技术，形成一整套集安装改造、调试运行、过程监测、后期分析评价于一体的全过程解决方案。

该技术研究成果指导全国首例大口径潜水贯流泵立式分体安装，并在城市防洪工程中得到推广应用。整体研究技术路线如图 5-1-1 所示。

泵站改扩建针对大口径水泵更换机组的改造方式遇到的技术难题如下。

（1）老旧泵房建设时间较长，在土建结构不变或小范围改动的情况下，通过更换水泵机组达到满足抽排流量及扬程要求，泵房的移动吊车是配套原泵站机组的，受额定荷载限制无法一体化起吊安装新式水泵。

（2）水泵安装时，分体部件直接放置在地面上会使水泵部件出现变形、损坏的风险。水泵部件无支撑保护结构，存在安置难度大，步骤烦琐，操作不便，容易发生水泵部件失稳倾倒进而损坏的事故。

（3）泵站改造的实施过程遭遇汛期洪水时缺乏水泵安装度汛协同技术措施。

（4）泵站水情信息十分敏感，改造需要配套实时的工程安全监测系统、视频监视系统、综合信息服务系统、堤防巡查巡检系统。

泵站大口径水泵机组改造技术解决的问题如下。

（1）有效地解决大口径贯流泵立式分体安装的技术及安装工艺限制，为多种泵型在泵站改造中的比选应用提供了新思路和新技术。

（2）对大口径贯流泵的分体安装工艺进行改进优化，包括分体安装的步骤、操作方式和精度控制措施。

（3）对水泵安装进行全过程模拟分析，对安装风险点进行预判识别。

（4）解决设备运行过程中实时可视化安全监控的问题，方便水泵更换安装及故障排除和运行调试。

技术优化	大口径贯流泵多为卧式安装，国内泵站改造工程中无大口径贯流泵立式安装的先例	水泵安装时，分体部件直接放置在地面上，导致水泵部件出现变形、损坏	在老旧泵站改造过程中采用大口径立式安装潜水泵的度汛协同技术难题提出解决方案	为调度中心的泵组洪调度业务提供决策依据，自动化升级智慧防排，数字水利在老旧泵站上的实践
原因识别	无法一体化起吊安装，最新方式为大口径水泵分体起吊安装	一般为厂家整体安装运输，泵组不具备分体安装条件	度汛协同建模分析，对水泵安装的全过程周期进行预判识别	以往研究对设备安全运行少有实时可视化安全监测
工程需求	突破了国内没有大口径贯流泵立式分体安装的限制	对大口径贯流泵的分体安装方式，对水泵进行改造优化	有时于水泵更换安装故障调试，运行过程故障实时监控	本研究实现对设备安全运行进行实时可视化安全监测
示范应用	实现了泵站改造工程中大口径贯流泵立式安装	本研究研发了大口径水泵安装装置、放置装置。对大口径贯流泵的分体安装方式对水泵进行改造优化	运行过程故障实时监控水泵安装运行全过程周期能准确无误地进行异常识别	在老旧泵站改造过程中采用大口径立式安装潜水泵的度汛协同技术难题提出解决方案。自动化升级，智慧防排，数字水利在老旧泵站上的实践

图 5-1-1　一体化大口径水泵机组改造技术体系

5.2　大口径排涝水泵立式安装技术

5.2.1　大口径潜水贯流泵立式安装技术可行性分析

立式安装泵组结构简单，泵送水流直进直出，有效地解决城市改造泵站中的原有水工建筑结构限制，能够达到与传统轴流泵一致的高效水力性能，具有结构合理、运行安全可靠以及环境友好不怕水淹等特点，是普通潜水轴流泵可靠的替代品。本技术结合贯流泵的特性进行组合安装。贯流泵主要部件如图 5-2-1 所示。贯流泵立式安装示意图如图 5-2-2 所示。

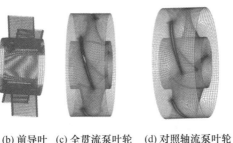

(a) 进水喇叭管　　(b) 前导叶　(c) 全贯流泵叶轮　(d) 对照轴流泵叶轮　　(e) 后导叶　　　(f) 出水喇叭管

图 5-2-1　潜水贯流泵主要部件示意图

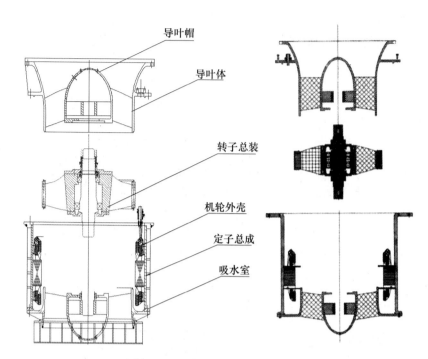

导叶帽

导叶体

转子总装

机轮外壳

定子总成

吸水室

图 5-2-2　贯流泵立式安装示意图

　　潜水贯流泵从结构设计上是允许卧式、斜式、立式三种安装方式运行。对于泵来说，其卧、立式运行的稳定性主要取决于其轴承布置的结构形式与轴承寿命的计算是否符合要求。对于潜水贯流泵来说，轴承系采用两个圆锥滚子轴承背靠背布置，此轴承系既能承受径向力，同时又能承受轴向力。由于转子本身的重量，造成卧式安装的轴承所承受的径向力比立式安装的轴承所承受的径向力大，但卧式安装的轴承所承受的轴向力比立式安装的轴承所承受的轴向力小。立、卧两种安装方式要求轴承的布置和选择既能承受径向力的同时又承受轴向力，只是立式安装的轴承承受轴向力比卧式安装轴承承受轴向力多了水泵转轮重量而已。目前卧式安装的机组，名义直径 1600mm 以上大口径泵组投入运行的案例在全国有很多，在广西壮族自治区、江西省、湖北省、湖南省、广东省、海南省等地都有投入运行的案例，而且有多家水泵生产厂家生产的机组。从前面的分析来看，水泵采用双列圆锥滚子轴承能够同时承受径向力和轴向力，卧式安装和立式安装轴承的寿命均满足规范 20000 小时的要求。因此，轴承结构能满足水泵立式安装的要求。从轴系结构分析，潜水贯流泵泵轴长度短，小于 2m，且转动部分位于轴系中部，立式安装由于转子重量向下，水泵运行时产生的挠度小于泵卧式运行时产生的挠度，立式运行泵的轴系稳定性更好，对轴承的使用寿命影响不大；从水力性能看，潜水贯流泵叶轮型式及比转速均属于轴流泵范畴，叶轮所表征出的水力性能不会因为卧式或立式安装而改变；从水泵安装及运行状态分析，潜水贯流泵卧式安装时靠支腿安装在混凝土支墩上进行固定，立式安装时通过外壳螺栓紧固到混凝土支墩上；从实际工程案例中，国内各设备厂家的技术资料样本中也支持卧式、立式、斜式安装方式，并且均有应用实例。综上所述，潜水贯流泵的立、卧两种安装方式都能保证水泵受力的合理性和运行的稳定性。

5.2.2 流道适应性问题分析

更换机组，流道还是采用原有机组的流道不变，在与新机组的协调性方面存在一定的差异，是否会留下运行中的不协调和安全隐患难以预测。研究更换泵组中流道适应性需要进行流量、流速、机组承载受力分析。

以柳州市竹鹅溪泵站改造为例，进行流道适应性问题分析。潜水贯流泵和原来立式轴流泵都属于轴流泵范畴，叶轮吸水口的吸水特性具有相似性。更换机组后整体流量变大，会带来流道的水力损失增大，对水泵本身的适用性无影响。该排涝泵站的原进水流道采用肘型进水流道，更换机组后的进水流道仍采用原肘型进水流道。由于更换机组的名义直径与原机组的名义直径相同均为 1600，名义直径为 1600 的机组在一6°角到＋4°角的流量约为 $8.5\sim12.5\text{m}^3/\text{s}$ 之间的肘型进水流道结构及尺寸均一样不变。因此更换后机组的名义直径为 1600、设计流量为 $11.5\text{m}^3/\text{s}$ 的潜水贯流泵利用原肘型进水流道是可行和安全的。流道进口流速 0.75m/s 小于规范规定的最大值 1.0m/s。

5.2.3 电机能耗问题分析

全贯流潜水泵采用的是湿式电机，叶片和电机转子焊接为整体装在电机内腔旋转运行。由于此结构特点大大地增加了电机的水磨耗，造成了湿式电机额定效率（低于83%）明显低于立式潜水轴流泵配套的潜水干式电机（95%以上），不符合国家节能环保大形势的要求，大大增加了泵站运行的成本。当前，在国内一些地区不建议采用全贯流泵技术，主要是因为电机功率因素太低，能耗太大，不符合当前国家节能降耗的产业发展定位。

泵组效率不能简单地从一方面去论证能耗的高低，应从整体的装置效率去分析。

（1）大型潜水混流泵采用行星齿轮箱减速结构。增加行星齿轮结构，即增加了一个故障点，加之行星齿轮箱里灌满了油，齿轮在里面运动，阻力非常大，增加能耗。经测试，800kW 的电动机，其齿轮损耗约为 25kW，损耗率达 3.1%以上，并且齿轮里的油温为 75℃，温度越高，齿轮与润滑油的热胀冷缩越厉害，在高温状态下运行的齿轮箱故障率高。

（2）大型潜水混流泵太长，需要结合项目场地条件进行研究分析，如果泵组设备整体长度无法满足要求，电机挡住出水口会导致水泵排水不足，振动过大，噪声增大。这是普通潜水混流泵最大的缺陷，即使采用行星齿轮结构用高速电机降低转速，也无法避免水流方向的改变，从而降低了机组的整体效率。

（3）潜水贯流泵电机效率稍低，但整体装置效率比潜水轴流泵高。原因是潜水贯流泵局部损失小，以柳州市竹鹅溪泵站改造项目为例，设计工况下出水管 90°弯头局部损失为 0.55m，而潜水轴流泵三通局部水头损失最小为 1.10m，若考虑泵体挤占出水三通的损失，估算最大值达到 2.35m，潜水混流泵综合能耗比潜水贯流泵低。

（4）由于排涝泵站的年利用小时数很短，电机效率不是最重要的一个参数，最重要的应该是泵站的排涝可靠性和安全性。

5.3 泵组分体吊装技术

分体吊装技术的要求如下。

（1）电泵装配完毕后，转动转子旋转应灵活，无阻滞、摩擦现象出现。

（2）本泵由 1 根动力电缆引出，1Y 接法，当引出电缆出线头 U（黄）、V（绿）、W（红）与电源相序 A、B、C 对应连接。

（3）电泵装配后应吊入水中浸泡 12 小时，之后进行耐压试验，试验电压为 21000V，历时 1min，应无击穿现象出现。

（4）水泵内表面涂红丹漆，外表面涂黑色沥青漆。

5.3.1 吊装分体技术

全贯流潜水电泵结构简单，拆装方便，电机为湿定子电机，线圈完全浸泡在水中，不存在密封泄漏的问题，无须水密封试验，理论上可以实现现场拆装。

全贯流潜水电泵转子结构是一个整体，无须拆解，主轴、叶轮、轴承室、转子集成为一体结构，理论上可以实现现场拆装，吊装保养方便。

经过分析可知，全贯流潜水电泵设计了转子自导入、自定位结构，在间隙为 0.5mm 情况下进行厂内装配工作。需要保证在现场安装时，满足间隙＜2mm，由于原泵室空间非常有限，电机的定子和转子间隙非常小，操作属于现场盲装，精度难以保证，性能难以保证。

组装时转子顶部有事先制作好的吊环，转子外圈有导槽，安装时导槽先进入定子，然后人工对正。

泵站分体式安装方案：可分为水泵吸水口定子总装、水泵转子总装、水泵出水口，三个主要部分进行水泵分体起吊安装，分体吊装可以满足吊车额定荷载限制（图 5-3-1）。

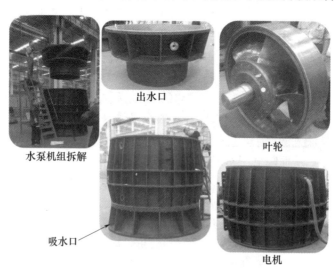

图 5-3-1 分体安装贯流泵分体吊装部件

分体吊装需按照水泵安装顺序依次进行吊装，因此在水泵分体吊装前需将水泵吸水口定子总装、水泵转子总装、水泵出水口三个部分进行安置，水泵分体的三个主要部分结构复杂、自重大，如吊装前安置方式不当，将会导致水泵产生结构变形、部分零部件受损的后果，最终使泵站无法正常运行（图5-3-2、图5-3-3）。

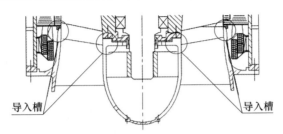

图 5-3-2　分体安装贯流泵导向槽设计图

图 5-3-3　分体安装贯流泵导向槽示意图

泵站在检修电动双梁桥式起重机时，主钩额定起重量恒定，副钩额定起重量恒定，跨度按泵房尺寸来定。更换水泵方案拟采用分体吊装的方式，使最重起吊件质量满足原起重机的起吊要求。

更换机组后，机组最大件为定子组件，最大外径未超出原安装尺寸范围。该泵分块安装简单，仅需要基础调平及连接螺栓作业，无需特殊工具及设备操作空间，主要有吸水室及定子总成、转子总成、出水导叶体3个部分组装，现有条件能满足安装运行要求（图5-3-4～图5-3-6）。

图 5-3-4　吸水室及定子总成图

图 5-3-5　转子吊装图

图 5-3-6　出水导叶体吊装图

5.3.2　分体安装技术要点

5.3.2.1　分批次拆除机组及配套机电设备拆除

拆除前应安排专业电工对机电设备电源接入进行断电，经检查不带电后，方可拆除。拆除主要采用人工拆除，辅助简单的机械。机电设备首先拆除基础连接件，机电设备整体移动后人工移出柜房，并集中放置，按建设单位要求运抵指定位置。

采用气割等方式拆除水泵基座与预埋件的连接件，全部割除后采用厂房桥吊机调离机组和管件，运送至建设单位指定位置。

拆除的建筑垃圾应及时装车外运。

5.3.2.2 泵房结构修整

主要是对现有洞口进行扩宽，拆除洞口周围障碍物以满足机组安装要求。拆除方法为人工与机械配合，人工剔凿。采用湿法作业，控制施工扬尘、砂石飞溅。拆除后，渣体采用编织袋装袋后吊至地面，自卸汽车清运到指定地点。洞口扩宽后应复核尺寸是否满足要求，避免返工。

5.3.2.3 分批次安装新机组及配套设备

水泵安装前应复核安装定位和高程，按厂家给定的尺寸预留螺栓设备，调整后浇筑二期混凝土。采用厂房吊机将泵运至基础上，调整检查水泵中心，水平、高程、紧固地脚螺栓，加固后复查，进行水泵机组二次灌浆，管道按图纸确定的位置、走向、高程连接。根据图纸安装电机柜和管线。

5.3.2.4 分体安装的单个机组及配套设备

水泵3个部分经拆卸后放置于安装间地面，分别吊装水泵吸水口定子总装、水泵转子总装、水泵出水口，先行出水口作为底座安装，随后安装水泵转子总装，确保转子稳定，顺利到位固定进入吸水口定子总装，安装水泵出水口并采用红外检测精度，确保安装到位，运行可靠，真机实验通过。安装方式根据要求荷载满足、逐步安装、精准定位、试验可行。

5.3.2.5 吊车梁额定荷载下的分体安装需要满足精度要求

精度要求可行性依据：潜水贯流泵出厂前已完成整机装配，带负荷运行后才发货，现场拆解只拆开连接螺栓，不会对水泵的性能造成影响。全贯流潜水电泵由于其自身结构简单且为湿定子电动机，对其零部件及整机密封性要求较低，可以在现场进行维修、维护。从安装或维修后的试验角度考虑，在导叶体和吸水室的导流帽处设置有机械密封水冷却润滑孔，保证整机在现场安装或维护后进行空载试验。

5.3.2.6 泵房恢复修整

主要是对破损的墙体、楼面进行修复，恢复洞口四周的栏杆。

5.3.3 大口径排涝水泵分体安装接口

大口径排涝水泵立式安装接口具有以下功能。

（1）有助于水泵吸水口定子总装安装定位，固定转子转孔槽，有助于安装到位。

（2）有助于在水泵转子总装安装好后，满足水泵出水口经滑槽对中，解决现场安装精度不足的问题。

（3）有助于安装装置加劲肋，固定螺安装栓孔，上密封橡胶圈，下密封橡胶圈，安装隐藏式红外线探测仪等装置。

每台机组位置布置4个位移传感器，全站设置1个诊断分析系统，并接入水泵机组控制中心。安装及检修阶段根据每台机组布置的轴向位移传感器设置安装就位值，以此判断大型水泵机组是否可靠安装到位，拆装到位，并根据设置值显示安装状态，确保安装就位的可靠性，减少人为误差和失误。在机组运行阶段，还可以实时在线监测水泵机组位移状态，并根据机组及规范运行偏移要求设置报警值、故障值，以此诊断机组运行阶段的状态，保障机组的安全稳定运行。位移传感器可采用轴向位移传感器。轴向位移变送器广泛适用于电力、冶金、石化和造纸行业的大型旋转机械（如汽轮机、压缩机、电机、风机、泵等）轴向位移的测量和保护控制。轴向位移传感器外形及参数如下。

水泵机组安装及运行位置状态监测，创新采用内部一体嵌入式红外线探头进行安装全过程监控，解决了水泵内部难以实时故障监测，分体安装难以变形监测的难题。

（1）内嵌式探头不影响水泵的实际使用性能。

（2）水泵的安装及检修阶段根据每台机组布置的位移传感器设置安装就位值，以此判断大型水泵机组是否可靠安装到位，拆装到位，并根据设置值显示安装状态，确保安装就位的可靠性。

（3）每台机组位置布置4个位移传感器，全站设置1个诊断分析系统，位移传感器采用轴向位移传感器，对于内部部件的位移变化得出多组测量数据（图5-3-7）。

（4）安装及检修阶段根据每台机组布置的位移传感器，设置安装就位值，以此判断大型水泵机组是否可靠安装到位，拆装到位，并根据设置值显示安装状态，确保安装就位的可靠性，减少人为误差和失误（图5-3-8）。

（5）机组运行阶段，实时在线监测水泵机组位移状态，并根据机组及规范运行偏移要求设置报警值、故障值，以此诊断机组运行阶段的状态，保障机组的安全稳定运行。

图5-3-7　机组位置及位移状态监测系统

图5-3-8　位移传感器图

为保障大型潜水贯流泵立式安装的准确性、可靠性，监测大型水泵机组运行的稳定性和安全性，泵站每台水泵机组设置位置及位移状态监测系统，统一设置分析诊断中心，接入泵站中控系统。监测系统包括测量传感器、通信、诊断中心等部分。系统包含有基础设置、设备管理、运营监控、系统告警、故障诊断、历史数据、数据分析，囊括了从位移数据的接入、存储、分析、告警到诊断的全部流程，全方便辅助操作人员从机组位置状态机位移情况解析整个水泵机组运行状态。监测系统界面如图 5-3-9 所示。

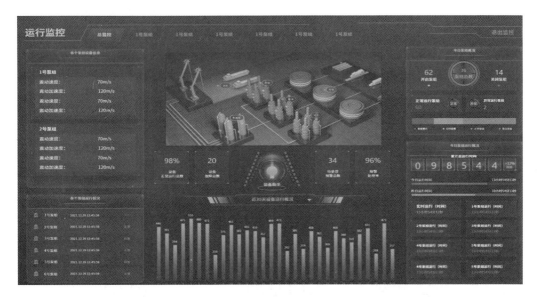

图 5-3-9　机组位置及位移状态监测系统

5.3.4　吊装放置技术

设置分体安装底座装置，对水泵分体吊装的三个主要的部分水泵吸水口定子总装、水泵转子总装、水泵出水口进行针对性吊装放置底座设置。分体安装底座装置的外部轮廓与安置对象外部轮廓完美契合，为安置对象的可受力点提供了稳固的支撑，并在接触面使用缓冲橡胶层，避免了部分零部件受损的风险。放置方式要点如下。

（1）分批次拆卸运输到安装间的整体机组。运输到安装间的整体机组，拆卸前主要采用人工拆除，辅助为简单的机械。运输车辆装车必须考虑拆卸顺序，采用设备机组，并集中放置，按建设单位要求，运抵指定位置。

（2）安装匹配尺寸的底座装置。在设计指定位置，放置铸钢支撑底盘，底盘底部设置有防滑橡胶垫，在底盘上放置 4 片Ⅰ型硬橡胶底座组合件，采用人工拼装。Ⅰ型硬橡胶底座组合件按厂家给水泵定尺寸制作，与水泵各部件外形相互适应，拆卸水泵安置前需要复核设备安放孔定位、尺寸是否满足要求。

（3）分批次起吊安置机组部件。水泵拆卸后孔定位和高程，采用水泵厂房桥吊机起吊机组部件，运送至安装间，并安置到指定位置的底座装置上，妥善放置，做好辅助措施固定。

（4）分体安装的单个机组部件。采用水泵厂房桥吊机从底座装置上起吊水泵机组部件至指定安装位置，并进行流水作业施工组织拼装。

（5）泵房恢复修整。拆卸底座装置妥善安置，作为后期泵站检修维护使用，并对破损的墙体、楼面进行修复（图 5-3-10 和图 5-3-11）。

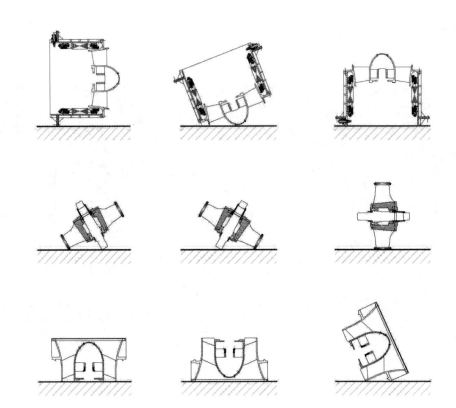

图 5-3-10　排涝水泵分体放置方式示意图

图 5-3-11　大口径排涝水泵分体安装底座图

采用水泵分体安装底座，可以作为分体安装的重要保护措施具有以下作用。

（1）用于对大口径水泵分体进行安装放置，Ⅰ型硬橡胶底座组合件可以使得水泵部件放置在其顶面，保持水泵部件处于水平安置状态，铸钢支撑底盘可以使得Ⅰ型硬橡胶底座组合件可稳定卡位，不变形移位。

（2）装置可以避免水泵部件直接放置在底面上，避免部件出现随意放置的变形、损坏，增加对水泵部件的保护性。

（3）保证大口径水泵分体吊装的安装工序顺利实施，保证水泵机组可以进行流水作业施工组织拼装。

（4）作为泵站机组检修维护的重要辅助措施装置，拆卸底座装置妥善安置，作为后期泵站检修维护使用。

5.4　水泵安装度汛协同措施

分批次安装新机组及配套设备，泵站度汛需要应对泵站机组装机遇到的汛期汛情，提出水泵安装度汛协同措施，可为老旧泵站改造过程中度汛问题提供解决策略（表5-4-1）。

老旧泵站升级改造更换机组方案所涉及的建设内容为：拆除原泵站机组、安装机组及配套设备、泵房恢复修整。根据主体工程各主要建筑物的施工难易程度和工期要求，充分利用枯水期按照"先水下、后水上"的施工原则组织施工，施工期度汛排水策略如下。

表5-4-1　施工期度汛排水策略

工程名称	外江水位情况/m	内江水位情况/m	泵站施工	排水方式
排涝泵站更机组	H外＜外江关闸水位	H内≥起抽水位	暂停施工	排涝闸排水
		H内＜最低运行水位	下检修闸，分批次更换机组	排涝闸排水

（1）分批次拆除机组及配套机电设备拆除。拆除前应安排专业电工对机电设备电源接入进行断电，经检查不带电后，方可拆除。拆除主要采用人工拆除，辅助简单的机械。机电设备首先拆除基础连接件，机电设备整体移动后人工移出柜房，并集中放置，按建设单位要求，运抵指定位置。采用气割等方式拆除水泵基座与预埋件的连接件，全部割除后采用厂房桥吊机调离机组和管件，运送至建设单位指定位置。拆除的建筑垃圾应及时装车外运。

（2）泵房结构修整。主要是对现有洞口进行扩宽，拆除洞口周围障碍物以满足机组安装要求。拆除方法为人工与机械配合，人工剔凿。采用湿法作业，控制施工扬尘、砂石飞溅。破拆后，渣体采用编织袋装袋后吊运至地面，自卸汽车清运到指定位置。洞口扩宽后应复核尺寸是否满足要求，避免返工。

（3）分批次安装新机组及配套设备。水泵安装前应复核安装定位和高程，按厂家给定的尺寸预留螺栓设备，调整后浇筑二期混凝土。采用厂房吊机将泵运至基础上，调整检查水泵中心、水平、高程、紧固地脚螺栓，加固后复查，进行水泵机组二次灌浆，管道按图纸确定位置、走向、高程进行连接。根据图纸安装电机柜和管线。

（4）泵房恢复修整。主要是对破损的墙体、楼面进行修复，恢复洞口四周的栏杆。

度汛保证措施如下。

1. 工程防汛机构与管理

（1）组建工程防汛指挥部，制定制度，统一管理，责任到人。汛期前，防汛指挥部应组织有关单位检查防汛工作的落实情况，做好防汛的各项准备。汛期应做到每天24小时专人值班、巡视，时刻关注水位变化情况，做到实时监控。

（2）根据批准的安全度汛措施，在汛前备足防汛所需的材料和设备，并在紧急情况下，做好防汛劳动力安排。

（3）度汛期间应安排人员对泵站设备巡视检查，若有异常情况发生或其他重大的问题，应及时向防汛指挥部及有关部门汇报。

（4）在汛期来临前，对涉及度汛的施工场地进行必要的清理，提前准备防汛物资设备，确保防汛设备能及时进厂。

（5）保证汛期进厂道路畅通。

（6）汛前应做好施工电源、接地等检查维护工作，加强巡视，提高施工电源的安全可靠性，确保工程施工期排水设备及照明设施工作安全、正常。

2. 水文预报及对外通信

城市防洪预警预报系统已建成运行。该系统对城市外江洪水的预报精度已达到设计的要求，在防洪调度中发挥着重要作用。考虑到城市防洪预警预报系统基本覆盖了整个柳江流域，且城水情分中心以及一些配套设施的改造也在国家防汛抗旱指挥系统二期工程中建设。因此洪水预警预报可利用城市已有的预警预报系统进行洪水预报，防汛部门可根据市防汛指挥系统衔接。经调查，水文预报为提前 12 小时预报。

3. 保持水情信息收集和传递渠道畅通

将防汛值班电话通报给各单位，以便及时查询水情预报。一旦发现可能危及工程和人身财产安全的灾害预兆时，应立即采取确保安全的有效措施。

4. 老旧泵站更换泵组项目度汛

主要工作为临时泵的安装，当泵站遭遇 20 年一遇雨洪同期时，接到水文预警后立刻组织人员进行防汛准备工作，安排车辆将临时排水泵运送至厂区，配合汽车吊安装临时水泵并接线，临时泵排水管道排入排涝闸排气孔（排涝涵闸关闭上游检修闸门，开启出口排涝闸门），临时泵要在 6 小时完成安装，与泵站机组共同排涝。

5. 超标准洪水防御措施

城市发生超标准洪水防洪形势危急时以人员撤离为主，政府部门应当根据城市防汛应急预案制定相应的撤退路线。

6 排涝泵站安全监管信息系统关键技术

6.1 防洪排涝工程信息化需求分析

6.1.1 系统需求

泵站水情信息十分敏感，泵站扩容改造项目需要配套的安全监管信息系统，该系统包括实时的工程安全监测系统、视频监视系统、综合信息服务系统、堤防巡查巡检系统。同时，各系统可自动将监测数据向城市防洪排涝工程管理处调度中心上报，为城市防洪排涝工程管理处调度中心的泵组防洪调度业务提供决策依据，自动化升级智慧防排，数字水利在老旧泵站上的实践。

泵站扩容改造项目在泵站厂房内进行水泵、电气设备等更换，属于原有工程的技改提升，现场具备一定的软硬件设施基础，但是由于施工工艺复杂、时间紧迫，工程仍存在一定的施工难度，安全监管信息系统旨在利用信息化技术，基于原有设施基础，在施工期实现工序、工艺、工法与调度的科学秩序的协同，从而保障工程顺利实施。在项目建成后，安全监管信息系统将与泵站原有信息化系统相结合，包括施工过程资料、设备台账等数据均可接入泵站原有信息化系统，实现项目全过程周期的数字化管理。

建设视频监视系统、IP广播系统、工情数据自动采集数据与分析、工程现场图像定时回传并借助广播系统及时通知违规作业人员及时离场，同时可将各类采集数据、分析评价数据通过城市防洪排涝工程管理处调度中心大屏集中展示，通过网络专线向城市防洪排涝工程管理处调度中心传输、报送数据，并接收由调度中心反馈回的信息，实现对排涝泵站、排涝闸的工情监控、数据分析评价以及泵组联合调度。

通过建设安全监管信息系统，实现泵站扩容改造项目施工过程管理与相关水雨情信息、台风信息、旱情信息、视频信息、预计预警预报等各类信息实现并行查询、展示和统计分析等，为泵站扩容改造项目决策提供全方位信息支撑。

基于微信小程序和PC端，开发巡查巡检系统，方便管理人员定期对现场进行日常巡查、安全隐患排查、重要工作面检查等，及时发现隐患问题，并拍照上传、巡查轨迹跟踪、问题统计分析和自动生成表单等功能。

6.1.1.1 业务需求

防洪排涝调度指挥系统用于健全完善柳江防洪排涝工程应急联动预案体系，利用现代网络技术、计算机技术和多媒体技术，以地理信息系统、数据分析系统、信息表示系统为手段，实现柳江防洪排涝数据的收集、分析，调度指挥的辅助决策、应急资源的组织、协调和管理控制等指挥功能，能够为柳州市柳江防洪排涝抢险指挥部领导和参与抢险各成员单位、业务人员和专家，提供决策依据和分析手段，以及指挥命令实施部署和监督方法，统一指挥调度各种资源，加强各成员单元的协同合作和信息反馈，及时发布涝情预警。

防洪排涝调度指挥系统按业务特点，主要由预警调度子系统、调度指挥子系统、分析处置子系统和系统设置子系统组成（图6-1-1）。

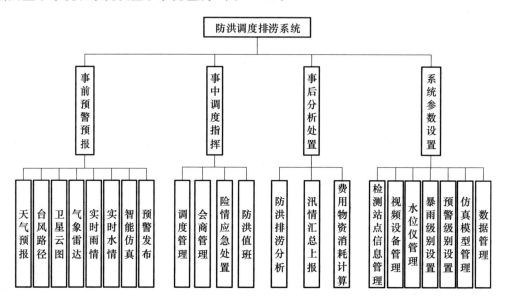

图6-1-1　防洪排涝调度指挥系统业务结构图

6.1.1.2　功能需求

根据业务需求，系统具体的功能规划如下。

1. 预警调度子系统（事前）

预警调度子系统包括信息查询模块和预报预警等。

2. 应急指挥子系统（事中）

调度指挥子系统包括调度管理、会商管理、防洪工程险情应急处置。

3. 分析处置子系统（事后）

分析处置子系统包括防洪排涝分析和防汛信息汇总。

信息化建设，围绕以上功能需求，构建以"4个一"框架为主导的防洪排涝信息化平台，即"一平台、一张图、一个移动端、一个库"，将泵站自动化系统、防洪闸自动化系统、防洪排涝调度指挥系统、视频监控系统、水位遥测系统在四维时空平台、防洪排涝调度指挥系统、堤防安全在线监测系统、无人机巡检系统统一展现。

1）一个平台

"一个平台"是围绕智慧防排指挥调度中心业务需求，基于现有信息化建设现状，构建集实时监测、汛情分析、防洪会商、防洪预报调度、信息发布等于一体的全市防洪排涝"大脑"——防洪排涝综合业务应用平台，实现工程运行控制集中化、管理信息化、维护专业化、流程标准化。进一步提高柳州市对突发性强降雨引起的洪灾内涝的防范与处置能力，保障防汛应急管理的快速响应、及时调度、有序安排，做到快速收集上报雨情水情，迅速排除洪水灾害和城市内涝隐患。

2）一张图

"一张图"是搭建一个覆盖全城实景涝情的防洪排涝预警信息网。通过整合共享气象、水文、水务等多部门数据与防涝工作相关的雨情信息、河道水情、实时汛情、水闸运行、泵站运行、视频监控等实时信息资源数据，主要以 GIS 地图模式通过指挥中心显示大屏展示，形成以云头溪泵站起点至大塘泵站为终点的柳江堤防 30 千米及沿岸 40 座泵站分布的四维全景图，将雨水情、泵站和闸阀实时运行状态、交通闸开闭状态、内外江水位、泵站控制淹没范围、柳江上游落久水利枢纽、洋溪水利枢纽及下游红花水电站实时水位调度等实时信息进行直观展示，可对现时和未来的雨情进行分析和预测，为指挥人员和一线工作人员指挥调度、迅速反应打下基础。

3）一个移动端

"一个移动端"是以设计开发移动端 App 平台和微信公众号，实现电脑终端和手机客户端互联互通。为解决防涝人员大多只能依靠有限的信息和自身经验进行人工预判，防涝决策缺乏定量实时技术支撑的情况，构建移动端 App，汇集各类业务应用，为工作人员提供包括水位预警、泵站设施设备性能状态、内外江水位、供配电等实时监测。实现设施设备日常巡查巡检和养护无纸化，通过移动终端对泵站设备和堤防设施进行扫码操作，实现设施设备维护档案信息化。借助移动端的便利，消除空间、时间的局限，拓宽业务使用范围，使得工作人员无论身处何种紧急情况下，都能高效、迅捷地开展工作，尤其对于突发事件的处理、应急事件的部署能提供全面、快捷、准确的信息服务，以增强防汛抗旱决策支持能力。

4）一个库

"一个库"是完成防洪排涝支撑基础数据库的搭建，通过整合目前柳州市防洪排涝工程管理处已有的泵站设备、堤防工程、运行管理、人员、位置等档案数据，共享气象、水文等相关部门的数据，形成集查询、管理、计算、分析于一体，实现数据汇集和共享，可供平台和各业务系统调用的数据库，准确地反映业务数据之间的关联关系，为数据分析和应用提供准确、全面的数据支撑，体现历史数据应有的价值。

6.1.2 开发建设约束性要求

柳州市防洪排涝信息化平台建设过程必须满足国家、地方、行业相关信息化建设及信息安全等法律、法规、管理办法的要求，工程信息化建设包括感知层、通信层、平台层，对于对侧数据交换可满足约束性要求，信息化平台预留远期数据共享接口，采用标准通信协议，后期根据政府数字政务要求进行数据接口专项建设，也可满足约束性要求。

6.2 安全监管信息系统性能优势

6.2.1 系统稳定性

系统软硬件整体及其功能模块具有很高的稳定性，在各种情况下不会出现死机现象，更不会出现系统崩溃现象。

6.2.2 系统可靠性

系统数据具备正确、准确的维护、查询、分析、计算功能。系统运行安全可靠，有足够的备用措施，全部设备和软件系统全天 24 小时不间断运行。

6.2.3 系统容错性

对使用人员操作过程中出现的局部错误或可能导致信息丢失的操作提供推理纠正并给予正确的操作提示，系统平台软、硬件具备容错功能。

6.2.4 系统可维护性

系统的数据、业务应用和维护方便、快捷。能够方便地进行用户管理，定义任意用户的功能模块访问控制，进行各类资源的统一管理。

6.2.5 系统扩展性

预留相应的接口，能够适应未来需求的变化，方便灵活地增加新功能模块，最大限度地保护现有投资，延长系统生命周期，改造工程完成后接入管理单位运维系统，发挥投资效益。

6.2.6 灵活性

现有功能可重组生成新业务功能，当某些业务需求变化时，能够方便地进行业务流程重定义和重组。

6.2.7 易用性

适应各类用户和各业务特性，界面友好，提供可视化操作界面，对于某些用户信息界面能够自组织定义。

6.2.8 系统开放性

遵循互联互通、资源共享等原则，系统等主要设备保证足够的开放性，提供开放的接口，在操作方式、运行环境、与其他软件的接口以及开发计划等发生变化时，具有良好的适应能力。

6.2.9 基于 BIM 的安全监管信息系统

基于 BIM 技术对施工过程管理，结合物联网技术、信息化技术，施工现场、物资、资料、人员实现跨越时间空间维度的全过程无盲区的管理。工程建设完成后，安全监管信息系统可与泵站原有运行维护管理系统无缝衔接，实现从施工到运行到维护的项目全过程数字化管理。

通过后期与运行维护管理系统相融合，施工期数据向运维阶段进行延展，大大地提高了安全监管信息系统的使用价值，同时，完善的施工过程资料服务于后续的运行维护，更是数据赋能于管理的具体应用（图 6-2-1、图 6-2-2）。

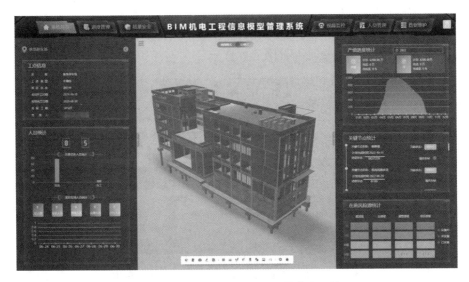

图 6-2-1 基于 BIM 的安全监管信息系统

图 6-2-2 泵站改造数字孪生运维平台

安全监管信息系统提供施工过程的完整规范的数据记录整编，除了能够服务于后期运行维护，更能为管理人员提供高度仿真虚拟化的培训应用，使得未经历项目建设过程的管理人员也能完整、全面地了解建设过程的资料，虚拟化培训平台能够科学有效地提高和巩固管理水平（图 6-2-3）。

图 6-2-3 泵站改造数字孪生运维平台功能

安全监管信息系统应用的延展性，跨越施工阶段到运行维护阶段，一个平台、一个模型、一套数据，高度集成的应用环境在提高系统可用性的同时，融合各个专业、各个阶段的数据片段，打破了信息孤岛（图6-2-4）。

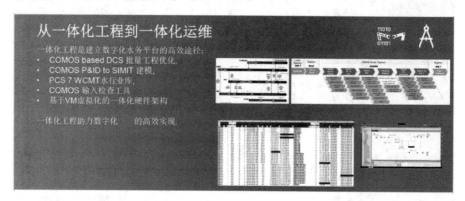

图 6-2-4 泵站改造数字孪生运维平台一体化运维

完全贯穿项目从建设到运维阶段的全过程周期数据记录整编，相当于为项目建立了一套从出生到成长的完整时间跨度的数据资料，为运行决策提供了科学的依据（图6-2-5）。

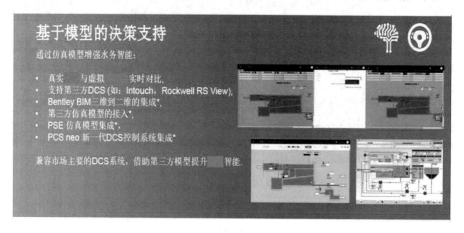

图 6-2-5 泵站改造数字孪生运维平台决策支持

6.3 泵站运行监控系统

理论和工程实践相结合，运用BIM构建泵站运行监控体系。

6.3.1 设备运行监控系统

水泵设备管理有以下几个功能，分别是查询水泵设备、新增水泵设备、编辑水泵设备和删除水泵设备。其中查询水泵设备信息展示信息为ID、标题、排序、水泵名称、水泵型号、水泵编号、每小时抽水量、每日运行时长、水泵金额、添加日期和状态。状态分为正常和禁用，添加日期为本条信息添加日期。查询水泵设备信息功能如图6-3-1所示。

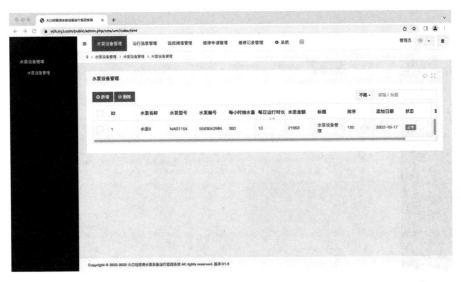

图 6-3-1 水泵设备运行监控系统

新增水泵设备功能共包含字段：输入水泵名称、输入水泵型号、输入水泵编号、输入每小时抽水量、输入每日运行时长、输入水泵金额和选择水泵类型（选择内容包含高端、中端、低端）。信息输入完成后点击提交将保存信息，功能如图 6-3-2 所示。

图 6-3-2 水泵设备运行监控系统

6.3.2 水泵安装过程可视化管理系统

安装排期管理分为查询安装排期信息、新增安装排期信息、编辑安装排期信息和删除安装排期信息功能。其中查询安装排期信息展示信息为 ID、标题、排序、日期、安装师傅姓名、安装设备、安装人数、预计安装时长、添加日期和状态。状态分为正常和禁用，添加日期为本条信息添加日期，查询安装排期信息功能如图 6-3-3 所示。

图 6-3-3　水泵安装过程可视化管理系统

添加安装排期信息功能：包含输入日期、输入安装师傅姓名、输入安装设备、选择设备类型（选择内容包含小型、中型）、输入安装人数和输入预计安装时长。全部信息输入完成后将在列表内展示，添加安装排期信息功能如图 6-3-4 和图 6-3-5 所示。

图 6-3-4　水泵安装过程可视化管理系统

图 6-3-5　水泵安装过程可视化管理系统

6.4　系统总体架构

安全监管信息系统通过现场通信网络构筑泵站扩容改造项目综合数据管理平台，实现数据的共享，利用 DTU 无线传输网络、本地局域网、水利专网实现基础数据、实时数据及其他有关数据的采集、交换、上报等，并为城市防洪、防汛、泵站联合调度提供支撑服务，同时实现与城市防洪排涝工程管理处调度中心对接及数据共享。

安全监管信息系统总体架构分为信息采集层、基础支撑层、数据资源层、应用支撑层、业务应用层等五个层次和信息安全体系、标准规范体系两个体系。安全监管信息系统总体技术架构如图 6-4-1 所示。

6.5　系统划分

系统充分依托已有的水利信息安全体系、水利行业统一的电子政务信息安全体系和标准规范体系，结合工程具体的建设需求，系统划分如下（图 6-5-1）。

6.5.1　视频监控系统

通过建设视频监控系统，实现对泵站扩容改造项目现场主要工作面 24 小时不间断监控，保障工程安全。

6.5.2　IP 广播系统

通过建设 IP 广播系统，实现对泵站扩容改造项目现场主要工作面的日常公共广播、紧急通知等服务。

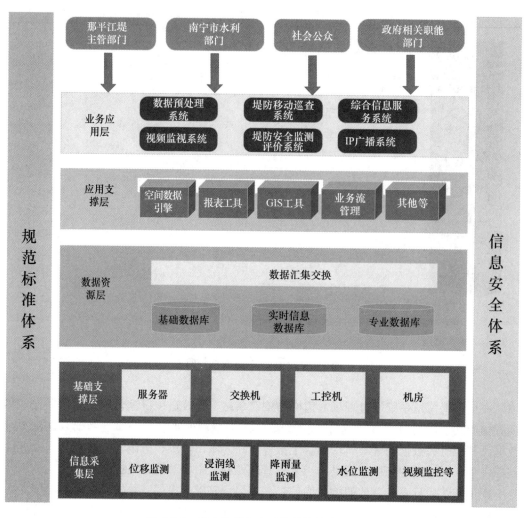

图 6-5-1　安全监管信息系统总体技术架构图

6.5.3　监控中心

监控中心设在城市防洪排涝工程管理处调度中心，实现对各应用系统监测数据、分析评价数据等数据的集中展示，并具备值班监控、视频会议等功能，为工程现场管理提供支撑。

6.5.4　机房

利用城市防洪排涝工程管理处调度中心现有机房，实现对项目配置的服务器设备、网络设备、视频会议设备的集中管理。

6.5.5　安全监测综合评价系统

开发综合信息服务系统，为管理人员提供资料整编、资料分析等，系统基于神经网络安全评价模型、安全模糊判断模型，实现实测性态的综合评价，并将评价结果通过网页信息发布的模式向管理人员提供服务，为工程运行管理提供支持。

6.5.6 综合信息服务系统

综合信息服务系统分别基于手机端和 PC 端，为管理人员提供数据搜索查询和地理信息导航服务，系统基于一张图，实现工程保护区范围内水雨情信息、台风信息、旱情信息、视频信息、预警预报等各类信息的查询、展示和统计分析等，为工程防洪决策提供全方位信息支撑。

6.5.7 巡查巡检系统

巡查巡检系统分别基于手机端和 PC 端，方便管理人员定期对泵站扩容改造项目及重要工作面进行日常巡查、安全隐患排查、重点工作内容检查等，及时发现隐患问题，并提供拍照上传、巡查轨迹跟踪、问题统计分析功能。

6.6　建设内容

6.6.1 工程安全监测系统

根据泵站扩容改造项目特点以及国家现行有关规程规范依据，同时借鉴类似工程的经验，工程安全监测系统的作用是监管泵站扩容改造项目的实施过程，系统主要提供以下几项功能：①新旧设备造册；②拆除安装计划；③责任人登记；④日常检查记录；⑤事件报送。

6.6.2 视频监控系统

为了实现对泵站扩容改造项目各个重要设备及关键施工区域的实时监控，保障工程的安全、辅助工程管理，建设一套视频监控系统。城市防洪排涝工程管理处调度中心工作人员可以通过视频监控系统实时查看到泵站扩容改造项目各主要施工区域的实时情况，方便进行监管及调度指挥，确保整个项目安全有序实施。

视频监控系统包括 4 个部分：前端设备、传输系统、视频存储和管理平台。

前端设备：选择高清 IPC 前端摄像头，根据不同的应用场景及需求，选择不同功能组合的摄像头，实现高清视频数据采集。

网络传输：采用双绞线作为视频数据传输的载体，是前端设备、存储、平台等之间的传输路径。

视频存储：部署在城市防洪排涝工程管理处调度中心，采用磁盘阵列存储模式实现对实时视频进行集中式存储。

管理平台：部署在城市防洪排涝工程管理处调度中心，由 IP 网络直接连接至管理计算机，管理计算机根据权限进行平台控制，管理平台可支持大量高清摄像机实时显示、云台控制，录像操作、回放等功能，并与城市防洪排涝工程管理处调度中心的视频监控系统级联。

6.6.3　IP广播系统

为确保施工过程中的安全，防止社会人员进入施工区域，在施工区域附近逗留以及出现险情时能够及时通知人员撤离，需要一个强有力的媒介来保障出现上述情况时能够在第一时间对相关人员进行警告、驱离。因此，需要在工程建立一套结合物联网、云计算等新兴信息技术的IP广播系统，提供施工区域日常公共广播、紧急通知等服务。

IP广播系统包括4个部分：1台IP广播服务器主机、1套IP网络广播主控软件、1台IP网络广播GSM文本转语音终端和若干只IP网络广播音柱组成。

IP广播服务器主机：是系统的核心部件，部署在城市防洪排涝工程管理处调度中心，是广播系统数据交换、系统运行和功能操作的综合管理平台，集成了定时任务、消防报警、文件广播、外部采播、终端馈送、对讲录音、监控联动、无线遥控等软件模块。

网络广播主控软件：系统支持标准TCP/IP网络协议，软件包带有服务器软件（含定时任务、消防报警、无线遥控、外部采播、断网打铃、终端馈送、电话广播、可任意多次使用的分控软件等多个部分）；系统可在同网段的局域网内、跨网关的局域网内以及互联网上使用，即在城市防洪排涝工程管理处调度中心配置上相关的设备及软件，可以通过互联网对各分部进行远程广播通知等功能，支持多级服务器。

IP网络广播GSM文本转语音终端：部署在城市防洪排涝工程管理处调度中心，城市防洪排涝工程管理处调度中心人员可通过该设备实现远程讲话。

IP网络广播音柱：主要部署在泵站扩容改造项目重点施工区域、施工场地出入口、仓库及加工场所等。

6.6.4　监控中心

监控中心利用城市防洪排涝工程管理处调度中心现有硬件设施，包括调度室、大屏（展示泵站扩容改造项目工程视频监控、工程管理系统的各类监管信息）、视频网络传输切换系统、发言及扩声系统、视频会议终端、中央控制系统和相应的配套工程。

6.6.5　机房

机房利用城市防洪排涝工程管理处调度中心现有机房，建设内容包括机柜、汇聚交换机、电源等。

6.6.6　综合信息服务系统设计

综合信息服务系统主要面向参见各方提供数据搜索查询和地理信息导航服务，系统基于一张图，实现城市范围内水雨情信息、台风信息、旱情信息、视频信息、预警预报等各类信息的查询、展示和统计分析等，为泵站扩容改造项目度汛决策以及施工工期工序合理安排、大型设备运输合理计划提供全方位信息支撑。

综合信息服务系统展示的各类信息主要包括基础信息、水雨情信息、气象信息、国土信息、工情信息、安全施工信息、实时工况信息、巡查巡检信息等。其中，基础类信息和实时采集信息主要依据已有的数据库表标准建设，巡查巡检信息和安全施工信息通过在时间轴上与上述信息相结合，即可实现泵站扩容改造项目跨越专业和行业全面维度的综合信息融合。

6.6.7 巡查巡检系统

巡查巡检数据库主要为泵站扩容改造项目巡查系统提供数据支撑，记录工作人员巡查过程中产生的巡查记录、问题、台账以及其他相关过程数据库。主要内容包括基础库、台账库和巡查记录库等。

基础库：主要包括巡查巡检相关的基础信息，如巡查内容、巡查批次、巡查人员、巡查小组、巡查负责人、巡检编号、巡查时间等基础信息。

台账库：巡检过程中的不同内容有对应的台账，如仪器设备台账、堤防日常巡查台账、重要隐患台账等，各类台账记录在数据库表中，主要包括台账名称、台账类型、生成时间、负责人、问题类型等信息。

记录库：巡查记录库主要记录巡查人员巡查过程中的实际记录，包括巡查轨迹、巡查发现的问题、问题照片、视频等信息，巡查记录为了进一步生成台账。

6.6.7.1 设备台账管理

设备台账管理对设备的文字（维修、作业指导书）、卡片等各类信息资料进行收集、整理、分类管理。具有记录和存储、修改、删除、导出、打印等功能，并支持按条件对设备台账进行筛选，如设备类型、编号、名称、安装地点、生产厂家等。同时还支持设备从采购、安装、投运、维修、保养、停用、报废等全生命周期的记录（图6-6-1）。

图6-6-1　设备台账管理

6.6.7.2 新增设备

设备正式安装投运后，通过系统新增设备，按照对应的设备基础信息将信息完善，系统支持将每台设备附带的配件进行录入，方便后续设备维修时更换零配件的工作。同时系统支持将设备的外观、铭牌、使用手册、保养手册、培训手册等图片或者文件进行上传，便于后续维修、保养，或者有需要进行培训学习者查看（图6-6-2）。

图 6-6-2 设备台账新增

6.6.7.3 拆除设备

建立泵站扩容改造项目拆除旧设备记录,如旧设备外观、状态(再利用、报废等)、去向、经办人员等,以便管理人员在今后对泵站扩容改造项目进行充分详实的了解(图 6-6-3)。

图 6-6-3 拆除设备

6.6.7.4 设备查看

针对设备台账内的任意一台设备,可以查看设备的所有信息。查看的信息包括基础信息、设备参数、配件信息、维修方案、保养方案、巡检方案、维修信息、保养信息、巡检信息、运行情况等(图 6-6-4)。

基本信息:主要包括设备图片、编号等基础信息。

设备参数:展示设备本身的铭牌参数。

配件信息:展示设备本身相关的零配件信息。

保养方案：展示该设备关联的预设保养方案。

巡检方案：展示该设备关联的预设巡检方案。

维修信息：展示该设备历史的所有维修记录。

保养信息：展示该设备历史的所有保养记录。

巡检信息：展示该设备历史的所有巡检记录。

运行情况：展示该设备历史时间段内的运行时间。

报警信息：展示该设备历史所有的报警信息。

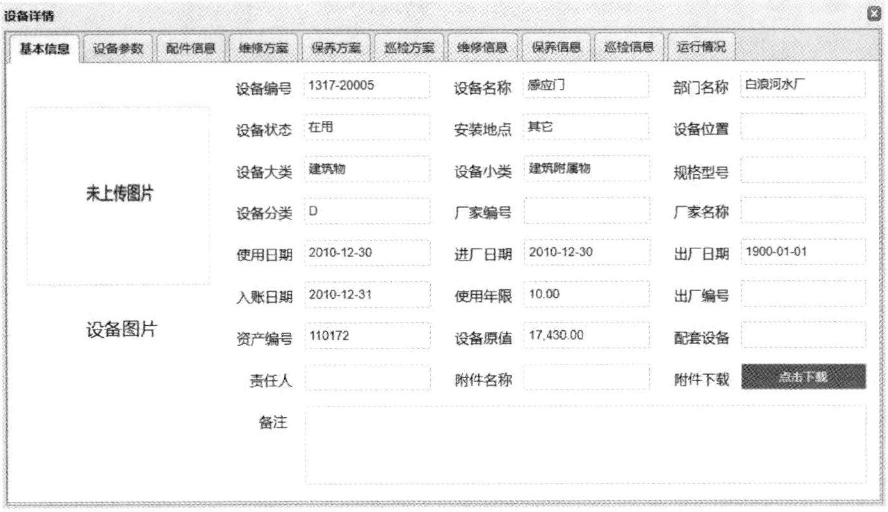

图 6-6-4 设备查看

6.6.7.5 巡检管理

巡检管理系统移动端，使内、外业管理工作相结合，实现巡检工作的科学化、规范化、智能化管理。基于嵌入式技术开发的安装于智能手机、PDA 等移动终端的移动端，用于巡检人员在现场对日常施工进行巡查监管，在巡查监管过程发现问题，用移动终端可以上传巡查监管的情况、结果、照片等，提交后台审核处置。

平台可以将巡检结果转交给监理、项目甲代，监理、项目甲代批示意见后由巡检人员监督施工方整改并重新提交，监理、项目甲代复核通过后该记录完结。可以查询、查看、统计、分析所有巡查情况和过程，了解巡查的总体工作，进行实时监控、管理、调度、指挥与评价。

按巡检内容生成日常巡检计划，派发给指定人员，以对施工现场进行周期性检查。巡检人员及时上报巡检计划执行情况，支持手机移动端拍照上传。对超时未巡检及时提醒巡检人员。系统记录各巡检操作，提供历史记录检索。

6.6.7.6 巡检计划

为规范施工行为和施工质量，确保项目安全有序开展，系统协助制定巡检计划，每月严格按照巡检计划进行巡检，落实好巡检任务。

巡检计划主要内容包括施工内容、施工人员、巡检项目、巡检内容等信息。巡检任务下发界面如图 6-6-5 所示。

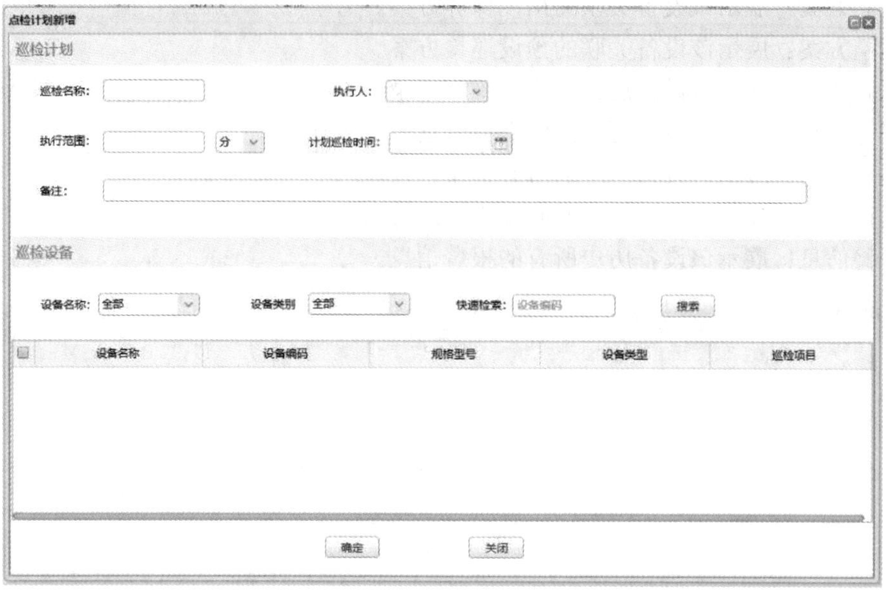

图 6-6-5　巡检计划下发

系统实现的功能如下。

系统支持制定巡检计划，自动下达任务，并可通过系统报送主管领导和分管领导审核确认。

支持计划制定后，按期进行巡检计划执行信息记录、查询和打印。

系统可将未落实完成的巡检计划进行报警提醒。

系统也支持突发事件下的紧急巡检，确保快速派人巡视现场紧急情况。

6.6.7.7　巡检路线

对于重要的巡检任务，可设定固定的巡检路线（指导日常巡检），各施工面分别作为一个巡检单元，且放置一个 NFC 巡检标签或微信二维码。

要求巡检人员进入施工区域先扫描 NFC 标签或微信二维码，记录当前位置、打卡时间。对于未按照巡检路线进行的巡检，系统给出异常颜色标识。

6.6.7.8　巡检详情

巡检详情可以让用户针对巡检执行的情况有一个全面的了解，主要包括以下内容。

1. 巡检考核统计

日巡检报告、月巡检报告；巡检到位报表、漏检报告；按工作量统计、按工时统计。

巡检报表主要包括巡检工作量定额统计，日志、隐患等信息的汇总，对施工基本信息、进度信息、现场情况等数据的综合统计分析。

2. 巡检查询分析

巡检结果查询和异常缺陷查询（图 6-6-6）。

6.6.7.9　缺陷管理

1. 缺陷上报

支持通过移动端提交或发起缺陷申报工作，对现场工作、工序、管理、安全设置等缺陷进行线上申报，相关信息包括缺陷类型、缺陷地点、缺陷描述、发现时间、发现人等。

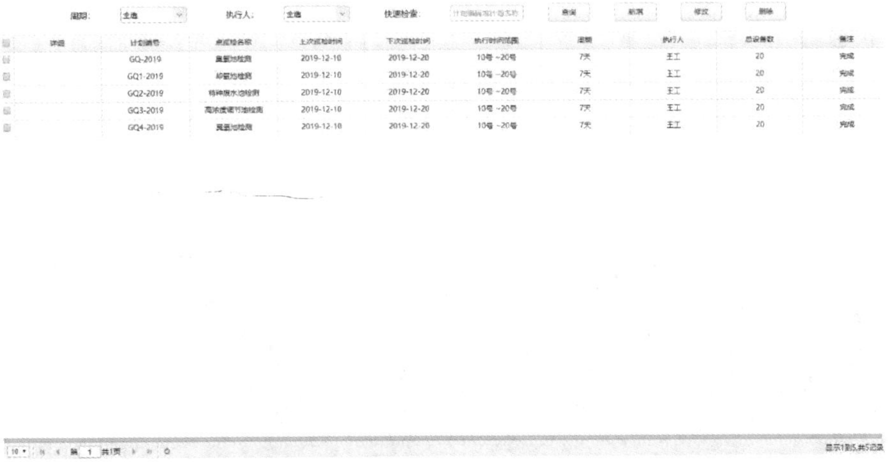

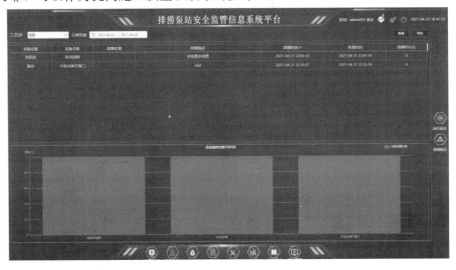

图 6-6-6　巡检详情

2. 缺陷审核

一线员工发现缺陷后，上报给直属领导，由领导来判决是否为缺陷，如果是缺陷，由领导来安排此缺陷由谁来处理，将缺陷处理任务下发给相关责任人。

3. 缺陷处理

相关责任人处接收到消除缺陷任务后，去现场处理缺陷，处理完后在系统上填报缺陷处理的详细信息。包括缺陷处理时间、处理内容、处理结果、处理人、处理时长等信息。

4. 缺陷统计

缺陷统计可以按照不同类型、不同地点、不同时间段等多维度进行统计分析，便于管理层直观地看到哪些工序段、哪些时间段出现哪些缺陷较多，如何处理缺陷用时少、质量可靠，可以作为提高施工质量和效率的参考（图 6-6-7）。

图 6-6-7　缺陷统计

6.6.7.10 设备试运行管理

对于新安装完成的设备试运行情况进行记录，可以通过自控系统自动采集每个设备的运行时间，也可以通过人工录入。可以根据区域、时段、工况等来筛选用户关心设备的运行状态。

可以将设备试运行时间的信息通过报表的形式导出，同时支持自定义查询任意设备任意试运行时间内的情况。

由于水利工程的特殊性，新装试运行对于外部条件有很严苛的要求，完善的试运行记录有利于验证设备运行的可靠性、稳定性，同时也有利于项目顺利验收移交（图 6-6-8）。

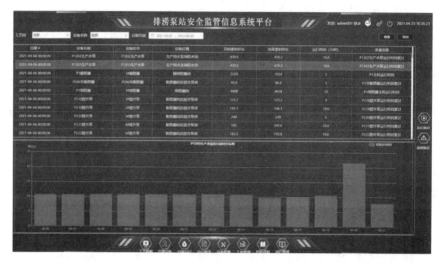

图 6-6-8　设备试运行管理

6.6.7.11 设备施工期保养管理

由于设备须通过试运行才能进行验收，因此在交付之前必须进行充分的设备保养，设备施工期保养管理主要包括 3 个功能模块，分别是保养方案、保养处理、保养记录。

1. 保养方案

保养方案主要的功能是设置设备的保养方案，主要包括保养类型、保养设备名称、保养部位、保养方式、保养周期、计量方式等（图 6-6-9）。

图 6-6-9　设备保养方案

建立好保养方案后，需要在设备台账中将需要进行定期保养的设备进行保养方案的关联。关联好之后，系统会自动在后台计算每台设备的下次保养时间。

2. 保养处理

保养处理的主要功能是根据设定好的保养计划，将临近保养周期的设备枚举出来，根据到期时长来做优先级排序。针对快到保养周期的设备进行变色处理，方便用户快速筛选出急需保养的设备。

同时如果有快到保养周期的设备，系统会给对应负责人的消息中心发送消息，提示管理人员尽快将该保养工单派发下去。保养负责人员收到任务后到现场进行设备保养后，可以通过 PC 端或者 App 按照相应格式进行保养内容填写。

如果发现有某个设备需要临时保养，具备权限的人员也可以直接在保养处理中通过筛选找到该设备，将该设备的临时保养任务通过工单的形式推送给相应的负责人（图 6-6-10和图 6-6-11）。

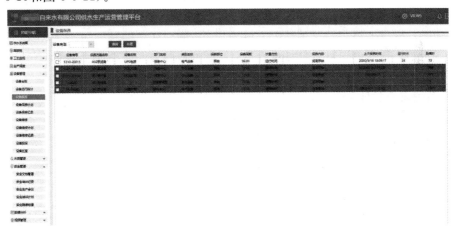

图 6-6-10 保养处理界面

图 6-6-11 保养信息录入界面

3. 保养记录

保养记录可以根据用户的选择，按照区域、设备名称、时间段等方式进行设备保养记录的查询，便于事后核查该设备当时的保养情况（图 6-6-12）。

图 6-6-12 保养记录

移动端：巡查巡检系统分别基于手机端和 PC 端，开发巡查巡检系统，方便管理人员定期对泵站扩容改造项目进行日常巡查、安全隐患排查、重要施工面检查等，及时发现隐患问题，并提供拍照上传、巡查轨迹跟踪、问题统计分析功能。

1) 新装设备管理

新装设备管理主要功能是在新装设备建档的基础上查询和查看，包括设备的基本信息，施工期建档设备厂家、产地、型号规格、主要技术指标、出厂时间、安装时间等，后期可录入维修记录、保养记录、巡检记录等，可以通过 App 扫码的方式，一键查看设备的全生命周期记录，移交给用户后，支持跳转到该设备的工艺监视界面，查看设备的运行情况有无异常（图 6-6-13）。

支持通过移动端现场录入和修改编辑设备详细资料，且能将图片附入设备台账资料中。

图 6-6-13 App 设备管理

2）巡检管理

巡检管理按巡检工作内容生成相应日常巡检作业计划，包括制定巡检任务，同时也负责制定巡检路线，派发巡检工单给指定人员，系统会自动将工单进行推送。

巡检人员接受到巡检工单后，通过扫描二维码或者 NFC 的方式来完成巡检记录，通过勾选完成巡检情况，如有异常则进行标注，系统会自动将巡检员的巡检情况记录到数据库中。

针对每一条巡检工单，都可以查看巡检进度，系统会自动地提示当前还有多少剩余巡检点，实时显示已完成巡检的占比。当提交巡检完按钮，系统会判定有无漏检点，会对巡检人员做出相应的提示（图 6-6-14）。

图 6-6-14　巡检管理详情

3）异常上报

巡检人员在巡检过程中对于发现的现场问题，可通过巡检异常工单，录入系统，由上报人员将现场的情况通过照片、视频、文字或者语音的方式将异常情况描述清楚（图 6-6-15）。

上报结束后，由上级管理人员将工单分配给相关后续人员处理。

图 6-6-15　异常上报

6.6.7.12　标准规范建设

标准化规范化建设，执行城市防洪排涝工程管理处现行要求。

标准规范建设，围绕规范信息资源开发利用和基础设施、应用系统、信息安全等建设与管理的需要，开展电子政务建设，推动政府信息公开、政府信息共享、政府网站管理、政务网络管理、电子政务项目管理等方面建设。

电子政务标准化体系以国家标准为主体，充分发挥行业标准在应用系统建设中的作用，由总体标准、应用标准、应用支撑标准、信息安全标准、网络基础设施标准、管理标准等组成，是电子政务建设和发展的基础，是确保系统互联互通互操作的技术支撑，是电子政务工程项目规划设计、建设管理、运行维护、绩效评估的管理规范。重点在于制定电子公文交换、电子政务主题词表、业务流程设计、信息化工程监理、电子政务网络、目录体系与交换体系、电子政务数据元等标准，建立标准符合性测试环境。

6.7　信息资源共享

在微信小程序上展现用户所在现场检查小组和现场检查小组成员的信息，小组成员以列表形式展示。点击小组成员可查看其详细信息，包括姓名、单位、职位、联系方式等，可与其他组员一键呼叫，即时通信。

设置当前巡查工程任务和批次的功能。设置当前任务后，在打开发现问题时会默认使用设置为当前任务的工程。

展现用户在巡检过程中最新发现的问题记录，显示本用户发现的问题统计信息。

6.8　网络信息安全

安全保障系统安全主要包括设备物理安全、网络与系统安全等安全。要保证安全监管信息系统的整个网络系统安全可靠，必须全面分析整个系统面临的安全风险和威胁，并提供可行的防范措施和解决手段，表 6-8-1 中列出了安全保障系统面临的安全风险。

表 6-8-1　安全保障系统安全风险内容

序号	风险项	风险内容
1	物理风险	机房毁坏； 电磁泄漏； 线路中断； 电力中断； 设备毁坏； 媒体损坏
2	网络风险	访问互联网的安全隐患； 操作系统安全隐患； 数据库系统安全隐患； 应用系统安全隐患； 恶意攻击和非法访问； 身份假冒； 非法授权访问； 数据丢失和泄密、被修改； 否认操作； 病毒； 网页被篡改
3	管理风险	安全管理组织不健全； 缺乏安全管理手段； 人员安全意识淡薄； 管理制度不完善； 缺少标准规范； 缺乏安全服务

计算机网络系统面临物理安全、网络安全和管理安全等问题。此外，计算机网络还面临网络信息安全及管理制度安全风险，但存在的风险等级各不相同。

为了满足泵站改造项目的安全需求，需要建设一个主动、开放、有效的系统安全体系，实现网络安全状况可知、可控和可管理，形成集防护、监测、响应、恢复于一体的安全防护体系。从总体上看，安全框架分为安全管理和安全技术两个层面。管理层面包括：安全组织、安全策略和安全运维。技术层面包括：物理安全、网络安全、系统安全、数据安全、应用安全等（图 6-8-1）。

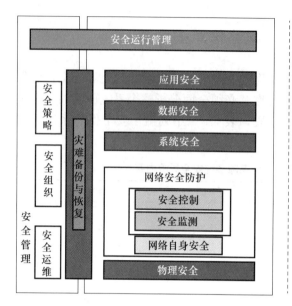

图 6-8-1　安全体系架构

6.9　系统集成及运行维护

6.9.1　系统集成

安全监管信息系统是一个复杂的信息系统工程，建设内容涉及信息采集、视频监控、IP广播、安全施工、业务应用等方面，具有建设范围广、专业跨度较大等特点，如何使整个工程各个方面的建设协调一致，充分发挥工程投资效益，系统集成将是一项重要的保障措施。

从工程建设整体分析，系统集成的任务主要分为硬件系统集成和应用系统集成。系统硬件集成分为通信系统集成、计算机网络系统集成、计算机系统集成、数据存储与管理系统集成。应用系统集成主要包括数据集成、应用集成和界面集成。

6.9.1.1　系统硬件集成

系统硬件集成包括通信系统集成、计算机网络系统集成、计算机系统集成、数据存储与管理系统集成。泵站改造项目充分利用城市防洪排涝工程管理处调度中心已建的网络、安全和机房等软硬件基础设施，通过补充配置相应的网络和服务器设备，保证系统的安全稳定运行。

6.9.1.2　数据集成

项目工程的数据需要采用基本统一的数据库管理系统来进行统一的维护与管理，以提高业务数据集成的效率和质量，避免不同业务系统的业务数据彼此产生歧义，从而方便业务系统间数据共享和交换，最终为使用者提供完整统一的业务数据。

数据库遵循水利基础信息代码以及国家有关数据元标准来进行建设。数据集成的目的是完成综合数据库建设的同时，保证安全监管信息系统的数据统一和数据共享。

6.9.1.3 应用集成

泵站中的应用集成主要依托城市防洪排涝工程管理处调度中心已有的应用支撑平台实现。

6.9.1.4 界面集成

安全监管信息系统集成是指统一管理各种资源，对各个应用子系统进行统一管理的系统构架。界面集成的内容主要包括用户界面的统一规划、统一登录与统一认证管理。

6.9.2 运行维护

6.9.2.1 运行管理组织机构

项目建成后，施工管理的中心任务是保证安全监管信息系统的正常稳定运行，保障其关联业务的正常有序开展。

具体的运行管理建议由城市防洪排涝工程管理单位负责。

6.9.2.2 运行维护管理措施

制定严格的规章制度及其监督执行措施，是安全监管信息系统正常运行的根本保证。管理部门在制定管理办法及规章制度时，应包括如下内容。

1. 岗位责任制

系统运行、管理、维护要明确岗位责任，按各级各层次各专业管理部门的实际需要定岗、定人、定责、定权，并由上一级管理部门负责考核，以确保岗位责任制的落实执行。

2. 设备管理制度

包括安全监测系统、视频监视系统、监控中心在内的运行系统，软、硬件资源设备品种繁多、数量巨大，应对系统内资源设备的操作使用、保养维护、故障处理等做出严格规定。

3. 安全管理制度

安全管理主要的任务是提出系统安全技术、组织措施，保证信息安全传输。其中包括建立安全管理体系、制定安全管理措施、进行身份验证、操作授权、访问控制等，对信息的保密性作出规定，并按有关规定对系统运行进行安全检查，实施安全管理。

4. 技术培训制度

由于本系统科技含量较高，而且随着信息技术的发展，相关知识更新较快，因此要求管理部门根据本系统的专业范围和实际需要，建立健全技术培训制度，对系统中不同层次的运行管理和操作人员进行专业理论知识和实际操作技能的培训。

技术培训内容除系统结构、工作原理及开发、安装、使用、维护、故障处理等外，更要注重对信息系统软件功能的发挥和后继开发方面的培训。

技术培训方法、计划及时间安排应作出统一规划，并根据管理部门或各子系统的具体情况确定。

要建立技术人员培训档案和考核制度，坚持上岗人员经培训考试合格后才可上岗原则，逐步提高技术人员知识结构、业务水平和处理运行中发生各种问题的能力，培养一大批能熟练掌握系统功能和各种仪器设备的管理人员、操作人员和维护人员，为系统的正常运行提供人员技术素质保证。

5. 文档管理制度

文档管理是系统运行管理的重要组成部分。考虑到文档的完整性和连续性，应在工程建设开发期间已经建立起来的文档管理基础上继续完善和进行文档管理工作。包括：进一步完善文档管理规范；建立文档目录、文档检索、加密及安全保护措施、借阅使用规定、更新控制、文档归档要求等；按照文档管理规范要求进行文档管理工作。充分发挥文档在系统运行中的作用。

7 BIM 全过程模拟、深基坑、防洪评价、建筑外观等关键技术

7.1 BIM 全过程模拟技术

7.1.1 BIM 全过程模拟技术要求

（1）三维 BIM 模型、二维 CAD 施工图以及其他工程文字、数据、图表，收集和汇总所需相关信息，根据实际情况将前述资料进行补充、完善、深化，创建、更新和维护 BIM 模型。BIM 模型必须包括建筑、结构和机电等项目实体工程包含的所有相关专业。

（2）完成项目的施工范围内所有工作内容的 BIM 建模，并按要求深化 BIM 模型，按照施工现场情况实时更新 BIM 模型，形成各阶段与实体工程一致的施工模型，直至竣工并提交竣工 BIM 模型。

（3）基于 BIM 模型，以三维可视化方式探讨及展示短期及中期之施工方案，基于 BIM 模型及施工方的施工进度表进行 4D 施工模拟，提供图片和动画视频等文件，协调施工各方优化时间安排，基于 BIM 模型提供能快速浏览的图片和浏览动画，以便各方查看和审阅。

（4）在施工过程中提供信息应用 BIM 模型。

（5）基于 BIM 的施工图深化设计，主要基于 BIM 模型绘制深化设计施工详图/配置图/翻样图，施工总承包负责建立与 BIM 建模相结合的深化设计管理体系、基于 BIM 的深化设计管理流程等，各专业深化设计文件均应基于 BIM 模型进行管理，总承包人建立与 BIM 模型组织、命令等相匹配的深化设计文件管理体系。

（6）集成和验证最终的 BIM 竣工模型，提交与实体工程一致真实准确的竣工 BIM 模型、BIM 应用资料和在模型中添加与设备运维有关的信息等，确保在运营阶段具备充足的信息，相关信息在竣工前由配合添加信息到竣工模型中。

7.1.2 全过程模拟技术

7.1.2.1 BIM 建模流程

基于设计图纸建立施工模型，BIM 工作小组根据竹鹅溪泵站原设计图纸，利用 Revit 等软件建立各专业 BIM 模型，并运用插件提高建模速度，如橄榄山快模、理正易建辅助设计软件等。由工作小组准确、高效地搭建泵站建筑物、场区等三维模型。

7.1.2.2 利用 Revit 等软件建立各专业 BIM 模型

运用插件提高建模速度，如橄榄山快模、理正易建辅助设计软件等。由工作小组准

确、高效地搭建水机、电气、金属结构三维模型，并做好准确定位及管线布置。

7.1.2.3 BIM 模型整合及碰撞检测

将各专业的 BIM 模型导入 NavisworksManage 等软件进行模型整合，并检测模型碰撞，形成碰撞检测报告（图 7-1-1）。

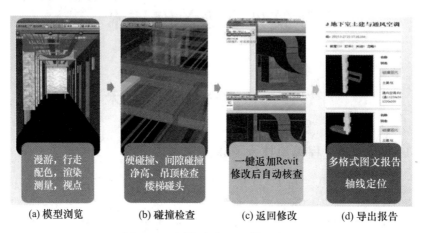

| (a) 模型浏览 | (b) 碰撞检查 | (c) 返回修改 | (d) 导出报告 |

图 7-1-1 泵站改造 BIM 模型流程

以三维 BIM 信息模型代替二维的图纸，解决传统的二维审图中难想象、易遗漏及效率低的问题，在施工前快速、准确、全面地检查出设计图纸中的错、漏、碰、缺问题，不仅如此通过模型检查软件还能够提前发现和消防规范、施工规范等规范冲突的问题等，减少施工中的返工，节约成本、缩短工期、保证建筑质量，同时减少建筑材料、水、电等资源的消耗及带来的环境问题（图 7-1-2）。

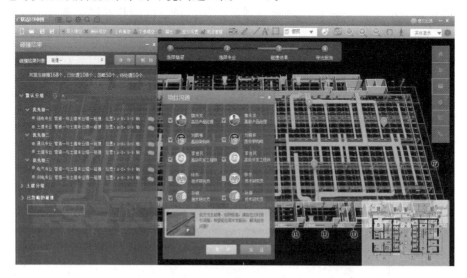

图 7-1-2 泵站改造 BIM 泵站管路改造流程

除了上述机电工程各专业综合布线需采用 BIM 技术进行深化设计外，项目幕墙与钢结构工程均需采用数字化加工技术，其成品开始加工前必须采用 BIM 技术进行深化设计，并提供 3D 模型清单给加工场进行精准化加工（图 7-1-3～图 7-1-10）。

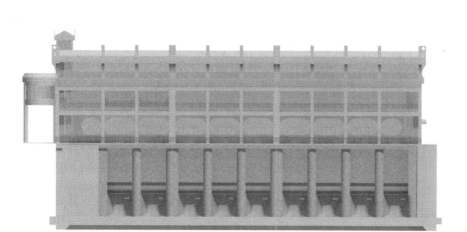

图 7-1-3 泵站改造 BIM 泵站主体框架示意（一）

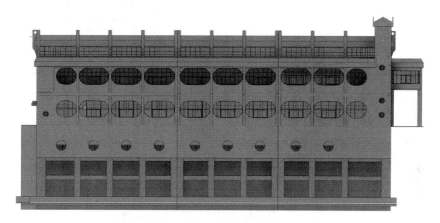

图 7-1-4 泵站改造 BIM 泵站主体框架示意（二）

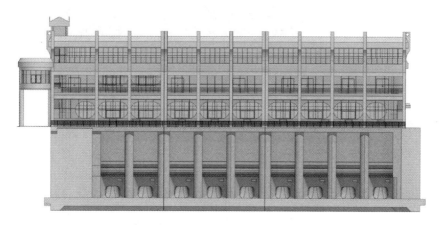

图 7-1-5 泵站改造 BIM 泵站主体框架示意（三）

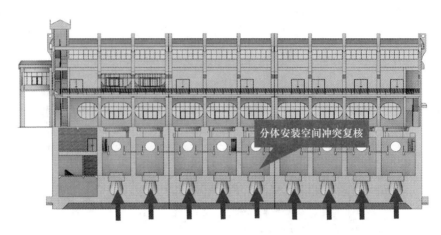

图 7-1-6　泵站改造 BIM 泵站主体框架剖面

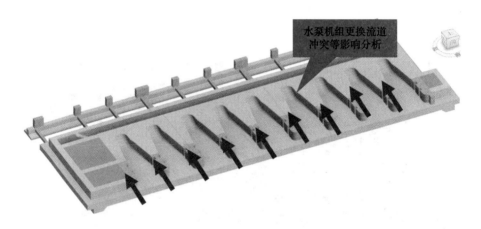

图 7-1-7　泵站改造 BIM 泵站主体流道剖面

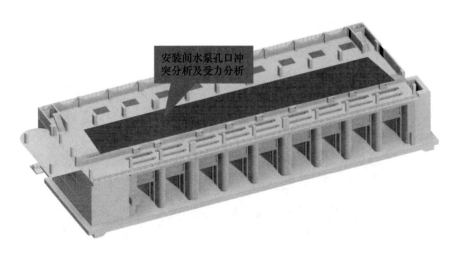

图 7-1-8　泵站改造 BIM 泵站主体水泵层剖面示意（一）

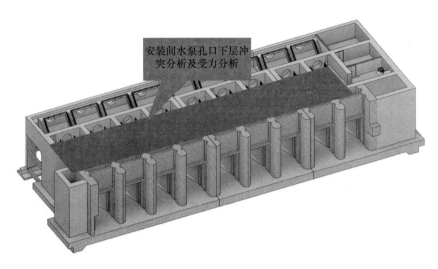

图 7-1-9 泵站改造 BIM 泵站主体水泵层剖面示意（二）

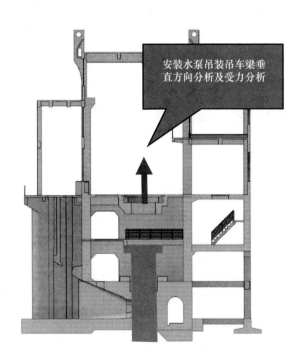

图 7-1-10 泵站改造 BIM 泵站主体水泵层剖面示意（三）

7.1.2.4 基于 BIM 的造价管理方式

完全基于数字建造和建筑信息模型 BIM 的理念，将造价与图形结合，在造价文件中提供最直观最形象的可视化建筑模型，实现算量软件与造价软件无缝连接，图形的变化与造价变化同步，充分利用建筑模型进行造价管理。可框图出价，通过条件统计和区域选择即可生成阶段性工程造价文件。基于 BIM 技术的造价计价管理，选用多种定额计价和清单计价，将一份预算文件方便地转化为投标价、分包价、成本价、送审价、结算价、审定价等多形式造价文件，形成可以共享、参考和调用的造价数据库，实现对群体、单位工程数据的动态集成管理，对单位工程、单项工程、分部分项工程进行分级，最低一级能满足进度款结算的需要，每一层级都应有相应的造价信息，可以清晰地看到造价比例、单方造价指标、材料指标等（图 7-1-11）。

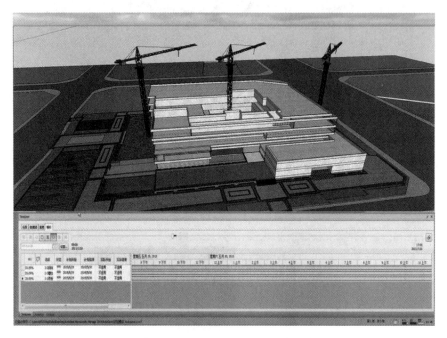

图 7-1-11　BIM 的可视化施工进度示意图

7.1.2.5　BIM 施工仿真动画制作

组织进度计划，细分施工流水段，完善项目施工组织，通过 NavisworksManage 等软件模拟设备进场以及施工过程中的大型工程机械进场等，找到在设备进场时的碰撞点，进行路线调整或对模型结构优化，并制作施工仿真动画。

以柳州市竹鹅溪泵站改造项目为例，针对泵房主体结构特点，需要对原有建筑物次梁进行拆除，并对大型水泵机组进行精确吊装，通过 BIM 技术应用，着重对碰撞检测、施工模拟进行深入研究，提前梳理项目难点并指定解决方案。

7.1.2.6　BIM 模型渲染

利用完成的 BIM 模型，通过导入 Lumion 等软件，布置场景和景观，对模型进行渲染，优化和美化模型，形成效果图和动画片段。

7.1.2.7　通用式数字孪生平台

BIM 创建好后，导入通用式数字孪生平台，建立泵站厂区沙盘，BIM 协同应用，建立基本数字孪生系统的项目应用逻辑。

7.1.2.8　计算分析软件

BIM 创建好后，导入计算分析软件。进行静荷载作用下的 BIM 的计算分析接口与迈达斯及理正计算分析应用（图 7-1-12）。

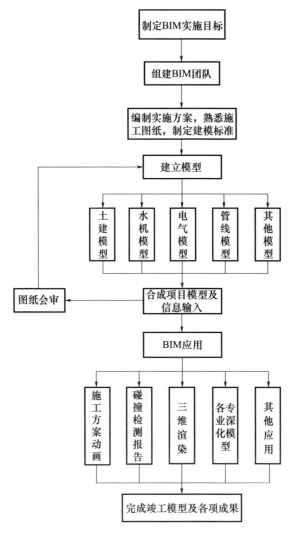

图 7-1-12　BIM 工作流程图

7.2　深基坑方案特点及关键技术

7.2.1　深基坑方案特点

基坑支护已经成为工程建设过程中不可或缺的环节，基坑支护的质量将直接影响基坑施工的进度和总体质量。为了确保工程施工的顺利开展，同时保障工程施工的质量和施工的安全性，需要选择合理的支护方式对基坑进行防护，加固施工周围土质结构，为工程施工的顺利开展奠定良好的基础。基坑支护的质量会受到多种因素的影响，进而导致支护施工质量不高。只有找出影响基坑支护施工质量的因素才能对症下药，彻底消除施工安全隐患，进而实现基坑支护施工的顺利开展。

7.2.2 深基坑方案关键技术

7.2.2.1 基坑边坡防护

基坑边坡防护是基坑支护的基础工作，基坑边坡支护方式有很多，主要有挡土灌注桩支护、土钉支护以及土层锚杆支护等措施。其中挡土灌注桩支护措施主要是在基坑的周围进行钻孔工作，并设置钢筋笼，然后将灌注好的混凝土桩按照一定的顺序成排布置，确保混凝土桩与桩之间的距离，并在混凝土桩的上部设置连续梁。这种边坡支护方法成本比较低，且混凝土灌注桩的刚度和抗弯强度比较大，支护的安全指数高。而土层锚杆支护措施主要是沿着基坑的方向，在相隔一定距离的地方设置一层向下倾斜的土层锚杆。在设置锚杆的过程中经常会使用钻机进行钻孔工作，并将钢筋锚杆安放在钻好的孔洞内。然后向钻孔内灌注水泥浆液，直到锚杆达到一定强度时安装横撑。一般这种支护方式会配合挡土灌注桩同时使用，最大限度地减少土桩的截面，增强支护的效果。土层锚杆支护方式的适用性相对较强，不仅可以适用于硬度较大的土层中，还可以应用于高差较大的深基坑支护。

7.2.2.2 坑壁支护

坑壁支护是应对基坑变形的有效措施。基坑在开挖过程中受开挖技术以及地质结构的影响，基坑土层在外界强大的作用力下会出现变形的情况，使得基坑施工存在很大的安全隐患。因此，需要采取有效的措施对基坑变形问题进行解决，消除基坑施工的隐患。一般情况下会采用重力式挡土墙支护结构、悬挂式支护结构以及混合式支护结构对坑壁进行支护处理。其中悬挂式支护结构需要嵌入基坑底部，然后借助岩石体的支撑作用对坑壁周围时间支撑力，一般适用于基坑开挖深度较小且土质条件较好的基坑支护施工中，而重力式挡土墙支护结构主要依靠自身的重量来维持支护结构的压力平衡，避免基坑局部受力不均而引发塌陷的现象。在实际的基坑支护施工中，应根据施工的特点选择合适的支护结构和支护技术，切实保证基坑支护的有效性。

7.2.2.3 基坑排水

随着基坑开挖的深度不断加大，地下丰富的水源就会迅速涌出，不仅影响基坑开挖工作的顺利开展，同时也增加了基坑支护的难度。为了确保支护结构的稳定性，必须将基坑内残留的水及时排泄出去。地勘资料显示，该场地土质条件非常差，呈流塑状淤泥厚度为 6.50～12.90m，埋深约为 3.5m，平均含水量大。在灌注桩成孔过程中极易引起缩颈，从而影响支护桩的质量。

基坑支护是一种特殊的结构方式，具有强大的功能优势，但是由于基坑支护的手段和方法众多，而且每一种支护方式对施工环境的适应性不同。因此，应根据具体施工的需要，结合每一种基坑支护方式的特点，选择合理的支护结构和支护技术，切实确保基坑支护的有效性，进而保障工程施工的顺利开展。项目执行国家或行业现行有关规范、标准，按法律、法规和国家关于工程质量保修的有关规定，对交付发包人使用的工程在保修期内承担相关服务及质量保修责任。遵守质量保修书的规定，对于保修项目，进行维修时做到经质监、监理和建设单位认定合格为止。

7.3 防洪评价专题特点及关键技术

7.3.1 防洪评价专题特点

各老旧防洪排涝泵站的防洪评价工作应包含以下内容。

（1）收集柳州水文站及临近水文站水文资料，分析计算柳江河段、各泵站涉及河流主要控制断面设计洪水。

（2）收集主体工程设计报告、地质勘查报告及图纸。

（3）依据设计洪水成果，建立一维水动力模型，分析计算各泵站工程区涉及河段在工程建成前后水面线，并比较工程建成前后水位变化情况（壅水），分析评价工程建成后的淹没影响。

（4）建立二维数学模型，分析计算各泵站区工程建成前后各主要河段流态分布、流速大小及变化情况，据此评价项目实施后对河势稳定的影响。

（5）根据各泵站涉及河流河道布置、设计洪水成果、二维模型计算成果，利用河床一般冲刷、工程局部冲刷、岸坡冲刷等规定计算各泵站区建成后河床、岸坡冲刷情况，根据泥沙情况分析工程建成后河道淤积影响。

（6）根据工程总体建设内容及河道断面分析计算工程建成后主要建筑物及岸坡稳定情况。

（7）收集项目范围内的规划资料及现有的桥梁、码头、过河线缆、取水口、退水口、水文设施等涉水工程资料，分析该项目是否与现有的规划和现有水利工程有矛盾，是否对第三者合法水事权益产生影响。

（8）依据得出的影响结论，对受影响桥梁、码头、取退水口、水文设施、过河线缆及受淹农田耕地建筑等提出消除和减轻影响的措施。

7.3.2 防洪评价专题关键技术

7.3.2.1 设计洪水计算

依据收集到的水文资料进行水文分析计算，进行流域设计洪水计算。设计洪水计算采用实测洪峰流量推求、实测暴雨量推求等两种方法，并对计算所得设计洪水成果进行合理性分析。

7.3.2.2 设计洪水水面线计算

依据各泵站工程布置情况，分析计算 2 年一遇至 100 年一遇等不同频率下柳江河段建成前后设计洪水水面线成果。

现状设计洪水水面线按照现状河道地形剖取计算断面，利用现状设计洪峰采用一维水力学方法进行计算。

工程建成后设计洪水水面线采用工程建成后断面结合各频率设计洪水成果采用一维水力学方法进行计算。

设计洪水水面线分别依据泵站运行调度方式进行推求，水面线起推水位采用泵站泄流曲线成果推求。

水力计算采用河道恒定流水面线计算的方法，从下游分段累计推算上游断面水位。根据《水力计算手册》（第二版）河道恒定流水面线推求公式如下。

$$z_1 + \alpha_1 V_1^2/2g = z_2 + \alpha_2 V_2^2/2g + h_f$$

式中　　　　z_1、z_2——上游断面和下游断面的水面高程或水位；

$\alpha_1 V_1^2/2g$、$\alpha_2 V_2^2/2g$——上游断面和下游断面的流速水头；

　　　　　　　　　　α 动能修正系数；

　　　　　　　h_f——此河段水流的沿程水头损失和局部水头损失。

7.3.2.3　壅水分析计算

采用一维、二维模型进行壅水分析计算，比较工程建成前后河段水位前后变化情况，分析工程建成后淹没情况，统计淹没区耕地、房屋、现有桥梁、码头、涉河线缆、取退水口、水文设施等情况，分析评价工程建设产生的壅水影响，并据此提出相应补救、补偿措施。

7.3.2.4　二维模型计算

为了分析项目建设前后河道不同位置的水位、流速场分布、变化情况，需要建立二维模型对水流流态进行分析模拟，二维数学模型计算采用 riverflow-2d 软件，该软件是河流、洪泛区和河口二维有限体积模型，包括水动力，泥沙和污染物运移和溢油模块。riverflow-2d 可以模拟江河洪水，也可以模拟复杂地形淹没，具有较高的稳定性和精度。模型计算方法为采用单元中心的有限体积法对二维浅水控制方程组求解。

二维数学模型基本方程如下。

$$\frac{\partial Z}{\partial t} + U^2 \frac{\partial}{\partial x}\left(\frac{hu_x}{U}\right) + U^2 \frac{\partial}{\partial y}\left(\frac{hu_x}{U}\right) = Q \tag{1}$$

$$\frac{\partial u_x}{\partial t} + Uu_x \frac{\partial u_x}{\partial x} + Uu_x \frac{\partial u_x}{\partial y} + u_x^2 \frac{\partial U}{\partial x} - u_x u_y \frac{\partial U}{\partial y} + gU \frac{\partial Z}{\partial x} + \frac{gu_x \sqrt{u_x^2 + u_y^2}}{C^2 h} = 0 \tag{2}$$

$$\frac{\partial u_y}{\partial t} + Uu_x \frac{\partial u_y}{\partial x} + Uu_y \frac{\partial u_y}{\partial y} + u_y^2 \frac{\partial U}{\partial y} - u_x u_y \frac{\partial U}{\partial x} + gU \frac{\partial Z}{\partial y} + \frac{gu_y \sqrt{u_x^2 + u_y^2}}{C^2 h} = 0 \tag{3}$$

式中　x——计算网格 x 坐标；

　　　y——计算网格 y 坐标；

　　　t——时间变量；

　　　u_x——x 方向的流速；

　　　u_y——y 方向的流速；

　　　h——水深；

　　　z——水位；

　　　g——重力加速度；

　　　Q——流量；

　　　U——势流流速；

　　　C——谢才系数，$C = R^{1/6}/n$

　　　n——河床糙率系数。

7.3.2.5　冲刷计算、岸坡稳定计算

依据各泵站工程布置进行河道内冲刷计算，岸坡冲刷主要内容为易坍塌的河段，河

床冲刷主要为工程建成后河床部分，局部冲刷主要为梯级枢纽等建筑物布置处的局部冲刷计算。

岸坡稳定分析主要计算工程是涉及河段岸坡稳定情况。采用北京理正软件设计研究院开发的边坡稳定分析进行计算，计算公式依据《水利水电工程边坡设计规范》（SL 386—2007）附录 D 抗滑稳定计算。

计算方法采用简化毕肖普法滑动计算法，公式如下。

$$K = \frac{\sum \{ [(W_i + V_i + P_i \sin\beta_i) \sec\alpha_i - u_i b_i \sec\alpha_i] \tan\varphi'_i + c'_i b_i \sec\alpha_i \} / (1 + \tan\alpha_i \tan\varphi'_i / K)}{\sum [(W_i + V_i + P_i \sin\beta_i) \sin\alpha_i + M_{Q_i}/R - P_i h_{P_i} \cos\beta_i / R]}$$

K——抗滑稳定安全系数；

W_i——第 i 条块重力（kN）；

P_i——作用于第 i 条块的外力（不含坡外水压力）（kN）；

V_i——第 i 条垂直地震惯性力（kN），（V 向上为"—"，向下为"+"）；

u_i——第 i 条作用于土条底面的孔隙压力（kN/m²）；

α_i——第 i 条块重力线与通过此条块底面中点的半径之间的夹角（°）；

β_i——第 i 条块的外力 P_i 与水平线的夹角（以水平线为起始线，顺时针为正角，逆时针为负角）；

b_i——第 i 条块宽度（m）；

c'_i、ψ'_i——第 i 条土体底面的有效凝聚力（kN/m²）和有效内摩擦角（°）；

M_{Q_i}——水平地震惯性力对圆心的力矩（kN·m）；

Q_i——第 i 条水平地震惯性力（kN），（Q_i 向与边坡方向一致为"+"，反之为"—"）；

R——圆弧半径（m）。

7.4 水工建筑外观设计技术

为突破水工建筑"傻大粗笨"的建筑形象，选用个性鲜明且具有象征意义的岭南风格建筑形式，在满足运行使用功能的同时，彰显独特的建筑风格及文化气息，体现了简洁、清晰、高效、美观的设计理念。

建筑整体呈矩形，采用中式仿古建筑及新中式建筑风格，总体的比例色彩偏向于理性，采用冷色剂浅色基调，与周边其他建筑群和谐统一。细部处理引入"三阶重轩，镂槛文楯"等丰富的立面变化，配以棕色系木纹格调，展现出细腻的古建筑标准元素。建筑采用以景观为导向的立面设计，以有韵味的中国风元素穿插为主要造型元素，在有节奏的变化中增加沉稳色块，稳重中更突显古色古香。体现较强归属感的地域文化，地方文化特色的乡土建筑韵味。把具有柳州特色的建筑语言、地方材料运用到了泵房、排涝闸启闭机房建筑设计之中，营造"如鸟斯革，如翚斯飞"的古建筑特有的轻盈而又沉重、两侧生起的视觉感受。

建筑设计方案是在满足水利设计要求及项目各阶段批复要求的基础上，对上部建筑外形进行设计方案比选，为满足市政景观协调的要求，满足总体规划的要求而进行的专题设计。总体上应该满足以下要求。

7.4.1 平面设计

泵房建筑设计与市政及"堤路园"总体规划相协调，设计采用中式仿古建筑及新中式建筑风格，厂区消防通道结合厂区道路环绕泵房布置。泵站前池及厂区采用通道除消防通道外，另设置连廊连通。整体平面布置结合原有厂区及征地布置，以满足平面布置美观、整洁、大方的要求。

7.4.2 立面设计

建筑整体呈矩形，采用中式仿古建筑及新中式建筑风格，总体的比例色彩偏向于理性，采用冷色及浅色基调，与周边其他建筑群和谐统一。细部处理引入古建筑标准元素，采用棕色系木纹格调，丰富立面变化。

建筑采用以景观为导向的立面设计，以有韵味的中国风元素穿插为主要造型元素，在有节奏的变化中增加沉稳色块，稳重中更凸显古色古香。体现较强归属感的地域文化、地方特色的乡土建筑韵味。把具有柳州特色的建筑语言、地方材料运用到泵房建筑设计之中，营造富有诗意的视觉享受（图7-4-1～图7-4-13）。

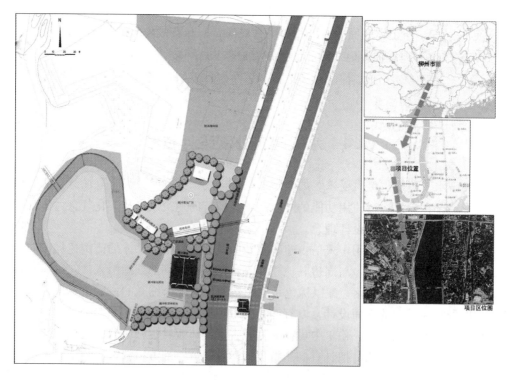

图 7-4-1　总体布置示意图

图 7-4-2 设计方案效果示意图（一）

图 7-4-3 设计方案效果示意图（二）

图 7-4-4　设计方案效果示意图（三）

图 7-4-5　设计方案效果示意图（四）

图 7-4-6　设计方案效果示意图（五）

图 7-4-7　设计方案效果示意图（六）

图 7-4-8　设计方案效果示意图（七）

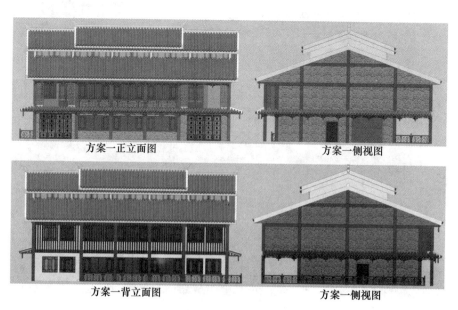

方案一正立面图　　　　　　　　　方案一侧视图

方案一背立面图　　　　　　　　　方案一侧视图

图 7-4-9　设计方案立面效果示意图（一）

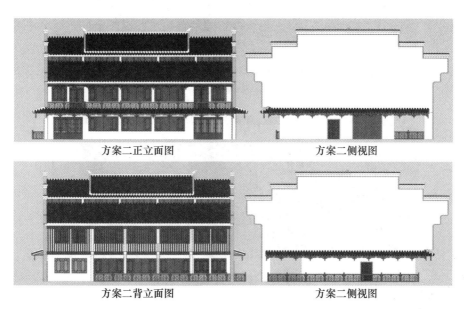

方案二正立面图　　　　　　　　方案二侧视图

方案二背立面图　　　　　　　　方案二侧视图

图 7-4-10　设计方案立面效果示意图（二）

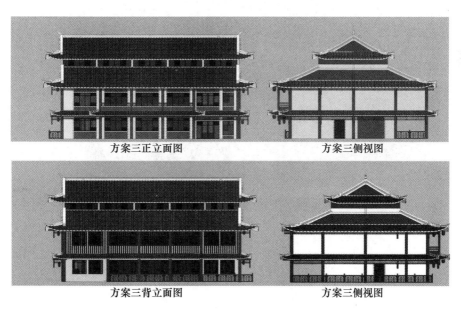

方案三正立面图　　　　　　　　方案三侧视图

方案三背立面图　　　　　　　　方案三侧视图

图 7-4-11　设计方案立面效果示意图（三）

图 7-4-12　辅助设施效果示意图

图 7-4-13　总体设计效果示意图

8 各专业勘测设计技术要点

8.1 勘察技术要点

8.1.1 对勘察特点的认识

8.1.1.1 地形地貌

泵站改造项目位于柳州市市区内，临近柳江，地势较为平坦，各泵站场地基本位于柳江Ⅱ级阶地前缘，周边建筑物密集分布，现状高程与原始高程相差不大，场地稳定性较好。

8.1.1.2 地层岩性

根据收集到的已建泵站的勘察及竣工资料，主要地层分布如下。

（1）压实填土：红褐色、褐黄色，稍湿，致密，压实，手搓可成长条状，指压不易变形，切面光滑，无摇振反应，干强度及韧性高。为堤身周围开挖回填土或土料场碾压堆填。主要存在于堤身位置及堤内侧原有道路下方。

（2）素填土：红褐色、褐黄色，稍湿，较疏松，欠压实，为堤身周围开挖回填土或土料场堆填。主要分布于堤外侧。

（3）淤泥：灰褐、灰黑色，软塑至流塑，饱和，分布在沟底、河底。

（4）粉土：褐黄色、灰黄色、稍湿、硬塑状态，上部较疏松，往下逐渐密实。本层在江岸有分布。

（5）粉质黏土：褐色、褐黄色、稍湿，硬塑状态。位于Ⅱ级阶地上。

（6）黏土：黄红色、黄色、稍湿，硬塑。位于Ⅱ级阶地上。

（7）含碎石黏性土：褐黄色、黄色、稍湿至湿，硬塑。主要以黏土、粉质黏土组成，夹碎石，碎石碎块部分棱角明显。为基岩风化残积土。

（8）基岩：为石炭系灰岩、白云岩，弱风化，浅灰色。

8.1.1.3 水文地质条件

1. 地下水特征

黏土、粉质黏土及含碎石黏性土广布于工程区，仅在冲沟范围有少量第四系全新统冲积物砂质黏土、粉细砂。黏土、粉质黏土及含碎石黏性土，为微透水的相对隔水层，粉土粉砂为弱透水层。场地广布的黏性土层中仅局部有上层滞水，粉土中赋存地下水，但分布范围不大。工程区黏性土层中上层滞水受大气降水、人类生产生活废水补给，其余地下水为大气降水及河水补给，与河水有直接的水力联系。岩溶水主要分布于可溶性岩石的岩溶溶洞及岩溶裂隙中，含水量受岩溶发育程度及连通程度影响，水量分布极不均匀，局部地段形成地下河。

2. 水的侵蚀性评价

本区水文地质条件简单,参考附近工程水样试验成果,工程区地表水及地下水对混凝土无侵蚀性。

8.1.1.4 不良地质作用

根据已收集到的资料,场地及邻近区域不存在滑坡、泥石流、崩塌、危岩、地裂缝、地面沉降等不良地质现象。

8.1.1.5 场地稳定性及适宜性

柳州市市区场地无深大活动性断裂构造通过,不存在崩塌、地面沉降、泥石流等不良地质作用和地质灾害以及沟浜、墓穴、防空洞、孤石等不利埋藏物,场地基本稳定。地形较平坦,局部存在一定起伏,岩土层种类较多,分布较不均匀,工程性质良好,地下水对工程建设影响较小,地表排水条件尚可,场地相对平整较简单,地基条件和施工条件一般,工程建设可能诱发次生地质灾害,可采取一般工程防护措施,地质灾害治理简单,工程建设适宜性定性判定为较适宜。

8.1.2 勘察关键部位

8.1.2.1 地下管线分布

各泵站基本位于柳州市市区,周围建筑分布密集,交通基础设施较为发达,地下管线错综复杂,纵横交错。项目涉及深基坑开挖设计施工,需要在勘察阶段对地下管线分布进行针对性调查,查明地下管线的具体深度及范围,确保设计和施工避开地下管线。

8.1.2.2 岩溶作用

工程区为浅覆盖型及深覆盖型岩溶区,岩溶发育等级为弱发育及中等发育,覆盖层为第四系冲积层的黏性土及砂、砾砂、圆砾卵石及溶余堆积物红黏土,可能对拟建工程场地或其附近存在对工程安全有影响,因此需要查明工程范围及有影响地段的各种岩溶洞隙和土洞的位置、规模、埋深、岩溶堆积物性状和地下水特征,对地基的设计和岩溶的治理提出意见。

8.2 设计要点及关键技术

8.2.1 工作目标

总体目标:在满足防洪、治涝等基本功能及行洪安全的前提下,更换水力机械和电气设备,金属结构维修加固;排除安全隐患,恢复泵站正常运行功能;实现泵站自动化,为下一步智慧水利打下坚实基础。系统服务于柳州市防洪排涝工程,提高防洪排涝工程运行质量和管理水平,为后期实现柳州市防洪调度信息化管理系统提供基础技术支持。

具体目标:实现各泵站及闸站综合自动化监控、安防视频监视。实现内外江水位监测、水泵流量监测,主要电气设备监控、保护,控制设备供电及站内通信,达到"无人值班少人值守"的运行管理水平。在对原有老旧、故障、淘汰设备进行更换的同时,解决各泵站现状完全依赖人工操作的缺陷,统筹建设自动化监控系统,实现监控系统配套工程，包括通信光缆、机房装修、综合布线、泵站站内通信、安防视频等工程建设。

8.2.2 对防洪排涝设施升级改造的总体认识

柳州市老旧的防洪排涝设施主要有新江泵站、香兰泵站、回龙冲泵站、雅儒泵站、华丰湾泵站、福利院泵站、三中泵站、冷水冲泵站；新江防洪闸、香兰防洪闸、回龙冲防洪闸、雅儒防洪闸、华丰湾防洪闸、二纸厂防洪闸、化纤厂防洪闸、福利院防洪闸、三中防洪闸、冷水冲防洪闸，以及云头村泵站、独木冲泵站、白露沟泵站、木材厂泵站、水电段泵站、柳州饭店泵站、锌品厂泵站、化纤厂泵站、三棉厂泵站、友谊桥泵站、三桥东泵站、目估冲泵站、王家村泵站、河东桥泵站、静兰下泵站、航道泵站、新江泵站、香兰泵站、福利院泵站等缺失泵站信息自动化的系统改造，分布于广西壮族自治区柳州市柳北区、柳南区、城中区、鱼峰区等市区，基本囊括了整个柳州市市区（图 8-2-1）。

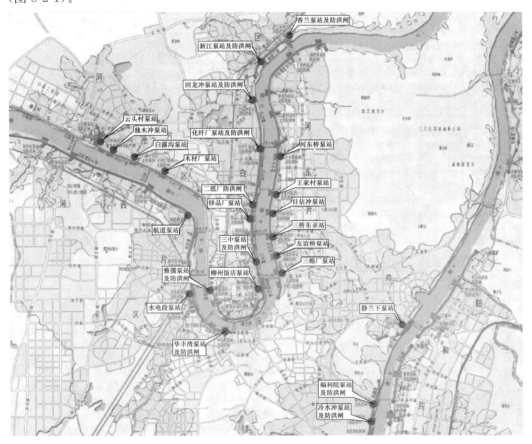

图 8-2-1 项目所在地区位示意图

8.2.3 设计重点及难点

8.2.3.1 工程规模

项目的工程规模涉及工程等别、建筑物级别的确定，对工程复核计算分析的影响巨大，是可行性研究、初步设计工作开展的前提，因此对工程规模的复核是项目设计工作的关键技术问题。

工程规模的复核应以泵站现状为基础,根据泵站所在地最新的已批复的防洪、排涝、灌溉等规划,结合城市规划、国土空间规划,分析确定泵站未来运行中所遭遇的水位组合、特征扬程及流量等,为建筑物、机电设备及金属结构复核提供计算依据。

8.2.3.2 资料的收集,为结构计算分析提供基础数据

泵站现状调查收集的资料应真实、完整、客观,满足泵站结构计算分析的需要。

资料收集宜包括:原设计、施工资料;更新改造资料;运行与技术管理资料;泵站所在地及受益区的水文、水情及规划资料;其他相关资料。

8.2.3.3 对泵站存在的问题及安全隐患进行全面检查,为泵站改造提供依据

在分析现状调查收集资料的基础上开展现场调查工作,全面了解泵站工程实际状态,有针对性地重点检查建筑物、机电设备和金属结构的薄弱和隐藏部位,对检查、观测和试验中发现的问题和缺陷,分析其产生的原因和对泵站运行、效益发挥等方面的影响。根据分析结果,提出对建筑物、机电设备和金属结构进行大修、加固、改造或更新的建议以及在更新改造前采取的安全措施等建议。

8.2.3.4 主泵房整体稳定、抗渗稳定和结构强度复核

整体稳定性包括抗滑稳定、不均匀沉降计算,根据竣工图册、现场钻孔资料,结合现场实际及泵站技术改造情况,计算各工况下的受力,复核泵站的整体稳定、抗渗稳定;主泵房结构强度主要复核泵房底板、墩墙和水泵层楼板、吊车梁和牛腿、水泵梁和电机梁、厂房框排架。计算采用手工及软件(理正结构工具箱 7.0PB1、PKPM2021V1.3.1.2)相结合的方式进行复核,确保复核结果的准确性,以便得出准确的安全评价,为泵站更新改造提供依据。

8.2.3.5 主机组选型

柳州市抽排泵站所使用的抽排机组特点是扬程低、流量大、年运行时间短,可靠性、经济性要求高。为保证建成后的泵站在运行时具有高可靠性和较高效率,确保水泵稳定、高效运行,因此在选择泵型时遵循以下原则。

(1)泵型特点符合项目实际特点,因地制宜,方案最优。

(2)符合现行国家和行业规程、规范。

(3)选用汽蚀性能好的水泵模型。

(4)满足处理量抽排要求,水泵具有较高的效率,最小和最大扬程下能安全稳定地运行。

(5)装机台数适宜,满足流量变化和运行调度的要求。

(6)选用同型号的水泵。

(7)机组安装、检修方便,运行管理方便。

(8)能够连续运转时间长,振动噪声小。

8.2.3.6 外电复核

扩容改造增加较多的机组,有可能会导致原有外部供电线路不能满足扩容改造后泵站需求,为保证机组能正常运行,需要对外电进行复核,根据复核结果决定是否更换外电。

8.2.3.7　闸门强度复核

柳州市老旧泵站、防洪闸多建于 20 世纪末 21 世纪初，经过 20 多年运行，闸门腐蚀老化，因此需要对闸门强度进行复核，根据复核结果，决定是否更换闸门，或进行防腐。

闸门强度复核包括焊缝质量、馀余厚度和防腐涂层厚度的复核，结合现场安全检测数据，对闸门强度进行分析计算。

8.2.4　测量专业工作

8.2.4.1　工作内容

测量作业的主要任务是平面控制测量、高程控制测量、1∶500 数字化地形图测量、对设计人员要求的部分特殊位置进行 1∶200 地形图测量、纵横断面测量等。

8.2.4.2　资料利用

可根据实际需要，购买 1∶10000 地形图作为图上初步控制选点和安排生产用图，也可以通过奥维地图的影像数据开展调查服务。

8.2.4.3　平面坐标系统和高程系统

（1）平面坐标系统：采用 2000 国家大地坐标系，1.5 度带，中央子午线 109 度 30 分。

（2）高程系统：采用 1985 国家高程基准，基本等高距为 1m。

8.2.4.4　成图方法、测图比例尺

（1）成图方法：全解析法数字化成图。本测区地形图采用全野外数字化成图方法；内业编图采用南方 CASS 成图软件。

（2）测图比例尺：主要以 1∶500 比例尺为主，部分地方根据设计要求进行 1∶200 或者更大比例尺测图。

8.2.4.5　数字化地形测量基本精度要求

1. 控制测量精度要求

E 级点点位中误差不得大于 2cm，图根控制点最弱点相对于起算点的点位中误差不得大于 5cm。

图根点高程中误差不得大于测图基本等高距的 1/10。

2. 数字地形图精度要求

（1）平面精度：测站点相对于邻近图根点的点位中误差不得大于 30cm；平地、丘陵地的地物点相对于邻近图根点的点位中误差不得大于 50cm，邻近地物点间距中误差不得大于 40cm；山地、高山地的地物点相对于邻近图根点的点位中误差不得大于 75cm，邻近地物点间距中误差不得大于 60cm。

（2）高程精度：平原地高程注记点相对于邻近图根点的高程中误差不得大于 30cm。其他地区等高线插求点相对于邻近图根点的高程中误差：平原地不得大于测图基本等高距的 1/3；丘陵地不得大于测图基本等高距的 1/2；山地不得大于测图基本等高距的 2/3；高山不得大于测图基本等高距。

对森林隐蔽等特殊困难地区，可按上述平面、高程精度的规定放宽至 50%。

8.2.4.6 控制测量

测量工作必须遵循"由整体到局部，先控制后碎部，从高级到低级"的原则，先建立整体控制网，然后根据控制网进行碎部测量。测区为带状地形，控制网采用边连式布网观测。

1. 布网选点要求

1）首级控制点

测区布置 E 级 GPS 控制点。点位应选在稳固、易于设站和扩展，通视良好、能长久保存的地方。GPS 观测点位应满足 GPS 信号接收的需要，视场内不应有高度角大于 15 度的成片障碍物，点位应远离高压线和大功率发射源。不要求每个控制点都通视，但每一点应至少和周边中的一点通视，方便后期地形测量工作的开展。

2）图根控制点

图根点是直接供测图使用的平面和高程依据，在高等级控制点基础上加密布设，每平方千米的图根点密度一般不少于 30 个，地形复杂、隐蔽区，应以满足测图需要为原则，视具体情况适当加大密度，图根点一般用临时标志。不要求全部通视，但每一点应至少和周边中的一点通视（含首级 GPS 点）。

2. 控制点标石规格和标石整饰

控制点标石采用现场埋石浇筑或刻石。浇筑统一规格：上底为 15cm×15cm，下底为 18cm×18cm，高 40cm，中间插入标心为直径 10mm 十字钢钉。刻石规格：20cm×20cm，刻痕深 2～3mm，用带十字的钢钉作为其中心标志，点号同时朝北刻制，用红油漆填充刻痕。GPS 点号前冠测区名拼音首字母 E，后加两位自然数编号，如 E01。

图根点可在水泥地面刻石或土质坚硬处打稳固木桩，带十字螺丝帽的螺丝钉，喷涂红油漆。图根点号前冠 T，后加三位自然数编号，如 T001。

不同等级的控制点的编号可空号，不得重号。

3. 平面控制测量

GPS 控制测量按国家 E 级网要求施测。静态测量仪器采用华测系列 GPS 接收机。GPS 测量解算及平差软件采用华测 GPS 静态后处理软件。

施测前通过影像图制定观测计划，根据设计的 GPS 控制网布设方案、精度技术要求、GPS 接收机数量、后勤交通、通信保障条件等制定测量计划，包括确定工作量、选择观测时段及人员设备车辆调度等。

首级平面控制采用 8 台 GPS 接收机按静态定位模式观测，接收机的平面标称精度为 $\pm$（$5mm+10\times10^6\times D$）mm。GPS 测量具体技术指标见表 8-2-1。

表 8-2-1 GPS 测量具体技术指标

项目	规范要求指标	实施技术指标
卫星高度角	$\geqslant15°$	$\geqslant15°$
数据采样间隔	15sec	10sec
有效观测卫星个数	$\geqslant5$	$\geqslant6$
观测时段长度	$>1h$	1.5h
GDOP 值	$\leqslant6$	$\leqslant6$

GPS 外业观测时应按以下要求进行作业。

（1）制定严格的外业观测计划，按计划进行观测，以确保在规定时间内完成规定的观测内容。

（2）到达控制点后，先检查接收机各项连接，确定无误后方可开机，避免因接线不当引起的错误。

（3）开机后应检验各项指示灯显示是否正常，确定都正常时方可按下数据接收按钮接收数据。

（4）观测员在每时段观测前后应各量取天线高一次，两次量高之差应不大于 3mm，取平均值作为最终天线高记录。如误差超限，应查明原因，必要时需重新测量。

（5）观测过程中防止接收设备震动，防止人员和其他物体碰动天线或阻挡信号，更不得移动。

（6）观测过程中，不得在 GPS 接收天线附近 10m 内使用对讲设备，不得在 50m 范围内使用电台，以免对信号产生电磁干扰。

基线向量解算采用华测 GPS 静态后处理软件进行，其基线向量解算值均采用双差固定解。对于处理结果质量指标不合要求的基线均进行重测，并对同步观测独立闭合差和异步观测闭合差及复测基线较差进行检核，以最终确定基线的观测质量。

E 级 GPS 网平差，首先进行 WGS-84 系的三维无约束平差，分析独立基线的观测精度和网的内符合精度，然后再以已知的控制点进行约束平差，最后解算出 2000 国家大地坐标。

4. 高程控制测量

GPS 定位测量不仅能得出 GPS 点的平面位置，还能得出大地高程。但是大地高程是以所取的椭球面上的法线为依据的，并非工程上所需水准高程（正常高程）。为此，需对部分 GPS 点进行水准测定其正常高程，从而获得这些点上的高程异常，以便能用曲面拟合法来推估其余 GPS 点的正常高程。所选联测的 GPS 点必须在 GPS 网图上密度适当、分布均匀。

水准测量采用四等水准测量。为避免单个水准点高程有可能不可靠，应采用符合水准路线联测 2 个以上水准点。

5. RTK 图根控制测量

图根控制测量主要采用 RTK 方式取得。

（1）每天观测均需使用三脚架架设仪器且量取 2 次仪器高程，2 次度数差不大于 3mm，取中数输入 RTK 接收机中。

（2）数据采集过程中需填写观测记录，平面和高程记录精确至 0.001m，天线高量取精确至 0.001m。

（3）RTK 控制点测量转换参数的求解可在现场通过校正的方法获取。

8.2.4.7 数字化地形测量

1. 野外数据采集的原则

采用南方公司数字化成图软件 CASS，全野外采集数据，全要素 1：500 数字化地形图分层，按测绘成图软件编码表执行。

2. 野外数据采集的技术要求

（1）仪器对中误差应不大于 5mm。RTK 校正后应再测一次控制点，保存，确保坐标、高程无误，以附近另一控制点作校核，误差应不超过 5cm。

（2）用全站仪地形地物点时，测站至地物点的距离一般不超过 160m，测站至地形点的距离一般不超过 250m，最长不超过 300m，应遵守"看不清不测"的原则。

3. 野外数据采集

在空旷地区且能满足 RTK 测量条件的地方直接采用 RTK 技术采集碎部点三维坐标数据，并将采集的碎部点按编码存入电子手簿。

在居民区或 RTK 信号较差或人员难以到达的地方，采用全站仪采集数据，并现场绘制对应草图。

项目用地范围内的各类建筑物、构筑物及主要的附属设施均应测绘，破旧的临时性地物（破旧临时工棚、移动房、凌乱电线杆等）以及附着在建筑物上面的电力线、通信线、有线电视线等可舍去；建筑物、构筑物轮廓点凹凸在图上小于 0.3mm 时，可用直线连接。

房屋应输入层数、建筑材料。房屋以墙基脚为准（外墙勒脚线以上），逐间测量表示；房屋根据结构和层次分开表示，混成一体的建筑物，层次比较清楚的，应尽量分层测绘，分层表示困难时，以主体建筑层数注记；层数相近而又较难分割的，也可以按占地面积较大的层数注记。房屋飘出部分，其凹凸部位小于 0.5m 时，可综合表示；飘出宽度小于 0.8m 时，可不表示；落地阳台综合以房屋表示。房屋结构按图式规定表示，即注混凝土、混、砖等。

独立地物能依比例尺表示的，应实测外廓，中间配置相应符号表示。不依比例尺表示的，应准确测定其定位点或定位线，用不依比例尺符号表示。

管线直线部分的支架（杆）和附属设施密集时，可适当取舍；某两个支架（杆）间有多种线路时，以综合线表示，其他线路不表示。

水系及附属设施应按实际形状测绘，有名称的加注名称，双线水沟（渠）应测注沟（渠）底高程；堤坝应测注顶部及坡脚高程。

交通及附属设施的测绘，图上应准确地反映陆地道路的类别和等级，附属设施的结构和关系；正确处理道路的相交关系及与其他要素的关系。所有道路均应实测标示，并注记路名、路面材料；路面材料分为水泥、沥青、碎石、砾石和土等。

地貌和土质的测绘，图上应正确表示其形态、类别和分布特征。地貌一般以等高线表示，明显的特征地貌应以符号表示。应重视山顶、鞍部、凹地、山脊、山谷及其他地形变换点的测绘。施工地、乱挖地、填土区可不绘等高线。

地形图上应正确反映出植被的类别特征和范围分布。

对各种名称、说明注记和数字注记准确注出。图上所有居民地、道路、街巷、河流等自然地理名称，以及主要单位名称，均应调查核实，并正确注记。

水上测量时，要注意行船安全，雇佣合格的师傅作为船长，船上所有人听从船长指挥。

4. 测量数据的计算机处理和数字化制图

每天外业测量结束，需将 RTK 或全站仪记录数据传输至计算机，对采集的数据进行检查，删除错误数据后，将数据格式转换成南方 CASS 软件数据格式，利用软件展绘野外采集的数据点号和高程。

对照野外绘制的草图，利用展绘到计算机软件上的点号（或编码）进行地形图的绘制、编辑，根据相应图式、规范和设计书要求对地物进行分层、编码等。

所有控制点都要按图式精确展到图上。

8.2.4.8　纵横断面测量

项目直接按初步设计阶段测绘深度施行，根据设计和地质勘探的需要实测一条横断面。中线穿越道路、建筑物、水域、坡坎等地形变化处应加桩。纵横断面测量要求能真实反映地形地貌，变坡点取点合理。纵断面、横断面测量主要采用 GPS-RTK 进行数据采集，横断面测量垂直防洪堤轴线，沿防洪堤轴线按桩号从小到大进行，对于个别地区通视条件不良好的，则采用全站仪光电测距极坐标法。对防洪闸门需要根据设计以及地质具体要求，另外实测纵横断面。

8.2.4.9　质量、进度、安全保证措施

制定项目技术设计书：根据客户资料与任务要求，编写项目设计书，包括任务概述、已有资料情况、成图基本规定、作业依据、作业流程及技术要求、质量控制、提交成果及附表等。

制作项目进度表：项目进度表包括项目工作流程和每个流程计划所需的时间。

1. 质量管理

测绘质量是测绘生产过程、成果本身及后续服务质量的总和，建立质量责任制，增强质量意识，加强作业人员作业能力及自查自纠工作，加强作业人员对产品生产过程的检查和最终成果的检查。依据《数字测绘成果质量检查与验收》之规定，项目成果质量实行"两级检查，一级验收"方式进行控制。

1) 质量目标

(1) 数据成果：控制点布设要合理、观测要正确、记录要齐全规范、计算要正确，成果满足规范要求。

(2) 图件成果：地形图内容要完整、表示要合理、注记要标准。

(3) 文字成果：报告格式要规范、结构要清晰、内容要完整。

(4) 存储介质：存储介质要完好，成果光盘存储的数据成果要完整。

(5) 总体质量：最终成果质量要求达到优良。

2) 质量控制

(1) 作业和检查工作流程

组织作业人员学习和了解技术要求，作业、自查修改、填写作业传递卡，科室检查、记录作业差错漏、返回作业员修改并自查，科室复查作出质量评价，交上级查，对成果作出质量批次的评判。

(2) 作业方法的质量保障

工作开始前，应制定工作计划和实施方案与工作步骤指南，确保所有人员能掌握自己岗位的技术要求，发现问题及时纠正，推广先进作业方法，对实施方案进行优化、完善和维护。

(3) 生产过程的质量控制

作业中每道工序均进行质量检查，内、外业成果相互校核，用外业成果检查内业成

图质量。

（4）质量检查保障措施

执行国家《数字测绘成果质量检查与验收》（GB/T 18316—2008）等标准有关条款，最终检查必须严格按照有关依据进行，不放宽标准、降低要求，采用室内检查各项资料、上级抽样检查和实地检查验证的方法进行，检查比例不低于《数字测绘成果质量检查与验收》的规定。每个项目全过程严格采取"两级检查，一级验收"，即作业员自查，项目专职检查验收，上级对最终成果的检查验收，各级检查发现的问题及时改正。

2. 产品安全措施

组织所有参加测绘项目人员认真学习《中华人民共和国测绘法》《中华人民共和国保守国家秘密法》等测绘法律法规，增强保密观念，自觉维护测绘成果。完善安全责任制，把安全保密工作列入其岗位职责中，任何人不得向外泄密。加强成果资料、数据的保管、备份。

8.2.4.10　成果提交

对存在的问题进行全面修改完善，经最终检查合格或验收合格后，整理装订资料，测绘资料成果提交测绘技术总结、控制点成果、地形图成果图册、纵横断面成果。

8.2.5　勘察专业工作

8.2.5.1　工作方法

根据招标文件的要求，严格遵照《水利水电工程地质勘察规范》（GB 50487—2008）、《堤防工程地质勘察规范》（SL 188—2005）等有关规范进行勘察，勘察以钻探、工程地质测绘为主，结合现场原位测试和室内土工试验方法，进行综合分析与评价。

8.2.5.2　地质现状调查分析依据

现行国家及行业相关规范：《水利水电工程地质勘察规范》（GB 50487）以及《堤防工程地质勘察规范》（SL 188）等。

8.2.5.3　勘探点布置

平面布置：依据鉴定要求设置若干勘探断面，每座泵站、排涝闸按建筑物四角布置地质调查分析钻孔，从而更好地进行现状调查分析。

8.2.5.4　勘察工作要求

1. 钻探

1）设备

拟投入设备能综合使用钻探、触探、取样和标准贯入等手段，其精度性能指标经检验合格，满足工程地质勘察工程需要。在钻探结束后，进行复测收取钻孔坐标与高程。

2）开孔口径与终孔口径

钻孔开孔口径以钻探目的、规范规定和钻进工艺等确定。采取原状土样和进行原位测试的钻孔，终孔口径不小于110mm，仅需鉴别地层的钻孔，终孔口径不小于75mm。

3）钻进方法

钻进方法根据现场实际地层情况及技术难易度要求而定。

4）岩芯采取注意以下几个方面

（1）岩芯钻探的技术孔回次进尺控制在 1.0m 以内；一般孔回次进尺可控制在 2.0m 以内，但不得超过岩芯管的 2/3。钻进深度，岩、土层分层深度测量误差范围控制在±0.05m。钻孔应保持垂直，垂直度不小于 89°，各班指定专人在现场跟班及时做好原始记录，原始记录要做到真实齐全、准确、整洁。

（2）岩芯采取率，对于黏性土、风化岩层取芯率不得低于 90%，对于填土、粉细砂层取芯率不得低于 60%。岩石中可采用单动双管钻具，以保证岩芯采取率不低于 80%。

5）孔内观测与记录

严格按规范规定及技术要求确定，特别注意以下几个方面。

钻进中遇到地下水时，应停钻测量初见水位及静止水位并做好记录。若场地有两层或两层以上含水层，应分别量测并记录。

钻进过程中遇到涌水、涌砂、掉块、坍塌、缩径、裂隙及钻具掉落等异常现象时，应及时记录其深度。

2. 岩芯编录

工程地质编录前应详细检查班报表记录，岩芯长度、编号，岩芯是否颠倒以及是否作简易水文观测等。在此基础上，对岩芯进行详细观察描述。钻探成果应包括地质编录表、岩土芯样、钻孔柱状图、钻探点坐标、高程等。这些野外成果应有钻探班长、地质编录员、钻探负责人、地质负责人员签名。

3. 岩土定名

岩土定名，描述内容符号应符合《岩土工程勘察规范》（GB 50021—2001）（2009年版）有关标准的规定。最终应结合室内土工试验综合确定地层名称。

4. 取样

岩土层取样应有代表性，且保持均匀平衡，符合《堤防工程地质勘察规范》（SL 188—2005）要求。

1）原状土样

在技术孔中采取Ⅰ级原状土样，钻孔孔径为 110mm，采用干法钻进。取样前，应仔细检查取土器，确保取土器符合要求。放入取土器前应进行清孔，孔底残留土厚度不得超过 5cm。取土器放下后，应核对孔深与钻具长度进行校正。用静压方式或采用双动双管法采取Ⅰ级原状土样，取土器提出地面后应小心地将土样卸下，将上下两端各去掉约 20cm，将盒端盖严后，用粘胶带进行密封。

每个土样密封后应填贴标签，同时填写送样检验单。按土的上下位置置于湿度和温度变化小的环境，避免暴晒和雨淋，运输土样时，应小心装放，路途应避免颠簸，土样采取后试验时间不宜超过两周。

2）扰动样

在砂层和砾石中采取扰动土样，可直接从取芯管中凿取，取出后用袋装，每组 5kg，填贴标签与送样检验单。

3）水质分析样

选择有代表性的地质点、地表水点和地下水分别采取简分析样，取样空气采用塑料瓶，对于做侵蚀性试验的地下水样，在采取后应马上添加少量大理石粉并封袋，送样时间应不超过 24 小时。

5. 原位测试

根据岩土条件、测试方法的适用性，在黏性土、粉细砂层、泥岩、粉砂质泥岩层进行标准贯入试验，含砾石黏性土层应做重型圆锥动力触探试验。

1）标准贯入试验

一般在技术孔中进行，当钻至试验标高以上 15cm 处，应清除孔底残土后再进行试验。采用自动脱钩自由落锤法，并减小导向杆与锤间的摩阻力。

锤击时应避免偏心及侧向晃动，锤击速率应小于 30 击/min。贯入器打入土中 15cm 后，开始记录每打入 10cm 锤击数，累计打入 30cm 的锤击数为标准贯入击数。标贯试验间距为 2m。

2）圆锥动力触探试验

采用自动落锤装置贯入指标中，深度为 10cm 的锤击数。触探杆最大偏斜度应不超过 2%，锤击贯入应连续，同时应防止锤击偏心、触探杆倾斜及侧向晃动；锤击速度每分钟宜为 15～20 击。

6. 室内试验

室内试验方法、操作和试验仪器应符合现行国家标准《土工试验方法标准》（GB/T 50123—2019）的规定。

1）试验安排

勘察单位根据钻探进度及时把试验样品送交试验室进行试验，分项负责人应填好送样委托单交试验室，完成试验。

2）试验项目

严格按相关规范规定进行试验，具体项目如下。

（1）水化学分析

一般仅做简分析，具体有 Cl^-、SO_4^{2-}、HCO^{3-}、CO_3^{2-}、OH^-、Ca^{2+}、Mg^{2+}、NH_4^+、K^{2+}、Na^+、pH 值、侵蚀 CO_2、游离 CO_2、总矿化度。

（2）土的物理力学性质试验

填土：天然含水量、天然密度、压缩模量、压缩系数、直剪快剪的内摩擦角和黏聚力。

黏性土及粉土：液限、塑限、塑性指数、液性指数、比重、天然含水量、天然密度、孔隙比、压缩模量、压缩系数、固结试验、渗透系数（垂直、水平）、土的易溶盐分析、直剪快剪和不固结不排水三轴快剪的内摩擦角和黏聚力。粉土加做颗粒分析试验。

砂土：颗粒分析。

圆砾：颗粒分析，曲率系数 CC、不均匀系数 Cu。

按实际地层情况做土的腐蚀性试验。

（3）岩石的物理力学性质试验

强风化岩层：天然密度及天然抗压强度。

弱风化岩层：天然密度及饱和、天然抗压强度。

8.2.6　水文专业工作

8.2.6.1　工作方案

以"节水优先，空间均衡，系统治理，两手发力"的新时期治水思路为指导思想，以人与自然和谐相处为目标，以《中华人民共和国水法》《中华人民共和国防洪法》《中华人民共和国河道管理条例》等法律法规为指导，结合流域现状和规划情况，进行相应的气象、径流、洪水、泥沙及水利计算。

8.2.6.2　工作内容

1. 基础资料收集

（1）收集流域 1∶10000 地形图和河道范围内 1∶1000 地形图，需要包括已建道路、桥梁、排水口等设施的标高。

（2）收集柳州市和鱼峰区最新的社会经济统计年鉴，流域城区范围的控制性规划、路网规划、污水规划、排水规划、防洪规划、排涝规划、水系规划等。

（3）收集相关水文站长系列降水量资料，包括历年日降水量资料、降水量摘录资料、小时时段（1h、6h、24h）最大降水量资料等。

（4）收集现有的相关图集成果，如《广西水文水资源》（1975 年）、《广西水文图集》（1974 年）、《广西暴雨径流查算图表》（1984 年）、《广西暴雨统计参数等值线图研究》（2010 年）等。

2. 水文专业

（1）根据流域 1∶10000 地形图和排水规划图，量算现状和规划后的流域面积、主河道河长、河流平均坡降等特征参数，并基本明确天然、城区的划分。

（2）利用收集的降水资料，采用降水径流相关法进行流域年径流计算和径流年内分配，确定径流计算成果。

（3）进行流域历史洪水调查，说明历史洪水调查情况。

（4）对收集的暴雨资料进行三性分析，并计算设计暴雨成果；再采用常用的暴雨洪水计算方法计算全流域、流域内各断面设计洪水计算和洪水过程线，并进行合理性分析，确定设计洪水成果。

（5）根据施工时段安排计算施工期暴雨、施工期洪水。

（6）根据收集的相关图集计算流域泥沙，确定泥沙设计成果。

（7）进行水文部分章节的报告编制、图纸绘制。

8.2.6.3　进度计划

水文专业人员在合同签订后将迅速开展工作，按规定时间准时提交正式报告成果，报告通过招标人组织的专家评审后，将尽快对报告审查中专家提出的审查意见和建议进行相应修改完善报批，并通过审查部门审查合格。

水文工作任务主要有现场踏勘、收集资料；水文分析计算和水利计算、报告编写、图纸绘制、审查后修改等。根据水文工作内容和工作量情况以及调查服务的侧重点，拟定调查服务的进度安排情况如下。

（1）现场踏勘、基础资料收集：拟定在 7 日内完成。

（2）进行水文分析计算和水利计算，编制水文专业的报告和绘制报告附图。

8.2.6.4　水文自动测报系统

1. 系统设置的必要性

水情信息是各排涝设施防洪调度决策的主要依据，各流域洪水灾害频繁，对防汛工作应有足够的重视，要贯彻"以防为主，防重于抢"的方针。洪水预报调度系统是在计算机的监控下，利用有线或无线通信设备，配备必要的传感器和数据采集终端，对水文参数进行自动采集、传输、处理和实时洪水预报及水库现代化调度等内容的自动化系统。系统建成后，将大大地提高流域内暴雨洪水信息采集、传输、处理和预报的时效性和准确性，为洪水预报和防洪调度以及政府防汛抗洪指挥决策提供更加科学的依据，为防灾、抗灾、救灾争取时间，从而达到有效地防御洪水灾害，最大限度地减轻洪涝灾害的目的。

2. 信息传输及通信组网方式

水雨情数据传输常用的通信方式有公网无线 GSM/GPRS、超短波（UHF/VHF）、卫星通信等。

信息传输通信网从柳州市的实际出发，对柳州市现有的公共通信资源进行了详细调查。在充分利用公共通信资源的基础上，确定水情测报系统的通信方式。

柳州市现有通信资源比较充足，公网覆盖了全市区，公网资源主要包括程控电话（PSTN）、短信通信（GSM/GPRS）等。

目前柳江流域目前已建成柳州市防洪预警预报系统。该系统是由水情遥测、计算机广域网和洪水预报模型等子系统组成。

8.2.7 规划专业工作

8.2.7.1 基本资料

（1）水文资料。

（2）测量资料。

（3）地质资料。

（4）流域所在地社会经济资料。

8.2.7.2 工作内容

1. 基础资料收集

（1）收集流域 1:10000 地形图和河道范围内 1:1000 地形图，需要包括已建道路、桥梁、排水口等设施的标高。

（2）收集柳州市和鱼峰区最新的社会经济统计年鉴，流域城区范围的控制性规划、路网规划、污水规划、排水规划、防洪规划、排涝规划、水系规划等。

（3）收集相关水文站长系列降水量资料，包括历年日降水量资料、降水量摘录资料、小时时段（1h、6h、24h）最大降水量资料等。

（4）收集现有的相关图集成果，如《广西水文水资源》（1975 年）、《广西水文图集》（1974 年）、《广西暴雨径流查算图表》（1984 年）、《广西暴雨统计参数等值线图研究》（2010 年）等。

2. 工程任务及规模设计

（1）概述流域的自然地理和社会经济概况和社会经济发展规划，分析流域所在片区未来的发展定位对河道整治的要求。

（2）论述现状流域在防洪、河流连续性、水生态等方面存在的问题，介绍洪涝灾害情况。

（3）根据发展要求和现状情况论述工程建设的必要性。

（4）根据治理河道的重要性和上下游情况，结合所在片区的发展规划，确定治理河段的治理标准。

（5）确定河道整治的范围和工程布局。

（6）根据河道断面、工程布局进行河道设计水面线计算，包括洪水水面线、施工洪水水面线、常水位线、景观水位线等。

（7）提出河道水资源保护措施。

（8）进行工程任务和规模部分章节的报告编制、图纸绘制。

8.2.7.3 进度计划

规划工作量前期同水文专业基本相同，主要有现场踏勘、收集资料；工程总体布局、工程规模及措施、报告编写、图纸绘制、审查后修改等。

8.2.8 水工专业工作

8.2.8.1 服务原则

（1）项目所涉的防洪排涝泵站、防洪闸与城市建设发展同步，与已建防洪堤或者岸边高地相连后形成封闭的防洪体系，达到设计的防洪标准。

（2）项目所涉及的柳州市防洪排涝泵站、防洪闸尽可能地与城市建筑、城市交通、城市景观相结合，尽可能地做到与城区发展规划一致。

根据以上服务原则，对排涝泵站、排涝涵闸进行调查分析，使项目所涉防洪排涝泵站、防洪闸有效地保护片区产业基地及其居民房屋免受洪水灾害。

8.2.8.2 工作内容

（1）研究工程建设的规模、建设内容及建筑物组成经分析论证复核工程等别建筑物级别和相应洪水标准。

（2）按照工程任务及规模，结合工程地形、地质条件、河道基本走向、已建建筑情况等因素进行工程总体布置方案，复核已建泵站是否与现有条件相协调。

（3）结合有关水文、地质资料及工程总体布置，复核确定泵站、排涝闸等建筑及结构型式。

（4）复核确定排涝闸断面过流能力、建筑物尺寸。

（5）复核泵站布置方案，并进行详细稳定计算。

（6）编写工程总布置及建筑物章节报告。

（7）复核已建建筑物的结构布置结构型式控制高程和主要尺寸；通过工程建筑物的水力计算、稳定应力变形、渗流计算的方法和计算成果，提出建筑物的安全稳定的改造升级方案。绘制总体平面布置图及泵站平面、剖面设计图纸。

（8）提供其他相关技术文件。根据建筑物型式及尺寸，按照相关规范进行稳定计算。主要有岸坡稳定计算、结构稳定应力计算、承载能力计算等。

8.2.9 施工专业工作

8.2.9.1 工作内容

（1）调查工程区交通道路情况，经比选确定工程对外交通道路。

（2）调查过程区地形、地质条件和施工场地条件以及水文气象等基本情况，配合水工方案布置做好工程的总体布置。

（3）调查工程施工建筑材料的供应情况和施工用水、用电等的供应条件，以及对施工设备的修配、加工条件，提出施工条件方案。

（4）要求勘测部门提供石料、土料等各种料场的分布、储量、质量、开采获得率、利用率及主要技术参数。根据勘测部门提供的成果进行技术经济比较后选定所需的料场。

（5）施工导、截流：根据水工建筑物的设计等级和《水利水电工程施工组织设计规范》（SL 303—2017）的规定，选定各期导流和拦洪度汛标准、施工时段，并用上下序互提资料卡的形式要求水文规划专业提供相应的导流流量和汛期洪峰流量。

（6）提出各方案的导流工程量，供方案比较和进行投资计算时使用。

（7）主体工程施工：调查当地的机械设备供应情况，合理拟定工程施工方法、施工程序及施工进度的设计。

（8）施工总布置

研究主要施工设施、生活设施的规模，并对其进行规划和布置；选定弃碴场，并对其进行规划、落实；提出临建工程量及施工占地。

（9）施工总进度

①对推荐方案提出施工总进度要求并说明安排原则。

②对推荐方案进行施工总进度研究时，主要从工程筹建期、工程准备期、主体工程施工期和工程完建期几个阶段去考虑，并提出各阶段的控制进度。

③进行施工强度及土石方平衡利用规划；计算所需三材数量和劳动力。

8.2.9.2　施工总体布置原则

1. 布置原则

（1）应尽可能地做到综合利用和重复利用场地，做好施工前后期的衔接规划。尽量少占耕地，优先利用坡地、荒地，充分利用开挖弃料填平沟壑作后期施工场地。

（2）生活福利房屋，考虑施工年限短，宜建简单临时用房。各种施工设施的布置应结合场内交通规划，力求各类材料物资运输流程合理，尽量地避免反向运输和二次倒运，做到减少干扰，方便施工。

（3）施工开挖弃渣场地与施工机械设备停放场地及部分施工工厂厂址结合，减少施工占地面积。

（4）在满足施工的前提下，尽量保持原有的自然植被与生态条件，满足环保要求。

2. 施工分区

工程主要施工内容为防汛道路、排涝泵站、排涝涵闸、排水涵等，根据工程布置的特点，结合两岸地形，布置施工生产生活区。各施工生产生活区主要布置砂石料堆放场、水泥仓库、钢筋加工场、预制构件厂、生活及办公设施等。

8.2.9.3　土石方平衡及弃渣场规划

工程区平整回填土全部使用自身的开挖土，水下部分的开挖黏土需要集中堆放自然干后用于工程回填。各建筑物开挖不能使用的土方以及各建筑物回填土已尽量利用开挖土后多余的挖方，运往柳南区消纳场弃土。

8.2.9.4　施工进度计划编制原则

（1）工程的施工必须遵守基本的建设程序。

（2）工程的施工必须合理安排工期及施工顺序，按照轻重缓急，先水下后水上的原则实施。

（3）工程施工过程中必须保证足够的资源（人力、物资等）。

（4）单项工程的施工进度与施工总进度相互协调，各项施工程序前后兼顾、衔接合理、干扰少、施工均衡。

（5）在保证工程施工质量、总工期的前提下，充分发挥投资效益。

8.2.9.5　成果内容

（1）施工总布置图。

（2）施工导流布置图（含比较方案）。

（3）施工总进度表和网络图。

（4）施工特性表。

（5）施工组织设计报告。

8.2.10　机电、金结专业工作

8.2.10.1　电气部分

1. 设计工作方案

依据水工提供的排涝泵站、防洪排涝闸、防洪堤抢险道路路灯等用电负荷平面布置情况，结合工程实际电力系统现有情况，调查复核用电负荷点的供电电源接入点。根据水机和金结专业提供的泵站装机规模、防洪闸用电设备情况调查复核泵站及防洪闸配电设计内容：统计负荷及确定负荷等级、选择供电电压等级、电力系统接入方式、电气主接线选择、主要设备选型、设备布置、照明、过电压保护及接地。依据各防洪排涝设施的所处位置、重要等级以及运行管理方式，确定泵站及防洪闸自动化控制以及调度方案。

2. 工作内容

（1）了解周边电气供应情况，确定电力电压等级，选择电力系统方案以及供电回路数，确定电力系统接入地点与供电线路距离。

（2）根据装机规模及用电负荷情况确定负荷等级，确定电气主接线方案。

（3）提出短路电流计算成果从而进行设备选型，确定设备规格型号、参数及数量。

（4）确定电动机的启动方式及启动装置设备形式，主要技术参数及数量。

（5）确定设备布置方案。

（6）确定厂用电方案。

（7）确定接地及过电压方案与自动化控制系统。

（8）提供电气工程量。

（9）编制设计报告及附图。附图包含：①泵站接入电力系统地理接线图；②电气主接线；③厂用电接线图；④泵站电气设备布置图；⑤监控系统、通信系统结构及配置图；⑥监控系统设备布置图等。

8.2.10.2　金结部分

（1）选定各排涝泵站、防洪排涝闸等建筑物金属结构和启闭机的型式、数量、尺寸、主要技术参数及布置。

（2）说明操作运行原则，提出制造运输安装和检修的初步条件。

（3）选定防止腐蚀、冰冻、淤堵、空蚀、磨损、振动等的措施和设计方案。

（4）选定闸门和启闭机等检修场所及起吊设备。

（5）详细列算金属结构设备的工程量。

（6）绘制金属结构布置图及主要设备图。

8.2.10.3　水机部分

泵站改造工程水力机械及其辅助设备内容主要包含水泵、电动机、起重机、电动蝶阀、伸缩节、出水管路、试机循环管路、钢制拍门及泵房内给排水、暖通、消防等设备。

根据水文专业提供的设计成果，与水工专业工程布置相协调，初步确定排涝泵站的布置形式，经方案比较论证基本选定水泵机型、装机台数、单机容量等参数；初步确定水泵机组的安装高程；确定出水管路和试机循环管路配套的电动蝶阀、伸缩节、拍门等规格型号，估算水力机械及其辅助设备的工程量。

（1）进行设备选型论证，选定水泵、电机型号和规格。选定水泵装机台数和安装高程。

（2）经技术经济比较后，基本选定推荐方案的主要配套电机设备型式、规格、主要技术参数和数量。

（3）确定主要泵站及排涝闸消防设备布置。

（4）确定泵站阀门、拍门及配套给排水等。

（5）确定水泵附属设备的型式、数量和布置。

（6）确定水泵机组的运行方式。

（7）确定厂内起重设备的型式及主要技术参数。

（8）确定消防设计方案。

（9）确定给水排水方案。

（10）编写专业报告，提供工程量清单给概算专业。

8.2.11　建设征地与移民安置专业工作

8.2.11.1　工作方案

1. 编写工作计划

编写各个阶段工作计划。

2. 实物调查

1）编写工作大纲和实物调查细则

接受任务后，根据工程布置方案初步确定征地范围，设计单位组织征地移民相关专业技术人员，踏勘现场，初步了解项目建设征地涉及地区社会经济情况及征地范围内所涉及的征地拆迁实物，编写建设征地移民安置工作大纲，用于指导项目涉及的征地移民安置工作。同时，依据项目实际情况编制实物调查细则，并据此展开实物调查。

2）调查内容

实物调查分农村、城（集）镇、工业企业和专业项目等四部分。

农村调查包括人口、房屋及附属建筑物、土地、水利设施、农副业设施、文教卫生服务设施、其他项目等。

城（集）镇调查内容包括用地、人口房屋及附属设建筑物、机关事业单位、工商企业、基础设施、镇外单位等。

工业企业调查内容包括企业名称、性质、注册资金、面积、基础设施和设备等实物量，以及企业主要产品、年产量、年产值、年工资、年利润的年税收等主要技术经济指标。

专业项目调查内容包括交通工程设施、输变电工程设施、电信工程设施、广播电视工程设施水利水电工程设施、管理工程设施、国有农（林、牧、渔）场、文物古迹、风景名胜区、自然保护区、水文站、矿产资源及其他项目等。

3）调查方法

按国家和地方相关规程规范和标准，根据工程布置图，对照上网查阅卫星地图，按初步确定征地范围，结合现场踏勘，进行征地拆迁实物全面调查，然后汇总征地拆迁实物指标。工程建设征地涉及的企业和专项设施等，通过现场走访了解其影响程度和协商处理方案及估（概）算补偿投资。

4）组织方式

实物调查工作由建设单位总协调，以设计单位为技术牵头，会同相关部门共同组成联合调查组，对建设征地范围内实物进行全面调查。

5）实物调查成果的确认程序

项目停建令待主体报告通过预审、批复前下达，实物公示在项目开工建设前复核后再进行。实物调查成果采取如下方法确认：涉及移民的私有实物，最终地方政府出具实物确认函对实物调查成果进行确认。

实物指标调查严格按照《水利水电工程建设征地移民实物调查规范》（SL 422—2009）文件执行，对建设征地范围内的人口、土地、建筑物、构筑物、其他附着物、矿产资源、文物古迹、具有社会人文性和民族习俗性的建筑、场所等的数量、质量、权属和其他属性等指标都认真查清。遵循依法、客观、公正、公开、公平、全面、准确的原则，实事求是地反映调查时的实物状况。

3. 报告编写

（1）主体报告报告征地移民章节编写。

（2）编制征地移民安置规划设计专题报告，编制征地移民补偿投资估（概）算和年度投资计划。

8.2.11.2　征地移民专业工作内容

（1）根据总图以及平面布置图规划，初步确定工程建设征地范围和土地性质。

（2）按照有关规范，初步调查工程征占地范围内的实物主要指标。

（3）汇总占地主要实物指标，收集相关村屯社会经济统计资料，计算移民安置环境容量，提出农村移民安置初步规划、专项复改建初步规划等；汇总列出工程征地各项补偿费用和总补偿费用。

8.2.12　水保专业工作

8.2.12.1　工作方案

该工程水土保持调查复核工作的主要任务有收集资料、项目现场踏勘、各章节方案调查复核、水土保持方案附图和方案调查复核等内容。

8.2.12.2　工作内容

（1）工程建设区水土流失状况：阐述项目水土流失概况，总结类似工程建设区的水土保持经验与教训。

（2）主体工程水土保持评价：对方案比选、总体布置、施工组织设计等进行水土保持评价。

（3）水土流失防治责任范围：说明工程水土流失防治责任范围具体数量和分布。

（4）水土流失预测：分析计算工程建设过程中扰动土地的面积，弃土、弃石与弃渣量，损坏水土保持设施数量和水土流失量。

（5）水土流失防治目标、分区与总体布局：确定水土流失防治总体目标，划分水土流失防治分区。提出水土流失防治总体布局和措施体系。

（6）分区防治措施：防治措施典型设计，并推算各类工程措施的工程量，明确与主体工程施工组织设计相关联的主要问题。

8.2.13　环评专业工作

根据工程区域水质、大气环境、声环境及生态环境现状，重点分析工程施工过程中及建成后，工程对水环境、大气环境、声环境及生态环境造成的影响，提出施工期和运行期环境保护的具体要求，并进行设计方案对比，编制环境影响评价概算投资。

工作内容如下。

（1）野外踏勘，收集项目区域、流域相关资料。

（2）根据上位文件及相关技术规范，评价项目建设前和建设后对环境产生的影响。

（3）评价环境受到的影响程度是否属于环境自净能力范围内。

（4）若工程对环境造成的影响程度较大，推荐环境恢复措施；影响严重的向工程主要负责人与相关部门说明并调整主体工程方案。

8.2.14　节能专业工作

节能专业工作内容为：根据相关法律、法规、规划、产业政策、相关标准和规范，进行能耗分析（包括确定建设项目建设期和运行期用能总量及用能品种、能耗指标）和节能设计的主要方法及措施（包括建筑物节能设计及能耗指标、机电及金属结构设备节能设计及能耗指标、施工节能设计及能耗指标、工程管理设施节能设计及能耗指标等）、节能效果评价等。

8.2.14.1　建筑节能降耗措施

水工建筑物主要从治理工程总体布置、结构型式、设计断面等方面进行节能设计，建筑物节能主要措施有：通过地形地质条件、水流施工条件、工程运行安全性、工程量及工程投资等方面进行堤防轴线布置方案的比较，选定最优布置案及建筑物结构型式、设计断面，以达到减少工程量及占地费用、减少机械设备损耗、节省投资等节能降耗作用。

8.2.14.2　电气节能措施

电气设备的耗能设备主要有：照明、控制设备电能损耗。电气主要节能措施如下。

（1）积极采用高效设备，提高运行效率，降低设备运行费用，减少能耗。

（2）根据国家照明设计标准的规定采用适度照度标准，满足使用场所的照明需求，尽可能选用效率高、光学性能好、寿命较长的光源和灯具，如荧光灯、高压气体放电灯等，保证照明功率密度设计在限定值内。照明控制器则根据具体场所的需求采用多种型式，如声控、时控、集控及分组手控等，以尽量节省能源消耗。

（3）合理选用导线材料和截面，提高电能质量。

（4）优化电气设备布置方案，进一步降低线损。

8.2.14.3　主要节能降耗措施

1. 主要设备选型及其配套

柳州市泵站改造项目规模较大，工程区均呈散点状分布，为保证施工质量及施工进度，施工过程中须采用较多的施工机械设备，因此节能降耗的工作重点是选择施工机械。在设备选择及配套设计时，主要参考了《水电水利工程施工机械选择设计导则》（DL/T Sl33—2001）和《水电水利工程施工组织设计手册》以及同类工程的先进经验，同时还结合本地区的实际情况，在满足工程进度要求，保证工程质量，降低工程造价的前提下，选用节能型的施工机械设备及相应的配套设备。

2. 主要技术和工艺选择

泵站改造项目在施工技术、施工方案和施工进度设计时，参考国内已建和在建相同类型工程的成功经验，因地制宜地结合项目实际的地形地质条件、工程总布置情况，不断优化设计，工艺流程上尽量做到减少装卸操作环节，减少二次倒运，选择合理的运输距离，提高施工机械设备能力利用率，降低能耗。通过比选，得出适合项目的最佳的施工技术和施工工艺。

3. 施工辅助生产系统设计

施工辅助生产系统主要包括混凝土生产系统、压缩空气、供水、供电系统、钢筋加工厂等。为了达到节能降耗的目的，混凝土生产系统根据施工需要布置，按就近布置的原则，尽量地靠近施工工作面，减少水泥和成品料的运输距离。对供风系统采用移动式空压机，靠近施工用风的工作面，减少损耗。对供水系统则采用单级离心泵，其优点是水力性能适用范围广，节能效果好。对供电系统尽量地采用永久和临时结合，选择节能的供配电变压器和电器设备，减少电能损耗和电压损失，选用合理的导线材料和截面，降低线损率。

4. 施工临时设施及营地建筑设计

施工临时用地尽可能不占或少占耕地；临时建筑设施和营地的建设统筹考虑施工前期与后期规划，避免二次搬迁，并结合工程靠近村庄的特点，部分短期临时用房可以租用，缩小临时建筑设施的规模；施工临时建筑设施的空间布置，尽量地满足自然通风、采光的要求，外墙、屋面、门窗选用具有节能保温功能的产品；施工临时建筑设施和营地采用一般照明、重点照明、混合照明、应急照明、疏散照明及装饰照明相结合的方式照明，尽量地使用光效高、寿命长、显色性好的光源和灯具，并充分利用天然光及各种集光装置进行采光，以达到节能降耗的目的。

5. 施工期建设管理节能措施

根据项目的布置和施工特点，施工期建设管理采取的节能措施如下。

（1）定期对施工机械设备进行保养和维修，减少设备故障的发生率，确保设备安全连续运行。

（2）加强对开挖渣料的管理，按渣场规划和渣料利用的不同要求，分别堆存在指定地点，方便物料利用。

（3）根据施工强度，配备合适的设备，以保证设备的连续运转，最大限度地发挥设备的效率。

（4）合理安排施工项目，做好资源平衡，避免施工强度峰谷差别太大，充分发挥施工设备能力。

（5）合理安排混凝土浇筑工期，相同标号的混凝土尽可能地安排同时施工，避免混凝土拌和系统频繁更换拌和不同强度等级的混凝土，节省能源。

（6）及时维护施工道路，确保道路畅通，减少堵车、停车、刹车，节约油料。

（7）生产、生活建筑物的设计尽可能地采用自然照明，充分利用太阳能，室内外照明采用节能灯具，减少用电量。

（8）成立节能管理领导小组，对现场施工、管理及相关人员进行节能教育。经常检查监督节能降耗执行情况，根据不同施工时期，明确相应节能降耗工作重点。

8.2.14.4 工程管理节能降耗措施

岗位设置及岗位定员以"因事设岗、以岗定责、以工作量定人"原则，积极推行"一人多岗"、合理兼职、优化人员结构、精简高效的集约化管理。参照《水利工程管理单位定岗标准（试点）》《水利工程维修养护定额标准（试点）》及《堤防工程管理设计规范》编制工作运行期岗位及定员。

排涝泵站及设备管理和日常事务采取现场工作制，形成统一的管理和运行体系，力争实现"无人值班，少人值守"，节省人力资源。

工程管理应加强主要建筑物等设施的管理和维护、保证工程的正常运行，避免出现大修现象，减少维修各建筑物所需的建筑材料，从而降低能耗。

8.2.15 工程管理、工程招投标、社会稳定风险分析专业工作

工程管理专业工作内容如下。

提出工程管理机构设置方案，管理机构的人员编制和生产、生活的用房规模，工程的管理办法，研究确定工程管理和保护区范围。提出土地征用、利用和管理的设计意见，研究库区、滞涝洼地等土地利用原则、管理办法和主要措施。

8.2.15.1 管理机构

1. 管理体制和任务

为了发挥工程的防洪效益和确保工程的安全运行，应成立专门的管理机构，对工程实行统一领导、统一管理。

根据《堤防工程管理设计规范》（SL/T 171—2020）的规定和《堤防工程设计规范》（GB 50286—2013）的相关要求，项目实行按行政区划一级管理体制。管理范围包括河道、排涝泵站、排涝涵闸、排水涵及码头等；工程投资主体涉及水利和交通等多个行业和部门，实行建设单位负责制。

2. 管理机构设置和人员编制

根据工程运行管理需要，利用管理单位现有各职能部门，根据国务院颁发的《河道管理条例》《堤防工程管理设计规范》和《水利工程管理单位编制定员试行标准》的有

关规定进行管理。按照"精简、合理、高效、适当兼职、根据需要聘请临时工"的原则，组建工程管理机构统一管理、综合调度。

8.2.15.2　工程运行管理

1. 管理规则制度

依据《中华人民共和国水法》《中华人民共和国城市规划法》《中华人民共和国防汛条例》《中华人民共和国河道管理条例》《广西壮族自治区水利工程管理条例》及其他有关法律、法规，防汛设施管理机构需建立相应的规章制度对镇区的护岸工程实施管理。管理制度包括防护堤、管理区、保护区管理制度等。这些制度必须征得当地水行政主管部门和其他有关主管部门的批准，使城区的护岸管理制度纳入法治轨道，运行管理做到有章可循，有法可依。

2. 工程设施运行调度规程

泵站改造项目设计的主要建筑物有排涝泵站、排涝涵闸，土堤、排水涵及下河码头，在每年的枯水期对以上建筑物做定期检查，如发现建筑物存在裂痕、渗水、冲毁等不利于工程安全现象的，应及时与设计部门联系，进行工程处理。

3. 护堤工程的管理

（1）在河道护堤外应尽量避免种植有阻水、根系发达的高大树种，避免植物对堤身、堤脚及岸坡的生物破坏。

（2）应加强对河道堤防的管理。未经上级主管部门批准不得破堤及在护堤地动土建设。对堤后紧邻护堤地10m以内的工程保护范围加强监管，及时制止危及堤防工程安全的人类活动，并向上级主管部门报告。

8.2.15.3　工程管理及保护范围

根据《中华人民共和国水法》《中华人民共和国防洪法》《中华人民共和国河道管理条例》，水利部《堤防工程管理设计规范》（SL/T 171—2020）等有关法规的规定，以及谁建谁管的原则，护岸工程管理需明确划定护岸管理范围及护岸安全保护范围，由管理机构会同有关部门，共同协商确定后报请政府部门批准，并设立界标。

8.2.15.4　管理办法

管理机构的管理原则是依据《中华人民共和国水法》《中华人民共和国城市规划法》《中华人民共和国防汛条例》《中华人民共和国河道管理条例》《广西壮族自治区水利工程管理条例》及其他有关法律、法规对所属工程依法进行管理。

管理机构的任务是确保工程安全，进行科学管理，协调各项水利任务之间的矛盾，充分发挥工程综合利用效益，不断提高管理水平。其主要工作内容如下。

（1）接受上级水行政主管部门的指示，听从指挥，配合协调。

（2）认真贯彻执行有关工程管理通则。

（3）熟悉工程的规划、设计、施工和管理运用的要求，及时掌握工程的运用动态。

（4）对工程认真检查观测，及时分析研究，随时将工程动态报告上级部门，及时进行养护修理，消除工程缺陷，维护工程完整，确保工程安全运行。

（5）及时掌握水情、雨情，做好水文预报，了解气象预报，做好工程的调度运用和工程防汛工作。

（6）做好工程安全保卫工作。

（7）建立健全各项档案，积累资料，进行分析整编工作。

（8）建立健全岗位责任制，制定奖惩制度。

（9）配合有关部门制订管理区的环境保护、绿化、水土保持和发展规划。

防洪排涝工程日常运行应注重防洪排涝，防止水土流失及非法占地等内容。汛期应提前做好度汛准备，包括应急预案、人员巡查值班、防汛物资储备调度、车船机械通信设备检修等，日常应加强巡查管理，防止出现非法开挖等造成水土流失及违章建筑妨害河道安全。

招投标专业工作内容如下。

（1）工程招投标原则确定的原则。

（2）工程招投标范围和内容的确定。

（3）编制工程招投标基本情况表。

社会稳定风险分析工作内容如下。

根据相关法律、法规、规划和产业政策、相关标准和规范，进行工程风险调查（包括项目建设的合法性、合理性、可行性和可控性、对各利益相关方的调查、调查内容、调查方法等）、进行风险因素分析（包括全面识别可能引发社会稳定风险的各种因素、对各风险的因素进行排序、定性和定量相结合的方法对主要风险进行分析并提出风险分析的初步结论）、提出风险防范与化解措施、得出风险分析结论。

编制社会稳定风险分析章节报告，对项目风险进行评估、提出应急处理措施和建议。

8.2.16 投资专业工作

8.2.16.1 编制原则及依据

（1）工程量。

（2）广西壮族自治区水利厅、广西壮族自治区发展和改革委员会、广西壮族自治区财政厅联合发布的桂水基〔2007〕38 号文。

（3）费用构成及计算标准按广西壮族自治区水利厅 2007 年颁发的《广西壮族自治区水利水电建筑工程设计概（预）算编制规定》执行。

（4）广西壮族自治区水利厅、广西壮族自治区发展和改革委员会、广西壮族自治区财政厅联合发布的桂水基〔2016〕1 号文。

（5）建筑工程定额采用区水利厅 2007 年颁发的《广西壮族自治区水利水电建筑工程概算定额》上、下册及广西壮族自治区水利厅 2014 年颁发的《广西壮族自治区水利水电工程概（预）算补充定额》。不足部分参用水利部现行概（预）算定额及其他相关专业有关定额。

（6）安装工程定额采用广西壮族自治区水利厅 2007 年颁发的《广西壮族自治区水利水电设备安装工程概算定额》。不足部分参用中华人民共和国水利部现行概（预）算定额及其他相关专业有关定额。

（7）广西壮族自治区水利厅关于进一步规范使用水利工程量清单计价规范的通知（桂水基〔2016〕7 号）。

（8）广西壮族自治区水利厅办公室转发中华人民共和国水利部办公厅关于印发《水利工程营业税改征增值税计价依据调整办法》的通知（水办基〔2016〕31 号）。

（9）广西壮族自治区水利厅关于营业税改征增值税后广西壮族自治区水利水电工程计价依据调整的通知（桂水基〔2016〕16号）。

（10）勘察设计费按原国家计委、建设部计价格〔2002〕10号文。

（11）原国家计委、建设部"发改价格〔2007〕670号"文发布的《建设工程监理与相关服务收费管理规定》。

（12）广西壮族自治区水利厅关于调整水利工程增值税税率的通知（桂水基〔2018〕11号）。

8.2.16.2　编制方法

1. 人工预算单价

根据《关于调整广西水利水电建设工程定额人工预算单价的通知》（桂水基〔2016〕1号）的人工预算单价进行计列。

2. 材料预算单价

水泥、钢筋等主要材料按规定的限价作为定额取定价进入工程单价直接费，木材、块石、碎石、砂等主要材料按《柳州建设工程造价信息》最新信息价。

3. 建筑工程单价

建筑工程单价由直接工程费、间接费、企业利润、材料补差及税金5个部分组成。其中直接工程费包括直接费（人工费、材料费、机械使用费）、其他直接费、现场经费。

间接费由管理费、社会保障及企业计提费组成，其中管理费按直接工程费的百分率计算。

税金为各项目（直接工程费＋间接费＋企业利润＋材料补差）×10％在相应的综合单价中计取。

4. 建筑工程概算

建筑工程费为工程量乘以建筑工程单价。

8.2.16.3　主要工作内容

及时配合水工、施工、金结、电气、征地等专业进行方案优化，完成工程设计概（估）算编制工作。

8.2.17　经评专业工作

经评专业工作内容如下。

结合项目建设规模、内容、投资进行国民经济评价和财务评价，分析项目效益，分阶段评价项目的经济可行性。

（1）复核经济净现值、经济内部收益率、经济费用效益比等指标。

（2）复核资金筹措方式。

（3）复核项目盈亏平衡情况，分析财务生存能力，复核项目的偿债能力。

（4）复核全部投资财务内部收益率、资本金财务内部收益率等指标，进一步分析项目盈利能力及投资各方的收益水平。

（5）复核影响财务收益指标的主要因素和各敏感因素的临界点。

（6）分析项目可能存在的经济风险和风险概率，提出规避风险的措施。

（7）对项目的财务可行性进行综合评价。

9 防洪排涝泵站升级改造工作重点、难点分析

9.1 工作重点分析及解决方法

9.1.1 设计工作重点及解决方法

9.1.1.1 解决项目区防洪排涝方面存在的问题是项目设计重点

城市防洪排涝设泵站存在抽排能力不足、高低压设备陈旧、备品备件缺失、金属结构锈蚀等问题。随着城市不断发展，防洪排涝设施担负着保障人民生命财产安全、保障社会稳定发展的重要使命，防洪排涝设施稳定、可靠、高效地运行，泵站控制系统科学、有序、统筹的管理，成为柳州市可持续性发展的迫切要求。

解决办法：坚持"以人为本"和"人与自然和谐"的原则，符合规划，综合治理，针对泵站改造项目区的防洪排涝方面存在的问题，以《中华人民共和国水法》《中华人民共和国防洪法》和《中华人民共和国城市规划法》及规程规范为依据，根据周边的城市规划、地形地貌、流域特征、历史洪水、洪水灾害，选择多种计算方法进行水文、水利分析计算和设计，提出功能满足、科学、经济、合理的方案，把防洪安全、治涝安全与城市发展结合起来，达到工程与城市共同发展的目标。

9.1.1.2 把防洪安全、治涝安全、市政道路、城市景观与经济发展、城市生态结合起来是项目设计重点

泵站扩容升级改造项目多在城市建成区，周边建筑较多，把防洪安全、治涝安全、市政道路、城市景观与经济发展、城市生态结合起来是项目设计重点。

解决办法：①以习近平新时代中国特色社会主义思想为指导，处理流域与区域、干流与支流、洪水与涝水、治理与保护等的关系，结合水生态文明城市、海绵城市建设和河湖空间管控要求，贯彻生态治河的理念，统筹考虑改善水生态环境、促进地区旅游等的发展，减轻洪涝灾害损失，促进区域经济社会高质量发展；②把防洪安全、治涝安全、市政道路、城市景观与经济发展、城市生态结合起来，充分体现"水安全、水环境、水景观、水文化、水经济"五位一体的治水理念，建设生态型、多功能堤防工程，达到水清岸绿、环境优美的目标，是项目设计工作的重点。

9.1.1.3 正确处理水利建设与国土整治、环境保护、城市发展之间的关系是设计工作的重点

近年来，随着城市的快速发展，城市建设用地不断挤压水利设施用地，导致内江调蓄库容不断减少，原泵站抽排能力已不能满足现状需求，因此正确处理水利建设与国土整治、环境保护、城市发展之间的关系是设计工作的重点。

解决办法：①工程设计要正确处理水利建设与国土整治的关系；②水利建设与开发

区总体规划各项建设任务之间的关系；③整体与局部的关系；④上下游、左右岸、各部门之间的关系；⑤需要与可能、近期与远期的关系；⑥河道防洪排涝与生态、环境保护的关系等；⑦按水土保持有关规定和环境保护要求，提出防洪排涝工程环境影响及水土保持方案措施，为政府部门行政许可提供科学依据。

9.1.1.4　合理确定项目规模，为泵站进行扩容改造提供依据是设计工作的重点

根据现场对泵站所处流域汇水面积泵站前池的调查及联合踏勘初步成果，通过询问泵站管理人员，了解到多数泵站抽排能力不足，泵站全部机组开启运行后，水位达到控掩水位后仍继续上涨，造成较大的淹没损失。

解决办法：以泵站现状为基础，根据泵站所在地已批复的防洪、排涝、灌溉等规划，重新量算流域面积、泵站前池容积，结合城市规划、国土空间规划，分析确定泵站未来运行中所遭遇的水位组合、特征扬程及流量等，为建筑物、机电设备及金属结构复核提供计算依据。

9.1.1.5　复核泵站结构强度，为泵站加固提供依据是设计工作的重点

由于柳州市老旧泵站如新江泵站、香兰泵站、回龙冲泵站、福利院泵站、三中泵站、冷水冲泵站、雅儒泵站、华丰湾泵站和航道泵站等需要扩容升级改造的泵站多建于20世纪末至21世纪初，建站年代久远，结构强度能否满足泵站安全运行需求，对建筑物结构强度进行复核，为泵站除险加固或是拆除重建提供依据。

解决办法：①根据工程规模复核成果，明确泵站水位，确定泵站运行条件，为结构分析定下基础条件；②收集原有初步设计、技术施工图、竣工图等资料，结合现场安全检测资料，以现状检测的混凝土强度，并扣除混凝土碳化深度后的实际有效断面进行结构分析计算；③根据现状调查分析、现场安全检测及结构强度分析结果，对建筑物结构强度进行复核。

9.1.1.6　复核水力损失及水泵性能，评价水泵能否满足规划要求是设计工作的重点

泵站设计时，以当时批复的防洪、排涝、灌溉、城市等规划为基础，泵站已安全运行20多年，防洪防洪、排涝、灌溉、城市等规划都已经更新，城市市政管网的建设改变了排涝分区的同时，也改变了下垫面条件，致使泵站的运行条件发生改变，水泵机组能否满足现有规划要求，为泵站技术改造提供依据。

解决办法：①根据最新规划确定的工程规模数据、水力损失及水泵性能，计算水泵对应设计扬程的理论流量；②根据现场安全检测成果，核算水泵对应设计扬程的实际流量；③评价水泵实际扬程和流量能否满足规划要求；④复核水泵轴大轴功率，比较现有电动机功率，评价现有电动机配套系数能否满足规范要求；⑤复核现状装置效率与设计装置效率的差异；⑥复核水泵安装高程；⑦根据现状调查分析、现场安全检测及复核计算分析结果，对水机设备进行扩容升级改造。

9.1.1.7　复核电气设备，评价现状设备能否满足运行要求是设计工作的重点

随着我国电力系统的发展，与泵站建站时相比，供电系统网络变化较大，为此需要按供电系统现有的最大运行方式下和最小运行方式下计算出的三相短路电流结果来校验现有设备的分断能力和电动机的启动压降。进一步校核主变压器容量是否满足运行要求。

解决办法：①根据供电部门提供的供电系统资料，进行三相短路电流和机组的启动

压降计算来评价现有电气设备的分断能力和动、热稳定性是否满足规范要求；②根据三相短路电流的计算结果以及水机和其他专业提供的各设备配套电动机功率，检验主变压器的容量，以此来评价现有设备能否满足正常运行要求；③根据现状调查分析、现场安全检测及复核计算分析结果，对电气设备进行扩容升级改造。

9.1.1.8 复核金属结构，评价现状设备能否满足运行要求是设计工作的重点

各泵站多建于 20 世纪末至 21 世纪初，建站年代久远，大多泵站金属结构由于使用年限、水质、材料等级的影响，各类闸门、阀门、金属结构管件及其辅件均有不同程度的锈蚀，部分金属结构已不能保证正常开启及关闭，对泵站的安全运行带来隐患。

解决办法：①根据现场安全检测成果，采用徐余厚度和有效尺寸复核闸门、拍门面板的强度，复核主次梁的强度及刚度，对损坏较严重的构件进行内力分析；②复核闸门、拍门的闭门力和启门力及启闭机容量，对出现螺杆弯曲变形、钢丝绳拉断的启闭机，分析螺杆失稳、钢丝绳断裂的原因；③复核拦污栅过栅流速、栅体强度及稳定性；④复核管道强度和稳定性；⑤根据现状调查分析、现场安全检测及复核计算分析结果，对金属结构进行扩容升级改造。

9.1.1.9 地基基础设计是设计工作的重点

地基基础作为工程建设的基础，关系到整个工程建设质量和工程施工的安全性。在地基基础建设过程中要充分认识到施工过程中的重点、难点，并采取必要措施进行预防和解决，使工程建设更加合理，只有真正保证地基基础建设的安全性，才能确保整个工程质量。

解决办法：

1. 重视工程前期勘查工作

在工程施工前进行必要的地质勘查，研究勘察报告十分必要。勘察报告中要包括施工场地的地质、水文情况，有必要的要考虑到工程周围的人文环境和自然环境，从而制定有效的施工进度计划和事故预防措施。首先，要对工程建筑的使用要求、建筑特点、建筑功能等进行调研，根据设计图纸要求对工程周边的地质、水文进行勘查，确定勘查项目和目标。其次，要搜集相关建筑资料，包括建筑风格设计要求、建筑材料要求等，特别是对复杂地质的勘查更要注意。此外，还要重视对钻孔的布局、深度、数量的勘察，确保钻孔的设置合理，从而满足设计要求，防止地基建成后出现沉降、断裂等。

2. 确保工程设计的合理性

在进行工程设计的过程中，应该充分考虑到整个工程的实用性、建设风格、建设功能，并且综合工程现场的实际地质条件、施工技术和施工设备等进行图纸的设计；在进行设计过程中，对于建筑的主要承重结构也要进行严密考察、设计，以防止损坏。另外，设计人员也要充分地整合勘察报告内容，综合考虑设计内容，当设计中存在问题时要及时与建筑方进行沟通，并进行必要的试验，以保证设计的合理性。在工程施工中一旦发现地基出现沉降、倾斜、断裂等问题，应立即停工，并联合相应人员对工程进行研究，采取必要的修缮措施，将工程损失降到最小。

3. 选用合理的地基基础类型

作为和地基的连接结构，地基基础承受着来自地基和上层建筑施加的压力，一旦地基基础不够牢固，将无法使地基承受上层建筑所施加的压力，就会很容易造成地基的断裂、沉降，从而使地基的承载力不能达到设计标准，也就容易发生危险。因此，在进行地基基础类型选择的过程中，要选用"筏型"的地基基础，从而增大地基基础与地基的接触面积，保持整个结构的稳定性。在土质较好的施工场地可以采用钢筋混凝土浇灌连接地基的方式，增加地基基础的稳定性。而在较为松软的地质上可以采用桩基或沉井基等方式进行施工，增加地基的承载力。

9.1.2 勘察工作重点及解决方法

9.1.2.1 工程特点分析

老旧泵站扩容升级改造项目多在城区，周边建筑及道路分布较复杂，对勘察提出了更严的要求，勘察时做好安全文明施工，须查明土层的分布特征和工程特点、基岩的岩性、风化程度等，为泵站基础抗滑稳定、抗浮稳定、抗倾稳定、基底应力计算提供依据，保证施工过程周边建筑物的稳定。

9.1.2.2 勘察工作重点

由于泵站分布范围广、环境条件复杂，勘察工作必须分阶段、有步骤地进行。

要求勘察必须满足现行规范规程要求，做到详细划分地层类别，提供岩土参数和地下水的渗透性、腐蚀性等，并进行分析、评价、预测，提出建议。

1. 设计方面的参数

在考虑厂区经济条件、人文因素与经济外，还需考虑以下地质因素。

（1）场地的稳定性与适宜性：为结构物的布置与埋深提供重要因素。

（2）既有建（构）筑物的基础资料：了解一定范围内既有建（构）筑物数量、基础埋深、结构形式、施工与支护方式、使用状况、社会重要性等，以便确定结构物的平面布置、结构埋深、既有建（构）筑物的防护措施。

（3）地层分布规律：了解场地地层的岩性名称、成因与分布规律、自稳能力等，重点了解不良地质作用及特殊性岩土分布范围、岩土工程问题易发地段、需要保护的建（构）筑物分布地段。

2. 地基强度分析方面的参数

了解场地地层空间分布规律及一般物理指标（含水量、密度、比重）、力学指标（黏聚力、内摩擦角、压缩模量与压缩系数），还需查明基底或桩基以下是否存在软弱下卧层，重点提供基底以下各土层的压缩模量、压缩系数、垂直基床系数、地基土的极限承载力、地基承载力标准值。如需采用桩基，需要查明不同类型桩基极限侧摩阻力标准值、桩端持力土层的端阻力标准值。

3. 稳定分析方面的参数

除需要了解场地地层空间分布规律及一般物理指标（含水量、密度、比重）、力学指标（黏聚力、内摩擦角、压缩模量与压缩系数）外，还需要查明（深）基坑侧壁饱水夹层、软弱夹层的分布；地面荷载引起的附加压力与附加变形。重点提供地表至基底下一定深度范围内的各土层的内摩擦角及黏聚力、黏性土的无侧限抗压强度、静三轴（固结不排水剪）、静止侧压力系数、泊松比等、地下水位及含水岩组的分布规律与特征，对于锚杆支护体系，还需要提供各土层与混凝土的摩擦系数、土体与锚固体之间的黏结强度标准值。

4. 变形分析方面的参数

除需要了解场地地层空间分布规律及一般物理指标（含水量、密度、比重）、力学指标（黏聚力、内摩擦角、压缩模量与压缩系数）外，还需要提供各土层压缩模量、变形模量、压缩系数、水平基床系数与垂直基床系数、回弹模量、泊松比、土的固结应力历史等指标。

5. 结构抗震设计方面的参数

需要提供场地土地类型与场地类别、抗震设防烈度、地震基本加速度反应普周期、地震基本加速度、设计地震分组、饱和粉土与砂土的液化可能性及其液化指数、地动力参数等。

6. 地下水影响分析方面的参数

地下水影响分析包括结构抗浮与防渗设计、建筑材料的抗腐蚀性要求等，为此需要按建筑提供地下水类型及其埋深、含水岩组特征、渗透系数、影响半径、地下水的边界条件、水的腐蚀性结果、历年最高水位、抗浮设防水位、防渗设防水位等。

9.1.2.3 解决重点问题的方法

为确保地质勘探数据的准确性，投标人严格按规范要求进行勘察施工，查清工程区土层物理指标（含水量、密度、比重）、力学指标（黏聚力、内摩擦角、压缩模量与压缩系数）；收集工程区已建泵站的相关勘察资料，结合勘察成果，综合分析，提出合理的基础持力层；查清工程区地下水位等，为泵站各类计算提供基础数据。

9.1.3 前期过程咨询服务工作重点及解决方法

前期过程咨询服务工作重点包括：项目前期报批过程提供组织、管理、经济和技术等有关方面的工程咨询服务。重点工作还包含项目可行性研究、方案设计、初步设计阶段的过程管理以及报批材料整理、报批过程专业咨询服务。前期过程工程咨询服务为项目从项目立项至初步设计批复提供整体解决方案以及管理服务。

解决办法：①在项目推进过程中，前期过程咨询单位作为项目技术方协助建设单位与政府审批部门进行沟通，始终处在项目各方对接第一线，实时转化项目审批各部门及建设单位需求落实至项目报批文件中；②确保前期设计及各项专题满足审批条件，促进项目尽早获批。

9.2 工作难点分析及解决方法

9.2.1 设计工作难点及解决方法

9.2.1.1 工程用地与周边企业、民居的矛盾

例如新建香兰泵站、防洪闸需要征用土地，工程用地与周边企业、居民的矛盾是泵站改造项目设计工作的难点。

解决办法：为解决工程用地与沿线企业、民居的矛盾，设计需要从经济技术方面对工程布置进行多方案比较，初步选定工程总体布局方案，局部征地困难的部位需要考虑增加施工临时支挡措施。

9.2.1.2 泵站改造主体建筑物与周边建筑的矛盾

泵站扩容升级改造项目多在城市建成区，周边建筑较多，泵站与周围建筑物距离较近，扩建建筑物与周围建筑物的矛盾是项目设计工作的难点。

解决办法：设计需要从经济、技术方面对工程布置进行多方案比较，减少对周边建筑的影响，原则上以不影响周边建筑的安全、少拆迁确定技术经济较优的推荐方案。

9.2.1.3 建筑物基础的不良地基

泵站改造项目需要在河道冲沟处布置防洪闸、泵站，对地质条件要求高，可能存在部分建筑物地基条件不满足规范要求。

解决办法：设计需要结合水文地质条件考虑基础换填、夯实地基或桩基础等地基处理措施，进行地基处理方案比较，确定推荐方案。

9.2.1.4 审批周期长

柳州市老旧防洪排涝设施改造属于大江大河城市主城区堤防上的排涝泵站、防洪闸改造，存在项目报告审批部门及审批周期长的风险。

解决办法：加强与广西壮族自治区水利厅、柳州市自然资源和规划局、柳州市水利局的沟通与协调，让项目尽早落地。

9.2.1.5 泵站建站年代久远，资料保存不全

由于柳州市老旧排涝泵站，如新江泵站、香兰泵站、回龙冲泵站、福利院泵站、三中泵站、冷水冲泵站、雅儒泵站、华丰湾泵站和航道泵站多建于 20 世纪末 21 世纪初，建站年代久远，原设计施工资料没有归档或已丢失，资料保存不全，难以真实地反映泵站的设计、施工安装、更新改造、运行管理方面的实际情况。

解决办法：针对资料保存不全的问题，尽量收集现有资料，地质勘察资料缺乏的可以补测；在不能全部收集所规定的各项资料时，重点做好主要建筑物、机电设备及金属结构的资料搜集整理，力求满足可行性研究、初步设计、施工图设计的需要。

9.2.1.6 泵站水下工程水位较深，难以检查

柳州市水文（二）站下游红花水电站于 2005 年 10 月建成蓄水，正常蓄水位 77.50m，部分泵站所在河段回水水位较高，泵站水下工程常年位于水下，检修维护运行管理极为困难。

解决办法：可以在泵站水下工程上、下游设置临时围堰，利用水泵抽干基坑进行检查，或是等红花电站放空时，把握时机，抓紧时间进行检查。

泵站水下工程重点检查以下部位。

（1）水工建筑物底板、边墙有无断裂损坏。

（2）永久性止水缝有无损坏、失效。

（3）进、出水池有无淤积、冲刷，冒水孔有无淤堵。

（4）进、出水流道（管道）有无裂缝、破损等。

9.2.1.7 泵站运行期间遭遇的洪水标准较难确定

由于泵站管理人员多为非专业水文人员，汛期泵站遭遇洪水时按照泵站相关制度进行开、启机组，但无法判断洪水标准。

解决办法：现状调查时，咨询泵站管理人员洪水发位时间、机组运行时间、水位，结合当时水文气象资料，由设计单位水文专业人员进行水文复核，合理、准确地分析出

泵站遭遇的洪水标准，以便进一步进行泵站运行管理情况分析。

9.2.1.8　机电设备铭牌模糊不清，主要性能参数较难确定

由于泵站多于 20 世纪末 21 世纪初建成，经过 20 多年的运行，部分机电设备由于管护不当，铭牌模糊不清，字迹难以辨认，主要性能参数无法直观地由铭牌确定，为泵站现状调查工作带来较大的困难。

解决办法：现状调查时，可咨询泵站管理人员是否有明确的机电设备类型、型号、数量、出厂时间、主要性能参数等，若无，可收集当年初步设计资料、招标资料、竣工资料以及采购资料，从中分析、还原机电设备的主要性能参数。

9.2.1.9　设计标准的变化

需要进行扩容升级改造的泵站多于 20 世纪末 21 世纪初建成，社会经过 20 多年的发展以及科技的进步，规范规程也随着变更，设计标准与 20 多年前相比已有了较大的提高。

解决办法：根据《既有建筑鉴定与加固通用规范》（GB 55021—2021）4.2.2 条，"当为鉴定原结构、构件在剩余设计工作年限内的安全性时，应按不低于原建造时的荷载规范和设计规范进行验算；如原结构、构件出现过与永久荷载和可变载荷相关的较大变形或损伤，则相关性能指标应按现行规范与标准的规定进行验算"。

9.2.1.10　部分泵站图纸缺失，结构尺寸和钢筋直径、数量、分布情况和保护层厚度等难以确定

由于建站年代久远，原设计施工资料没有归档或已丢失，资料保存不全，部分结构尺寸和钢筋直径、数量、分布情况和保护层厚度等难以确定，给结构强度复核分析计算带来了一定的困难。

解决办法：①对于结构尺寸，可在进行现场调查时，现场进行测量，并与竣工图进行对比分析后确定结构尺寸；②测定钢筋位置、保护层厚度和钢筋直径的目的是查明钢筋混凝土结构构件的实际配筋情况，钢筋配置是否正确对构件的受力性能有直接的影响，而保护层厚度对构件的耐久性有影响。如保护层的厚度过大，则构件的有效截面减少，从而使承载力降低；反之，保护层厚度过薄，则混凝土碳化深度易到达钢筋部位，使钢筋的抗锈蚀性能降低，构件的耐久性也随之降低。检测方法有电磁感应法、雷达法以及现场凿开直接测量，为避免对原结构的损伤，设计单位可考虑采用电磁感应法对钢筋直径、数量、分布情况和保护层厚度等进行检测。

电磁感应仪一般由标准探头（或特殊探头）、主机和连接缆线组成，它是基于电磁感应原理。电磁感应仪的原理是在混凝土表面向内部发出磁场，使混凝土内部的钢筋产生感应电磁场，由于感应电磁场的强度及空间梯度的变化与钢筋的位置保护层的厚度和钢筋直径有关，因此通过测量感应电磁场的梯度变化并经过一系列数据分析处理，便可确定钢筋位置、保护层厚度和钢筋直径等参数。

用电磁感应仪检测钢筋混凝土中钢筋位置及保护层厚度不用对构件进行破损，不会影响构件的正常使用，而且操作方便，测试迅速。

9.2.1.11　汇水区、下垫面的变化

由于城市发展、国土空间总体规划更新、规划雨水分区的更新，最初设计泵站时的汇水面积发生变化、江河湖泊的蓄水空间的占用、下垫面出现了更多的硬化。

解决办法：重新踏勘河流的长度、汇水面积的量算，重新收集最新的国土空间总体规划，重新量算泵站前池的容积，重新复核最新的泄流曲线。

9.2.1.12 基坑支护难点

（1）基坑深度和面积不断增大，支护难度增加基坑支护工程正向大深度、大面积方向发展，且随着基坑开挖工作的不断开展，基坑支护的范围以及规模会不断扩大。不仅需要更多的施工人员以及施工设备广泛地参与到基坑支护施工中，同时增加了支护结构的使用数量，支护和管理的难度加大。在基坑支护施工过程中，如果稍有闪失，将有可能威胁到施工人员的生命安全，甚至使整个工程施工中断，给施工企业造成巨大的经济损失。

（2）岩土性质变化，加剧了基坑支护施工的安全性。由于基坑支护施工是地下进行的，地下土层结构比较复杂，且岩土性质千变万化。地质中蕴含着各种不确定因素，尤其是水文地质条件的影响，使得事前勘察得到的数据与实际的情况差距较大。基坑支护施工无法依照原有的施工方案进行。需要根据施工现场的实际状况，重新部署基坑支护施工工作，不仅会延长基坑支护施工的时间，还会增加基坑支护施工的成本，基坑支护经济效益降低。

解决办法：

（1）选择先进的勘测机器设备，对基坑的地质条件进行准确的判定，在基坑开挖之前，派遣专业的技术人员采用各种手段、方法对施工地质条件进行勘察、探测，确定合适的持力层，并根据不同持力层的地基承载力，确定地质基础类型。现代科学技术的发展使得地质勘探技术得到了迅速的发展，现有的地质勘探技术体系日趋完善，目前使用最广泛的地质勘探技术有钻探、坑探、槽探以及地球物理勘探等多种助探技术。在进行基坑支护施工时，技术人员可以选择合适的勘探方式对施工现场地质条件进行有效的勘测，并做好勘测数据记录工作，根据探测的结果施工科学的基坑支护施工方案。

（2）加强基坑支护安全管理工作。基坑支护施工主要是在地下进行的，地下施工环境比较复杂，且极易受到地质条件变化的影响，基坑支护施工存在很大的安全隐患。因此，为了保障基坑支护施工的顺利开展，维护施工人员的生命财产安全，加强对基坑支护施工安全管理工作。通过向施工人员进行安全教育培训，使施工人员掌握基本的安全防护知识，树立安全施工意识，强化责任意识，避免施工操作不当现象的出现，最大限度地消除施工安全隐患。同时为施工人员配备必要的安全装置，确保施工人员的生命安全。此外，应制定完善的施工安全制度，对违反施工安全规定的人员进行严格的处罚，避免危险行为的再次发生。根据现场情况，结合设计方案及出土口设置，进行分区分段施工。施工时严格按施工计划，统一部署，采取流水作业。加强现场施工进度、质量管理，各工序施工紧凑有序，互不干扰。投入足够机械、材料、人员，确保关键路线施工进度，加强对机械保养、维修。

（3）改善基坑支护施工技术，提升支护效果。完善的基坑支护施工技术体系不仅可以确保基坑支护施工的顺利开展，同时也可以确保基坑支护施工的效果和质量。因此，施工技术人员应该在实际的支护工作中不断地总结经验和教训，勇于正视自己的不足，并及时纠正错误，以免事态严重化，加大经济损失。同时积极借鉴国外相关施工技术成果，弥补自身存在的缺陷，不断优化和改进基坑支护技术体系，在确保基坑支护安全性的同时，最大限度地提升基坑支护施工的质量和水平。

9.2.2 勘察工作难点及解决方法

（1）项目涉及柳州市内多处防洪排涝泵站，工程区段分布分散，开展勘察外业工作较为困难、工期难控制。

解决办法：对各工程区段进行统筹划分，充分调配已有的勘察队伍，分区并行施工，减少转移运输成本，降低重型机械搬运风险，控制工期。

（2）项目实施区段建筑较多，部分临近道路，开展勘察工作会对市民和交通造成影响。

解决办法：施工前，积极联系沟通各方，建立施工围挡，在尽可能减少施工对周围的影响、保证周边安全的情况下，使钻探机械顺利进场，并尽量做到保证外业质量前提下，尽快完成作业，恢复施工现场原貌。

（3）施工场地有限，钻探机械进场有难度。

解决办法：做好前期踏勘工作，根据各工程区实际情况选择合适型号大小的钻机。

（4）场地局部分布有淤泥质软弱土层，含水量高，渗透性低，承载力低，稳定性差，对泵站稳定性影响较大。

解决办法：钻探过程中要准确地分辨软土层的厚度；通过标贯、十字板剪切试验、扁铲试验等原位测试查明其力学性质；采用薄壁取土器采取原状样并对其进行室内土工试验，获取其物理力学性质指标。

（5）项目实施范围内分布有溶洞，溶洞造成基岩面起伏较大或有软土分布，可能造成地基不均匀下沉；基岩和上覆土层内，由于岩溶地区较复杂的水文地质条件，地下水控制难度大，易产生新的岩土工程问题，造成地基恶化。

解决办法：根据钻孔揭露情况，采取有针对性的物探方法查明溶洞的分布范围及规律，首先采用加密钻孔的方式进行调查，必要时采用加密钻孔的方式对物探成果进行验证，以进一步查明溶洞的发育、分布和充填情况。

（6）泵站前池、出水池有存在淤泥质土的可能。淤泥质土含腐烂植物碎屑等高含量的有机质，具产生沼气等有害气体的条件。

解决办法：根据区域地质及钻孔揭露情况，对淤泥分布区进行有害气体检测，必要时可加密钻孔，查明有害气体的分布情况。

（7）沿线存在着多层地下水，而且水位高，施工需要考虑降水或止水措施，所以准确地观测各层地下水是项目勘察的一个关键工作。

解决办法：在方案制定的过程中，要求对每个建筑进行分层观测地下水，查明碎屑岩类孔隙裂隙水、基岩裂隙水及裂隙岩溶水的分布规律及水位变化情况；为了准确观测地下水，在勘察时量测每个钻孔的初见水位和稳定水位，必要时再设置长期观测孔。在常规观测的基础上要求在 24 小时与 48 小时后各观测一次静止水位。

（8）场地可能有地下管线分布，部分地段缺乏管线分布图。

解决办法：熟悉建设单位提供的资料，在钻孔布置时注意避开已有管线。安排管线探测组，对钻孔附近的钻孔实行"查、访、探、挖、护、听"六大步骤，确定每个钻孔附近是否有管线，如有，查明其位置。

（9）部分钻孔布置在交通要道或人行道附近，对行人和车辆造成隐患，同时形成地下水上下联系的通道。

解决办法：在钻孔施工完毕后，用水泥（砂）浆按规范要求进行封孔。对于有掉钻的钻孔，应有详细记录。

（10）泵站扩容升级改造可能需要破除部分临近堤防，需要恢复堤防原貌。

解决办法：收集已建堤防勘察及竣工资料，为破堤提供工程地质参数及评价；对恢复堤防原貌所需天然建筑材料进行必要的勘察，要求土料符合堤防建设及防渗要求。

9.2.3　前期过程咨询服务工作难点及解决方法

（1）项目入库。

（2）项目前期各个阶段的协调报批。

（3）勘察管理中的外业管理。

（4）设计过程进度管理。

（5）与各主管部门的前期协调管理。

（6）前期成果验收管理。

（7）工程档案管理。

（8）安全、信息、风险、人力资源等管理与协调。

（9）资金筹集方案策划。

（10）设计成果专家审查管理。

（11）造价咨询服务。

前期过程服务质量的优劣直接影响项目质量的好坏，所以对咨询服务的把关和协调管理尤其重要。

解决办法：①加强政策咨询、提供完备的技术支撑服务；②在项目推进过程中，前期过程咨询单位作为项目技术方协助建设单位与政府审批部门进行沟通，始终处在项目各方对接第一线，实时转化项目审批各部门及建设单位需求落实至项目报批文件中；确保前期设计及各项专题满足审批条件，促进项目尽早获批；③项目咨询单位运用管理、技术、经济、法律等多学科的专业知识和工程经验，为委托方提供投融资方案等专业策划，协助建设单位拓宽、优化资金筹措渠道；④针对项目管理难点，实现碎片化到集约化的转变；⑤工程咨询服务单位通过自身专业能力，发挥一体化专业优势，能更好地对工程质量、安全、进度、费用等进行控制；⑥加强与广西壮族自治区水利厅、柳州市自然资源和规划局、柳州市水利局的沟通与协调，使项目尽早落地。

10 城市防洪排涝泵站扩容升级改造建议

1. 设计服务的合理化建议

（1）资料收集的建议

泵站现状调查收集的资料应真实、完整、满足泵站安全鉴定的需要。资料收集宜包括：原设计、施工资料；更新改造资料；运行与技术管理资料；泵站所在地及受益区的水文、水情及规划资料；其他相关资料。

在分析上述资料的基础上开展现场调查工作，全面了解泵站工程实际状态，有针对性地重点检查建筑物、机电设备和金属结构的薄弱和隐藏部位，对检查、观测和试验中发现的问题和缺陷，分析其产生的原因和对泵站运行、效益发挥等方面的影响。

（2）现状调查内容的建议

根据历年泵站运行的观测记录资料、历年机电设备试验检测资料、建筑物、机电设备和金属结构的大修资料、重大事故分析处理报告，结合泵站运行管理过程中发现的其他问题，有针对性地提出现状调查内容。

（3）水文规划调查的建议

详细调查、咨询泵站所在流域附近的街道住户，是否存在大雨时出现淹没等洪涝灾害情况，记录地理位置，后续进行测量高程，重新复核泵站的控制淹没水位等参数；跟负责城市排水管网的单位复核流经泵站所处流域的管径大小，是否存在流量无法正常通过的情况，避免因无法通过而遗漏水量的汇入；详细调查流域汇水面积，结合国家、省级高速规划，是否因道路建设等规划而出现新的汇水区域的新增；详细咨询泵房管理人员运行记录以来的泵站运行情况，从而印证泵站规模是否满足需求。

（4）建筑物鉴定标准的建议

近年来开始实施的强制性工程建设国家标准，对工程设计提出了更高的要求，其中《工程结构通用规范》（GB 55001—2021）荷载作用取值较现行《建筑结构荷载规范》（GB 5009—2012）均有所变大，同时《工程结构通用规范》（GB 55001—2021）将原《工程结构可靠性设计统一标准》（GB 50153）的恒荷载、活荷载分项系数1.4、1.2调整为1.5、1.3，《建筑与市政工程抗震通用规范》（GB 55002—2021）将《建筑抗震设计规范》（GB 50011—2010）（2016年版）的地震作用分项系数由1.3调整为1.4。

经过以上调整，通过整体结构有限元计算，结构内力较原设计标准有所增加，进而有可能导致建筑物的承载力不满足现行有关规范的要求。

根据《既有建筑鉴定与加固通用规范》（GB 55021—2021）4.2.2条，"当为鉴定原结构、构件在剩余设计工作年限内的安全性时，应按不低于原建造时的荷载规范和设计规范进行验算；如原结构、构件出现过与永久荷载和可变载荷相关的较大变形或损伤，则相关性能指标应按现行规范与标准的规定进行验算"。

因此，建议需要进行扩容升级改造的泵站，其原结构、构件出现过与永久荷载和可变载荷相关的较大变形或损伤，则相关性能指标按现行规范与标准的规定进行验算；反之，按原建造时的荷载规范和设计规范进行验算。

（5）混凝土结构复核参数选择的建议

泵站经过 20 多年的运行，混凝土结构不可避免地出现碳化，进而导致钢筋保护层厚度减小，使钢筋的抗锈蚀性能降低，构件的耐久性也随之降低。

在混凝土结构强度复核计算时，应结合现场安全检测结果，扣除混凝土碳化深度后的实际有效断面进行计算，以获得更加符合实际计算结果。

2. 勘察服务的合理化建议

（1）勘察工作量的建议

由于在招标时相关设计方案还未确定，建议对原设计文件及图纸进行深入分析，根据原岩土工程勘察的工程地质条件、水文地质条件、设计要求、拟建结构特点等，确定勘察重点，在充分满足规范要求的条件下，根据确定的工作方案、结构特点、工程地质资料及水文地质资料等情况对各建筑的钻孔数量、孔深及测试工作量做进一步优化。

（2）各工作衔接的建议

广泛收集场地附近的地质勘察资料，充分利用已有资料，这样不仅可以更大程度地降低勘察造价，还可以使勘察工作更加具有针对性，避免很多不必要的重复工作。

（3）对设计配合的建议

建议在勘察工作开始前，由设计针对各泵站提出较为具体的勘察要求，使勘察工作的针对性更强，有利于设计更加好地利用勘察成果资料。建议勘察部门与设计部门保持联络的通畅，以便各方能够信息互通，第一时间了解勘察进度等各种信息，对设计所提出的要求不能完全满足时，应与设计者进行沟通，将原因及调整措施通知设计人，在设计者同意的条件下进行调整。

（4）土工试验及原位测试建议

项目地点岩土层较多，地层结构相对复杂，且岩土层的埋深、厚度及物理力学特性变化较大，为获取足够的试验数据和准确划分地层界面，建议实际工作中根据地层变化情况对所布置土工试验及原位测试的数量与位置进行适当调整。

（5）对特殊性岩土的建议

项目区存在软弱土层、风化岩、膨胀土等特殊性岩土，软弱土层含水量高，渗透性低，承载力低，稳定性差，对泵站影响较大；基岩的起伏情况及风化程度对工程的影响较大，故查明基岩的平面及空间分布情况直接影响工程设计。膨胀土收缩性高于膨胀性，失水收缩造成地面或房屋开裂，浸水后裂缝不能闭合。

针对软土，建议在钻探过程中准确地分辨软土层的厚度，通过标贯、十字板剪切试验等原位测试查明其力学性质，采用薄壁取土器采取原状样对其进行室内土工试验，获取其物理力学性质指标。

针对风化岩，建议加强地质调查，调查基岩节理裂隙发育情况，判断基岩的风化程度，同时在钻探中进行重型触探试验、进行波速试验和物探试验以进一步查明基岩的分布情况，并获取岩体质量的基本数据。

3. 前期过程咨询服务合理化建议

（1）建议加强与广西壮族自治区水利厅、柳州市自然资源和规划局、柳州市水利局的沟通与协调，使项目尽早落地。

（2）合理选用技术标准，灵活运用技术指标。深刻地理解标准规范的内涵和各项指标值的适用条件，做到用心设计、细心设计、精心设计。根据其用途合理地选用技术标准，结合规划进行设计。

（3）充分分析项目的特点、研究项目的重点、难点，提出总体设计思想，制定项目的总体设计原则。然后在具体的设计中，这种看似宏观而又有较强针对性的措施是项目成功的关键，同时又必须特别强调各专业之间的协调性。

（4）合理确定工程方案。首先必须重视设计基础资料的调查、收集工作。然后在具体确定工程方案时，要以节约为指导，强调"安全、适用、经济、合理"的基本原则，确保工程的安全和功能的要求。

（5）加大勘察设计工作深度。首先要有合理的设计周期，要选择具有丰富经验的设计队伍，还要加大前期工作的投入，结合项目的特点，严格把关，以确保勘察设计工作的深度。

（6）优化细节设计。建立"节约型社会"的基本要求，就是要从细节入手，如何根据规划及现场地形进行平纵组合，从而有效地降低工程造价，应该作为泵站改造项目的重点、难点进行专题研究。

（7）项目建设过程中所涉及的行政村，项目实施的建设单位要协调好方方面面的关系，在保证资金、进度的同时严格把控质量。

（8）建议河道治理充分考虑建设现代化城镇的要求，进行泵站改造方案的设计。

（9）认真调查研究，充分了解现有基础设施及排水规划情况，研究标准合理、使用可靠、投资效益高、满足功能需要的排水方案。

（10）建议尽快地实施柳州市防洪排涝扩容升级改造工程，依靠科技进步推进泵站现代化。在条件允许下，积极推广应用新技术，提高泵站运行的自动化程度，进一步保证机组安全运行，并降低能耗。一方面使机组常年在高效区运行，另一方面要改造泵站进出水条件，改善进水流态，减少水路损失。

4. 老旧泵站升级改造的建议和措施

（1）泵站扩容升级改造项目多位于城市建城区，因此项目建设必须与《柳州市城市总体规划》《广西柳州市城市防洪规划修编（2018—2035）》通盘考虑，才能使项目达到其目的。

（2）充分考虑柳州市相关片区已建防 $P=2\%$ 标准自排闸和雨洪同期 $P=5\%$ 标准抽排泵站的特点，在满足以上防洪排涝标准安全的要求下，合理布置排涝设施。防洪排涝工程设计满足功能齐全、安全稳定、生态、景观、亲水的要求。

（3）在满足防洪排涝安全和城市规划要求的前提下，根据控制的水位标高，结合地形、地质条件布置生态景观线、防洪控制线、常年水位控制线；尽量选择少占地、少拆迁、工程量少、造价低、生态型、便于施工的建筑物型式。

（4）进站道路结合生态景观道路、市政道路设置，避免再另外设置进站道路。

（5）对泵站进出口挡墙的基础处理，由于施工受洪水的影响较大，设计尽量选择易施工，受洪水影响小，利于抢工期、造价低的基础处理和方案。

（6）对于填筑土料，优先选择可利用的开挖料，不足部分再选择离工程地点较近又满足施工的土料场，以减少工程土料运距，从而降低成本。

（7）做好施工组织设计，充分地考虑挖填土方的平衡利用，根据柳江河流特点，合理选择工期，尽量地选择施工条件较好的枯水季节施工。

11 崩冲泵站改造方案
（大口径箱涵顶进穿堤方案）

11.1 工程概况

11.1.1 概述

崩冲泵站属于河西防洪堤的一个排涝泵站，设计集雨面积 5.85km²，设计安装 3 台 700QZ-100GT 型潜水轴流泵，设计抽排流量为 4.0m³/s，总装机容量 390kW，泵房为钢筋混凝土整体箱型结构，总长 10.8m，宽 8.3m，泵站出水管为 2 条直径为 1.35m 的混凝土预制管，同时，崩冲泵站配备 3 台 30kW 临时抢险泵。已建崩冲防洪闸为 2.5m×3.0m 钢筋混凝土箱涵，进口高程为 77.0m，出口高程为 72.0m，防洪闸位于涵管出口，闸底高程为 72.0m，配备 2.5m×3.0m 铸铁闸门及螺杆启闭机 1 台，进口设检修闸 1 座，配备 2.5m×3.0m 铸铁闸门及螺杆启闭机 1 台，箱涵全长 84.0m。

已建的崩冲泵站及防洪闸所对应的河西防洪堤为土堤，堤顶宽 20m，堤顶高程为 91.78m，防浪墙高 1.0m，堤防内外侧按 1:2.0 修坡，于 85.00m 高程设宽 2.0m 宽马道。2010 年，柳州市城市投资有限责任公司在堤外边坡修建了 13.5m 宽堤滨江大道（西堤路），路面高程为 83.5m。

根据各时间跨度的《柳州市城市总体规划》，原崩冲泵站设计范围内预留的河道、低洼地、调蓄池等随着城市的发展而发生较大的调整，城市建设诸如洼地填埋、地面硬化、排水管网建设等区域下垫面变化对崩冲流域洪水汇流产生根本性影响。已建的崩冲泵站的排涝能力及防洪闸泄流能力已不能满足现城市发展要求，无法保证排涝设施自排 50 年一遇最大 24h 暴雨洪水不出槽，抽排雨洪同期 20 年一遇最大 24h 暴雨洪水保护区、建城区不受淹，无法满足"防洪保安全，优质水资源"这一基本民生水利要求。因此，需要对河西堤崩冲排涝泵站进行扩容改造建设。

11.1.2 泵站建筑物

崩冲泵站主要建筑物有进水建筑物、主泵房、出水建筑物等。

已建的崩冲泵站位于崩冲柳江出口的堤内侧，厂区沿堤线方向 90m 左右，纵深 50m，靠近上游围墙建设有 7 层钢筋混凝土结构宿舍楼，厂区下游前池左岸设有泵房、临时抢险泵房、控制室及维修车间等建筑物，宿舍楼与控制室之间距离约 54m，前池下游侧为河西污水泵站，前池宽度为 57m，底部高程为 80m。已建防洪闸位于原冲沟中部穿崩冲段土堤防排入柳江。

11.1.3 现状存在的问题及项目建设必要性

11.1.3.1 存在的问题

崩冲出口已于 1996 年建有河西堤防洪工程，崩冲泵站 1 座，崩冲防洪排涝闸 1 座，其中河西堤防洪标准为 50 年一遇；崩冲泵站原设计抽排流量为 $4.0\text{m}^3/\text{s}$，总装机容量 390kW，另配备 3 台 30 kW 临时抢险泵；崩冲防洪闸为 2.5m×3.0m 钢筋混凝土箱涵。崩冲下游的水电段出口已建有 1 条直径为 1.5m 的穿堤涵和 1 座泵站，泵站设计抽排流量为 $1.179\text{m}^3/\text{s}$，总装机容量 111kW。

另外，崩冲流域出口右岸已建有河西污水提升泵站 1 座，该泵站负责将崩冲流域和水电段的污水提升至龙泉山污水处理厂处理。根据调查，在区内降大雨时，河西污水提升泵站不运行，雨污水通过泵站或排涝闸排至柳江。

根据《柳州市城市总体规划（2010—2020)》《柳州市河西四桥头北片、西环路东片控制性详细规划》等规划成果，崩冲流域范围现为 6.09km^2，比原设计集水面积 5.85km^2 增大 0.24km^2。随着城市的发展，1996 年初步设计时预留的调蓄范围（河道、洼地、坑塘等）已开发为商住小区或工业用地，代表的有在水一方、渡口新村、金河湾、富丽家园、金绿洲如意家园、河西小区等 20 多个居住小区，流域内已无天然河道，全为地下管道，所有坑塘被填平硬化开发利用，仅剩余已建泵站前池尚有少量调蓄能力，经复核，82.3~86.5m 的调蓄容积仅为 4.6 万 m^3，原设计的为 49.4 万 m^3，现状的调蓄容积比原设计的减少了 44.8 万 m^3。已建的崩冲泵站的抽排能力为 $4.0\text{m}^3/\text{s}$，根据这几年的运行情况，抽排能力不足，不能满足城市发展的排泄要求。防洪闸的最大泄流能力为 $38.98\text{m}^3/\text{s}$（外江按关闸水位 82.3m 复核），也不能满足城市发展的排泄要求。另外，这几年防洪闸因受红花水利枢纽回水的影响，排水不畅，闸底淤积严重，检修维护运行管理极为困难。

11.1.3.2 项目建设的必要性和迫切性

1. 流域现状及与原设计时的区别

根据《柳州市城市总体规划（2010—2020)》《柳州市河西四桥头北片、西环路东片控制性详细规划》等规划成果，复核得到崩冲流域集水面积为 6.09km^2，主河道长 4.5km，河道平均坡降为 5.84‰，集水面积比原设计集水面积增加了 0.24km^2，增加的集水区域为航槛楼泵站集水区域，依据是柳州市防洪排涝工程管理处《柳防管纪【2012】2 号》"考虑远期拟将航槛楼泵站洪水排入崩冲泵站，将上游航槛楼泵站并入崩冲泵站"。根据河西片区的排水规划，崩冲雨水拟分 3 个片区通过河西干渠南支、北支和磨滩支渠等 3 条排水干渠汇集至出口通过泵站和排涝闸排至柳江。崩冲流域与 1996 年原设计时的变化主要有以下 4 点：一是集水面积有改变，复核得到的流域集水面积为 6.09km^2，比原设计集水面积 5.85km^2 增加了 0.24km^2，增加的集水区域为航槛楼泵站集水区域；二是汇流条件的变化，1996 年原设计时崩冲仅为 1 个排水分区，集水区域形状为扇形，由于城市建设等原因，崩冲的排水系统已改变，由原来的 1 个排水分区变为 3 个，且新增的 2 个排水干渠的比降明显比原来的缓，集水区域形状由原来的扇形变为现状的长条形；三是下垫面的变化，原设计时崩冲流域在铁路桥一带有大量的洼地、水塘等，现状流域内的洼地、鱼塘等已基本被填平，已开发为商住小区或工业用地，代表的有在水一方、渡口新村、金河湾、富丽家园、金绿洲如意家园、河西小区等20多个居住小区，流域内已无天然河道，全为有组织的地下排水管道，所有坑塘被填平硬化开发利用，仅剩余已建泵站前池尚有少量调蓄能力；四是邻域调水，在柳江水位较高的关闸期间，原设计时水电段和崩冲的洪水单独抽排控制，现状水电段的洪水除部分通过水电段泵站抽排至柳江外，剩余的通过排污管道流入崩冲，再由崩冲泵站抽排到柳江，而且原设计没有考虑流域的污水。

2. 项目建设的必要性

根据《柳州市防洪工程河西堤段初步设计报告书》（1996年），崩冲防洪排涝总体方案为蓄排结合，即利用出口附近的河道、鱼塘、低洼地等进行调蓄洪水，不足部分利用出口防洪闸或排涝泵站排泄洪水。

崩冲泵站已建成运行多年，根据新的《柳州市城市总体规划（2010—2020）》，随着城市的发展，城市规划不断调整，崩冲泵站原设计范围内的调蓄池已经发展为城市建设用地，原流域控制范围也相应变大，原设计防洪排涝工程规模不能满足要求，该片区的防洪排涝的问题也逐渐突出，其改扩建的必要性主要表现在以下几个方面。

1）调蓄容积大幅度减少

崩冲流域在铁路桥一带原有大量的洼地、水塘等，但随着城市的发展，城市规划不断调整，原设计中用于调蓄的鱼塘、低洼地等基本被填平，特别是近些年的房地产的迅速发展影响尤为大，如流域内原有的洼地、鱼塘等基本被填平，已开发成为商住小区或工业用地，代表有在水一方、渡口新村、金河湾、富丽家园、金绿洲如意家园、河西小区等20多个居住小区，流域内已无天然河道，全为有组织的地下排水管道，目前仅剩余已建泵站进水口前的一小块洼地可用于调蓄，进水口前的调蓄容积大幅度减小，以82.3～86.5m的调蓄容积来说，现状的调蓄容积仅为4.6万m^3，原设计的为49.4万m^3，现状的调蓄容积比原设计的减少了44.8万m^3，现状调蓄容积仅为原设计的9.3%。

2）资料分析

从崩冲排涝闸和排涝泵站近些年的实际运行资料来看，发生较大洪水的有2005年、2007年、2008年等，其中24h暴雨量最大的为2007年，达到了247mm，略小于50年一遇的年最大24h的设计暴雨量（为268.6mm）。据调查了解，当时在排涝闸和泵站全开的情况下，崩冲流域仍遭遇了洪灾损失，交通道路不同程度受淹，交通出现中断现象。造成这样结果的原因主要是原设计中用于调蓄的鱼塘、低洼地等被填平，调蓄容积大幅度减少。

3）桂水电技字〔1996〕73号文的批复意见

1996年3月我院完成了《广西柳州市防洪工程河西堤段初步设计报告》，广西壮族自治区水利电力厅以"桂水电技字〔1996〕73号"文《关于柳州市近期防洪工程河西堤初步设计的批复》同意了该报告的成果内容，同年进入施工图设计。已批复的《柳州市防洪工程河西堤初步设计报告》第12章"结论及今后工作意见"中第2点第3条明确指出，"竹鹅溪、崩冲两大支流，为保证调洪库容容积和河道行洪断面，一定要加强河道管理，严禁侵占河道和向河床倾倒垃圾。随着城市的发展，崩冲流域有可能部分库区被开发，但必须提前做好扩大装机容量工作，并进行投资分摊，崩冲泵站设计留有一定的扩大装机位置"。

目前崩冲流域内原有的洼地、鱼塘等基本被填平，已开发成为商住小区或工业用地。因此，根据广西壮族自治区水利电力厅以"桂水电技字〔1996〕73号"文和崩冲流域调蓄容积的改变情况，在现状的基础上，对崩冲排涝设施进行扩容改造工程是必要的。

4）邻域调水

在区内降大雨时，由于河西污水提升泵站不运行，崩冲和水电段的雨污水通过泵站或排涝闸排至柳江。洪水排泄方式为：在柳江水位较低的开闸期间，水电段的洪水全部通过水电段排涝闸排到柳江，崩冲的洪水全部通过崩冲排涝闸排到柳江；在柳江水位较高的关闸期间，水电段的洪水除部分通过水电段泵站抽排至柳江外，剩余的通过排污管道流入崩冲，再由崩冲泵站抽排到柳江。因此，在柳江水位较高的关闸期间，原设计时水电段和崩冲的洪水单独抽排控制，而现状水电段的洪水除部分通过水电段泵站抽排至柳江外，剩余的通过排污管道流入崩冲，再由崩冲泵站抽排到柳江，而且原设计没有考虑流域的污水，泵站改造时需要考虑污水，增加了崩冲的抽排压力，水电段集水面积为 $0.61km^2$。

5）已建的崩冲防洪闸

进口高程为77.00m，出口高程为72.00m，防洪闸闸底高程为72.00m，涵管为2.5m×3.0m，外江红花回水水位为78.50m，已淹没6.5m。经复核，现状排涝闸不能满足排泄50年一遇洪水的要求。同时闸门常年水下运行，闸门锈蚀，淤积严重，并且防洪闸离堤轴线约35m。经业主反映，运行管理极不方便，由于红花回水影响，防洪闸长期受浸泡于常水位以下6.5m，金属结构锈蚀，闸槽淤积严重难以正常启闭，存在严重的安全隐患，因此需要进行改扩建。

综上所述，为确保河西防护区崩冲流域群众生命财产的安全，减少保护区内涝灾害，为该地区经济发展创造更好的基础条件，对崩冲排涝设施进行扩容改造是非常必要的。

11.2　基本资料

11.2.1　原设计基本资料

崩冲出口已建有河西堤防洪工程，崩冲泵站1座，崩冲防洪排涝闸1座，其中河西堤防洪标准为50年一遇。崩冲泵站原设计抽排流量为 $4.0m^3/s$，总装机容量390kW，另配备3台30kW临时抢险泵，崩冲防洪闸为2.5m×3.0m钢筋混凝土箱涵。

另外，崩冲流域出口右岸已建有河西污水提升泵站1座，该泵站负责将崩冲流域和水电段的污水提升至龙泉山污水处理厂处理。

水电段属于柳江的小支流，位于崩冲流域的右侧，流域集水面积为 $0.61km^2$，长0.77km，河道平均坡降为3‰。水电段出口已建有1条直径为1.5m的穿堤涵和1座泵站，泵站设计抽排流量为 $1.179m^3/s$，总装机容量111kW。

11.2.2　水文气象

该区气候属中亚热带向南亚热带过渡的气候带，其气候特征是温暖湿润，雨量充沛，夏长冬短，夏雨冬干。据柳州水文站（二）多年气象观测资料统计，多年平均气温20.5℃，年变幅±1.3℃以内；1963 年为最暖年，年平均气温 21.2℃，1967 年、1976年为最冷年，年平均气温 19.9℃；1 月通常为一年中的最冷月，多年平均气温为10.3℃；7 月通常为最热月，多年平均气温为 28.8℃；极端最低气温−3.8℃（1955 年1 月 12 日），极端最高气温 39.2℃（1953 年 8 月 13 日）。多年平均降水量 1460mm，最大年降水量为 2289.4mm（1994 年），最小年降水量 918.1mm（1989 年）。降水在年内分配不均匀，4～8 月为雨季，雨量占全年的 71.4%，9 月至次年 3 月是少雨季节，雨量约占全年的 28.6%，实测最大日降雨量 311.9mm（1957.6.17）。柳州市盛行南北风，少有东西风，全年主导风向为北北西风，年平均风速为 1.6m/s，静风率达 37%，最大风速 17m/s，极大风速 24.3m/s。

崩冲内涝产生的原因主要有 3 种情况：一是当保护区内降大暴雨时，由于排水系统不完善，区内的雨洪无法顺畅排入支流汇入柳江而造成区内低洼地受淹，该部分为市政排水规划内容，不属于本报告内容；二是由于崩冲流域内用于调蓄的洼地、鱼塘被填平，原有调蓄容积减少，导致现有防洪排涝设施规模不够，造成保护区内涝灾害；三是流域集水面积增大，导致内涝洪水增大，原有防洪排涝设施规模不够。同时，根据河西片区的排水规划，崩冲拟建 3 个排水干渠，目前流域已建有河西干渠南支下游段和磨滩支渠 2 条排水干渠，尚余河西干渠南支上游段和河西干渠北支待建，雨污水通过排水干渠汇集至崩冲出口（表 11-2-1）。

表 11-2-1　崩冲流域和水电段特征参数

名称		流域特征值		
		F/km^2	L/km	$J/‰$
崩冲（原设计）		5.85	4.5	5.84
崩冲	河西干渠北支	1.62	2.8	1.2
	河西干渠南支	3.03	4.5	5.84
	磨滩支渠	1.44	2.7	3
	合计	6.09		
水电段		0.61	0.77	3

另外，崩冲流域出口右岸已建有河西污水提升泵站 1 座，该泵站负责将崩冲流域和水电段的污水提升至鸡喇污水处理厂处理。据调查，在外江遭遇或内江大洪水时，河西污水提升泵站不运行，雨污水通过泵站或排涝闸排至柳江。洪水排泄方式为：在柳江水位较低的开闸期间，水电段的洪水全部通过水电段排涝闸排到柳江，崩冲的洪水全部通过崩冲排涝闸排到柳江；在柳江水位较高的关闸期间，水电段的洪水除部分通过水电段泵站抽排至柳江外，剩余的通过排污管道流入崩冲，再由崩冲泵站抽排到柳江（表 11-2-2）。

表 11-2-2　设计洪水成果表

项目		流域特征值			P＝2%			雨洪同期 P＝5%		
					推理公式法		瞬时单位线法	推理公式法		瞬时单位线法
		F/km^2	L/km	$J/‰$	洪峰/(m^3/s)	洪量/万 m^3	洪峰/(m^3/s)	洪峰/(m^3/s)	洪量/万 m^3	洪峰/(m^3/s)
崩冲（原设计）		5.85	4.5	5.84	72.3	110	—	31	57.7	—
崩冲本流域	河西干渠北支	1.62	2.8	1.2				6.6	16	
	河西干渠南支	3.03	4.5	5.84			23.1	13	30	13.2
	磨滩支渠	1.44	2.7	3				6.4	14	
水电段		0.61	0.77	3				3.53	6	
污水								0.5	4	
崩冲出口								25.5	66	
崩冲本流域	河西干渠北支	1.62	2.8	1.2	13.4	37		6.6	16	
	河西干渠南支	3.03	4.5	5.84	27.1	65	28.4	13	30	13.2
	磨滩支渠	1.44	2.7	3	13.3	32		6.4	14	
水电段		0.61	0.77	3	8.4	14		3.53	6	
污水					0.5	4		0.5	4	
崩冲出口					54.3	138		25.5	66	

11.2.3　工程地质

11.2.3.1　地形地貌

崩冲泵站位于柳州市河西防洪堤保护区崩冲支流与柳江交汇口的左岸，为柳江Ⅱ级阶地，阶地高程为 88.9～90.5m。毗邻柳州市在水一方小区及河西污水提升泵站，堤顶高程 91～92m，泵站工作区位于Ⅱ级阶地上，沟底高程 78m 左右，崩冲冲沟岸坡在 350～450m，局部坡顶因崩坍近直立，未发现有大的滑坡、岩溶土洞、地陷等现象。

11.2.3.2　地层岩性

出露地层除浅表部的少量第四系地层外，主要由二叠系下统、石炭系、泥盆系上统等地层组成，现从新到老分别描述如下。

1. 第四系

主要有阶地平原冲积堆积物、岩溶平原溶余堆积物、残坡积堆积物。冲积层厚度一般为 2～15m，岩性为黏土、粉质黏土、粉土、粉细砂、圆砾卵石等，具二元结构；溶余堆积物，薄者2～3m，厚者15m或更厚，岩性以红黏土、次生红黏土为主，第四系地层覆盖面积广。

2. 白垩系下统 a 组

紫红色砂质泥岩、钙质泥岩夹灰色泥质灰岩及少量砾岩，底部砾岩夹粉砂岩，主要分布在洛埠镇东南侧，厚500m左右。

3. 三叠系下统

灰色泥灰岩、黄绿色页岩夹薄层灰岩，下部夹少量细砂岩，主要分布在三门江至洛埠镇一带，厚度大于150m。

4. 二叠系

上统大隆组：钙质泥岩、硅质岩；三门江一带上部凝灰岩、页岩夹灰岩，下部硅质岩、页岩，主要分布在三门江一带，厚77～113m。

上统合山组：燧石灰岩夹硅质岩、页岩，主要分布在三门江一带，厚90～150m。

下统栖霞组：深灰、灰黑色灰岩，下部为燧石灰岩，主要分布在六座锰矿北侧，厚192～308m。

5. 石炭系

上统：灰白、浅灰色灰岩夹生物灰岩，下部为白云岩，主要分布在阳和开发区一带，厚172～644m。

中统：灰色灰岩、白云质灰岩、白云岩呈团块状，主要分布在洛容镇一带，厚299m。

中统黄龙组：浅灰色灰岩夹少量白云质灰岩，主要分布在古亭山及其东北侧一带，厚330m。

中统大埔阶：浅灰色厚层、块状白云岩，主要分布在官塘新区中部，厚80～634m。

下统大塘阶：浅灰、灰白色厚层、块状灰岩、细晶灰岩、白云质灰岩、白云岩，主要分布在阳和开发区侧，厚400～500m。

上段：深灰色细晶灰岩夹含锰灰岩、白云质灰岩，主要分布在雒容镇东侧，厚200m左右。中段：砂岩、粉砂质泥岩、页岩夹灰岩透镜体、菱铁矿薄层及少量煤层，主要分布在古亭山东北侧，厚度大于50m。

下段：灰、深灰色燧石灰岩、结晶灰岩，局部夹少量砂岩、页岩，主要分布在雒容农场北部，厚12～500m。

下统岩关阶：上部硅质岩夹含磷炭质硅质页岩，下部深灰、灰黑色灰岩、泥质灰岩，主要分布在江口西北部，厚度200m以上。

6. 泥盆系

上统榴江组：灰、浅灰色，厚层、块状灰岩、鲕状灰岩、白云岩，主要分布在江口附近，厚度1078m以上。

中统东岗岭阶：泥质灰岩、疙瘩状泥灰岩、灰岩、页岩，主要分布在江口西侧，厚度332～720m。

11.2.3.3 物理力学性质

根据地质调查、测绘和收集到的工程区已有钻孔资料和试验成果，该工程场地各岩土层物理力学指标建议值见表11-2-3。

表 11-2-3 岩土层物理力学指标建议值表

土层名称及编号	土的状态（或风化程度）	天然重度（γ）/（kN/m³）	直接快剪		压缩性	摩擦系数（f）	渗透系数（k）/cm·s⁻¹	承载力特征值（f_k）/kPa	备注
			内摩擦角（ϕ）/（°）	内聚力（C）/kPa	压缩模量（E_s）/MPa				
素填土①₃	中密	18.5	15	30	5	0.25	1×10^{-5}	150	
粉质黏土②	可～硬塑	19.5	13	45	8	0.30	1×10^{-6}	170	
粉质黏土③	可塑	19.5	11	40	7	0.25	1×10^{-6}	160	
粉细砂④	中密	20.0	20	0	8		1×10^{-3}	130	
卵石层⑤	中密	21.0	35	0	25		1×10^{-2}	300	

11.2.3.4 场地水文地质条件

（1）地下水特征

场地地下水类型主要为上层滞水、孔隙潜水、基岩裂隙水 3 种，其中上层滞水分布在填土层中，孔隙潜水赋存于第四系土层的孔隙中，基岩裂隙水赋存于白云岩的风化、构造裂隙及岩溶孔隙中，其中水量随岩石裂隙的发育程度和张开程度而变化。地下水位高程约为 78m，与外江水位基本持平，表明地下水与外江水有统一的补排关系。

（2）水的侵蚀性评价

本区水文地质条件简单，据工程区已有水样试验及《水利水电工程地质勘察规范》（GB 50487—2008）附录 L 相关规定，本工程区地表水及地下水对混凝土无侵蚀性。

11.2.3.5 不良地质作用

据现场踏勘、借鉴本工程前期勘察资料等，场地及邻近区域不存在滑坡、泥石流、崩塌、危岩、地裂缝、地面沉降等不良地质现象。

11.2.3.6 场地稳定性及适宜性评价

据区域地质资料和野外钻探结果，场地及其附近无深大活动性断裂构造通过，不存在有土洞、岩溶、危岩和崩塌、地面沉降、泥石流等不良地质作用和地质灾害，也不存在沟浜、墓穴、防空洞、孤石等不利埋藏物，场地基本稳定。地形有一定起伏，岩土种类较多，分布较不均匀，地下水对工程建设影响较小，地表排水条件尚可，场地相对平整较简单，地基条件和施工条件一般，工程建设可能诱发次生地质灾害，采取一般工程防护措施可以解决，地质灾害治理简单，工程建设适宜性定性判定为较适宜。

11.2.3.7 地震液化评价

没有活动性区域性大断裂通过测区，区域稳定性良好，据国家质量技术监督局 2015 年 5 月发布的《中国地震动参数区划图》（GB 18306—2015），本工程区二类场地基本地震动峰值加速度为 0.05g，相对应地震基本烈度为 Ⅵ 度，反应谱特征周期为 0.35S。据《水工建筑物抗震设计标准》（GB 51247—2018），地震基本烈度为 Ⅵ 度的区域可不考虑地震液化影响。

11.2.3.8　建筑物地质条件评价

（1）泵房

泵站厂房场地粉质黏土层②、粉质黏土层③性状较好，可以考虑做泵站天然基础持力层，若不满足天然地基要求，建议采用钻（冲孔灌注桩），桩端持力层为卵石层或弱风化白云岩；泵站出水管拟采用顶管施工，设计顶管线高程为79.8m。所穿过土层主要为素填土层①3、粉质黏土层②，未见有稳定性较差地层及可能产生流砂、管涌等地层。素填土层、粉质黏土层承载力、弱透水性满足要求，土层标贯击数7～13击，土质纯，未见夹石等现象，易于顶管施工。应注意管壁外侧的防渗处理，以防水沿管外侧渗透破坏。施工时防止外江水沿填土层与下浮土层接触面渗漏。

场区地下水位高程约为78m，施工地下水主要受填土层中上层滞水的影响，上层滞水含水量不大，注意外排，其对顶管的影响不大。场地主要含水层为卵石层，卵石层埋深较大，与施工面有3～4m防水层粉质黏土层的间隔，卵石层中地下水对施工无影响。因此，施工中只要做好上层滞水引排及外江水的堵挡，地下水对施工影响不大。

（2）防洪闸

扩容改造项目对已建的防洪闸进行封堵，在原涵闸下游侧设计新的2φ3200钢管防洪闸。河内侧采用顶管法施工穿河西堤，顶管高程为78.8m。在外江侧穿西堤路段，采用C25混凝土箱涵，大开挖入外江。拟定改造后的涵闸进口高程为78m，改造后的闸室底槛高程为77.50m。

防洪闸设计顶管线高程为78.8m，所穿过土层主要为素填土层①3、粉质黏土层②，未见有稳定性较差地层及可能产生流砂、管涌等地层。素填土层、粉质黏土层承载力、弱透水性满足要求，土层标贯击数7～13击，土质纯未见夹石等现象，易于顶管施工。场区地下水位为78m，位于顶管以下，但应考虑上层滞水使土体软化对工程的影响。应注意管壁外侧的防渗处理，以防水沿管外侧渗透破坏。施工时防止外江水沿填土层与下浮土层接触面渗漏。

场区地下水位高程约为78m，施工地下水主要受填土层中上层滞水的影响，上层滞水含水量不大，注意外排，其对顶管的影响不大。场地主要含水层为卵石层，卵石层埋深较大，与施工面有3～4m防水层粉质黏土层的间隔，卵石层中地下水对施工无影响。因此，施工中只要做好上层滞水引排及外江水的堵挡，地下水对施工影响不大。

11.2.3.9　地质结论

（1）根据《中国地震动参数区划图》（GB 18306—2001），工程区地震动峰值加速度0.05g，相当于地震基本烈度Ⅵ度，反应谱特征周期为0.35s。

（2）本工程主要位于柳江右岸、崩冲支沟左岸上，总体上场地较均匀、稳定，适宜工程的修建。

（3）本工程区基础持力层主要为硬塑至可塑粉质黏土、可塑粉质黏土、中密粉细砂、中密卵石层及弱风化白云岩，岩土层物理力学性质较好，无不良地质作用，能满足各建筑物的承载要求。

（4）各建基面开挖可采用桩基护坡开挖、沉井施工开挖及大面积开挖方案，设计视场地条件允许进行技术、经济比较后确定。

（5）选于谭中西路河西开发区南侧西鹅路东侧的土料场，距拟建泵站场地约8km，为砾质黏性土，土料数量、质量均满足要求。

（6）本区水文地质条件简单，本工程区地表水及地下水对混凝土均无侵蚀性。卵石层中地下水对工程施工无不利影响，建议采取有效截排措施减少填土层中上层滞水对施工的影响。

11.3　工程规模复核

11.3.1　防洪、排涝标准

1. 原设计的崩冲自排和抽排标准

根据经广西壮族自治区水利厅批复的《柳州市防洪工程河西堤段初步设计报告书》（1996 年），崩冲出口柳江防洪体系为堤库结合，防洪设计标准为 100 年一遇洪水，其中崩冲出口的河西堤防洪设计标准为 50 年一遇洪水，在上游水库的调洪作用后达到 100 年一遇洪水，内涝治理按自排、抽排暴雨洪水两种不同情况选定其不同标准，其标准如下。

（1）自排

根据国家颁布的《防洪标准》（GB 50201—94），崩冲排涝闸的排涝标准为 50 年一遇，洪水标准堤防的排涝闸为排泄 50 年一遇年最大 24h 暴雨产生的洪水，保护区内不成灾。

（2）抽排

采用内外江雨洪遭遇时段最大 24h 降雨进行统计，即统计外江柳江水位从 82.03m—洪峰—82.03m 过程内江最大 24h 降雨，取雨洪同期 $P=5\%$ 作为抽排标准，该标准降雨产生的雨洪经出口洼地调蓄及泵站抽排后，其最高内涝淹没水位控制在允许淹没水位以下。

2. 改造复核的崩冲自排和抽排标准

崩冲流域及其涉及的水电段均属于柳州市柳南区，人口较密集。根据 2012 年编制的《柳州统计年鉴》，2011 年末柳南区的总人口约为 34.3 万人，按区内目前的人口增长率估算，至 2020 年末总人口约为 36 万人。现区内已形成了飞蛾新商业中心、汽车贸易中心、现代物流中心和柳邕生活资料集散中心"四大中心"，成为柳州市商贸大区。柳南辖区内柳州市河西工业区是广西柳工集团有限公司、上汽通用五菱汽车股份有限公司及东风柳州汽车有限公司乘用车基地的主要配套基地之一，区内的企业大部分为大型企业。目前工业区已形成了汽车零部件、工程机械零部件和其他加工配套的中小企业集群，为"自治区 A 类产业园区"。

崩冲自排和抽排标准的选择考虑了该区的防洪保护对象重要和防洪保护区内人口数量，以及该区域的社会经济发展情况，依据《城市防洪工程设计规范》（GB/T 50805—2012），采用自排设计标准和抽排设计标准为排泄 $P=5\%$ 年最大 24h 暴雨量产生的洪水，保护区内不成灾。

本工程涉及的堤防工程等级应按Ⅱ等 2 级进行改造及恢复。崩冲泵站扩容改造拟装机容量 4（台）×500＝2000kW，设计抽排流量为 19.8m³/s，泵站为中型工程，等级为

Ⅲ等工程，主要建筑物级别为3级，次要建筑物为4级；抽排设计标准为雨洪同期20年一遇最大24h暴雨洪水；崩冲防洪闸排泄$P=2\%$洪水时，区内最高淹没水位低于控制淹没水位，改造方案拟建1孔3.0m×4.0m的钢筋混凝土箱涵，防洪闸等级为Ⅱ等2级，自排设计标准为50年一遇最大24h暴雨洪水。

11.3.2 崩冲排涝闸及崩冲泵站

崩冲排涝区控制集水面积较小，经过实地踏勘，已批复的《柳州市防洪工程河西堤段初步设计报告书》（1996年）中用于调蓄的鱼塘、低洼地等基本被填平，目前仅有已建泵站出口留有一小块洼地可用于调蓄。因此，本报告首先复核现有闸门尺寸相应自排能力是否满足原设计$P=2\%$，并分析其改造的可行性及必要性，提出闸门改扩建方案。

根据该片区路面竖向规划，距离崩冲已建泵站约500m的规划穿越铁路桥的次干道最低点地面高程为84m，但对应低洼区域面积十分小，仅约0.12万m^2，影响对象主要是约200m长的城市次干道的道路交通，周边其余高程均在87.5m以上，拟定了如下2个方案。

方案1：以次干道最低点为控制点，拟定控制淹没水位为83.5m，考虑一定的水面比降，至闸门前的最高运行水位控制在82.5m以下。

方案2：以周边地面为控制点，不考虑对次干道的影响，拟定控制淹没水位为86.5m，考虑一定的水面比降，至闸门前的最高运行水位控制在85.5m以下（表11-3-1）。

表11-3-1 防洪排涝闸特征水位复核成果表

阶段	集水面积/km²	$P=2\%$洪峰流量/(m³/s)	最大下泄流量/(m³/s)	闸前壅水位/m	闸前控制水位	控制淹没水位/m	闸门尺寸/(n×b×h/m)	是否满足防洪要求
现状	6.09	54.4	50.2	88.12	85.5	86.5	1×2.5×3	否
改建	6.09	54.4	51.7	85.26	85.5	86.5	1×3.0×4.0	是

排涝泵站的抽排规模根据来水过程、考虑泵站前洼地，用水量平衡原理进行调节计算。根据调整后的特征水位，已建的崩冲排涝泵站方案1、方案2实际抽排流量分别为3.3 m³/s、4.0m³/s，不能满足崩冲排涝要求，需要进行扩建。经过方案比较，主要考虑84m对应低洼区域面积十分小，仅约0.12万m^2，影响对象主要是约200m长的城市次干道的道路交通，影响时段较短，约为3h，且可通过绕道通行，周边其余高程均在87.5m以上。因此，推荐86.5m作为控制淹没水位。

11.4 建筑物改造升级方案

11.4.1 建筑物等级和设计标准

根据河西堤初设批复文件，柳州市为2等城市，河西堤按抵御50年一遇洪水标准设计，工程等级为Ⅲ等，主要建筑物为3级建筑物，包括堤防、排涝泵站、排涝（涵）闸、交通闸等，护岸等次要建筑物为4级建筑物，其他建筑物为4级建筑物。根据《柳州市防洪工程河西堤竣工验收报告》，扩容改造工程涉及的堤防工程等级应按Ⅱ等2级进行改造。

崩冲泵站原控制流域面积为 5.85km²，依据现有条件经复核，流域面积为 6.09km²，扩容改造拟装机容量 4（台）×500＝2000kW，设计抽排流量为 19.8m³/s，根据《泵站设计规范》（GB/T 50265）规定，本泵站为中型工程，泵站等级为Ⅲ等工程，主要建筑物级别为 3 级，次要建筑物为 4 级，抽排设计标准为雨洪同期 20 年一遇 24h 暴雨洪水。

崩冲防洪闸原设计最大下泄流量为 57.9m³/s，依据现状条件经复核，最大下泄流量为 51.7m³/s，扩容改造拟建 1 孔 3.0m×4.0m 的钢筋混凝土箱涵，防洪闸等级为Ⅱ等 2 级，自排设计标准为 50 年一遇最大 24h 暴雨洪水。

11.4.2 工程改造方案

改造思路：随着柳州市城镇化进程的不断发展，区域汇流条件及内涝洪水调蓄容积的变化，很多城区已建泵站洪水抽排能力已经不能满足现代城市发展的需要，在崩冲防洪排涝泵站扩容改造工程中，设计打破常规治理模式，立足于已有实际场地建设条件和崩冲流域防洪排涝系统的整体性，因地制宜、分类施策，以"安澜、优质、实用、安全、可靠、经济、合理、美观、智慧"为设计目标，系统思维，整体谋划协同推进，以信息智能化创新、新材料、新工艺等要素为依托，探索经济、合理、有效、美观的城市防洪治涝方案，加强崩冲沿线片区的城市防洪治涝能力，改善生态环境和人居环境，保证建成区的防洪安全，有效提升城市形象和品位，推进该片区城市可持续发展，践行"水利工程补短板，水利行业强监管"总基调。

改造理念：以习近平生态文明思想为指导，体现"以人民为中心"的发展思想，"坚持绿色发展，以水而定、量水而行，因地制宜、分类施策""使人民获得感、幸福感、安全感更加充实、更有保障、更可持续"，核心要义是"造福人民"。

该项目涉及的泵站工程按Ⅲ等 3 级、穿堤出水管工程按Ⅱ等 2 级进行扩容改造，设计抽排标准为雨洪同期 20 年一遇 24h 暴雨洪水，泵站建筑物设计标准为 20 年一遇最大 24h 暴雨洪水，总装机容量为 4（台）×500kW＝2000kW，抽排流量为 19.8m³/s，设计控制淹没水位为 86.5m，并配套建设附属设施。

该项目涉及的防洪排涝闸工程等级为Ⅱ等 2 级进行扩容改造，设计自排标准为 50 年一遇（可研批复为 20 年一遇）最大 24h 暴雨洪水，改造涵管为 1 孔 3.0m×4.0m 的钢筋混凝土箱涵，自排流量为 51.7 m³/s，设计控制淹没水位为 86.5m，并配套建设附属设施。

11.4.3 工程位置的地形地质条件

崩冲泵站扩容改造设计地形采用实测 1：1000 地形图。地形地质条件归纳如下。

（1）根据《中国地震动参数区划图》（GB 18306—2001），工程区地震动峰值加速度 0.05g，相当于地震基本烈度Ⅵ度，反应谱特征周期为 0.35s。

（2）本工程主要位于柳江右岸、崩冲支沟左岸上，总体上场地较均匀、稳定，适宜工程的修建。

（3）本工程区基础持力层主要为硬塑至可塑粉质黏土、可塑粉质黏土、中密粉细砂、中密卵石层及弱风化白云岩，岩土层物理力学性质较好，无不良地质作用，能满足各建筑物的承载要求。

（4）本区水文地质条件简单，本工程区地表水及地下水对混凝土均无侵蚀性。卵石层中地下水对工程施工无不利影响，可采取有效载排措施减少填土层中上层滞水对施工影响。

11.4.4　泵站及排涝闸上部建筑设计方案

建筑设计上，泵站及排涝闸上部建筑选用个性鲜明且具有象征意义的岭南风格建筑形式，为广西壮族自治区重点防洪城市防洪排涝泵站首创，在满足运行使用功能的同时，彰显独特的建筑风格及文化气息，体现了简洁、清晰、高效、美观的设计理念，为"百里柳江画廊"增添了光彩。

崩冲泵站及排涝闸上部建筑设计以中式复古的建筑形式体现建筑活跃精致又整体协调的效果，彰显独特的建筑风格。

上部建筑设计主要考虑周边建筑群、道路及百里柳江水景观要求、旅游功能及开发等因素，结合周边新建建筑物，采用唐代仿古建筑。选择仿古建筑歇山顶，运用叠檐增加变化。屋面采用青灰色筒板瓦铺装，歇山顶九脊配以预制混凝土飞檐等，屋檐设置成品飞檐翘角。两侧山墙采用预制木构件平梁装饰构件。屋檐下设置成品杉木椽子、飞子，成品菠萝格斗拱及杉木花格额枋等仿古建筑元素。整体建筑物颜色古朴、素雅，屋面整体颜色以青灰色调为主，墙体选用白色，柱子选用成品木纹圆柱饰面，窗体采用杉木门窗。主体建筑物可以与整个滨江片的大环境融合，达到自然景观效果。

新建泵站拟位于原泵站厂区内，泵站呈矩形。采用大面积的开窗满足室内采光通风的要求，同时也方便工作人员对运行情况进行观察。厂区设置树木种植及相应的附着植物遮挡部分建筑物，以弱化建筑物和更好融合周边生态景观。

11.4.5　崩冲扩容泵站改造方案

新建扩容泵站厂房布置在旧崩冲防洪闸与泵站厂区之间的前池边，位于防洪堤内侧，泵房纵轴线与防洪堤轴线基本平行；泵房正向进水，正向出水。出水经泵房压力水箱汇集后，采用2条直径2.2m钢管穿堤，穿堤部分采用顶进钢管施工，堤外设总管拍门2扇 φ2.6m（节能式侧翻式拍门）。

根据崩冲泵站厂区现状的地形、地质条件、堤防以及城市道路情况，设计进行了三种工程总体布置方案的经济技术比选以确定最优方案。

方案1（前池堤后式泵房）：新建泵站厂房布置在旧崩冲防洪闸与泵站厂区之间的前池内，位于防洪堤内侧，泵房纵轴线与防洪堤轴线基本平行；泵房正向进水，正向出水；改建防洪排涝闸设在泵房右岸。

方案2（厂区堤后式泵房）：泵站厂房布置在旧崩冲泵站厂区内的泵站控制室与7层宿舍楼之间，泵房纵轴线与防洪堤轴线基本平行；泵房正向进水，正向出水；防洪排涝闸设在旧防洪闸附近。

方案3（上游堆料场堤后式泵房）：泵站厂房布置在旧崩冲泵站厂区宿舍楼围墙外

的堆料场内，泵房纵轴线与防洪堤轴线基本平行；泵房正向进水，正向出水；防洪排涝闸设在旧防洪闸附近（表 11-4-1）。

表 11-4-1 崩冲扩容改造工程总体布置方案比较表

内容			方案 1（前池堤后式泵房）	方案 2（厂区堤后式泵房）	方案 3（上游堆料场堤后式泵房）
规模			抽排流量 19.8m³/s	抽排流量 19.8m³/s	抽排流量 19.8m³/s
泵房尺寸			24.40×26.8（长×宽）	24.40×26.8（长×宽）	24.40×26.8（长×宽）
主要工程量	土方开挖	m³	7200	12405	16850
	土方回填	m³	3163	4650	7620
	C25 混凝土	m³	4019	3719	3719
	钢筋	t	357	290	290
	模板	m²	6023	5641	5641
	直径 1000 护壁桩	m	0	100	0
	M7.5 浆砌石挡墙	m³	0	650	1300
	征地	亩	0	3.0	5.0
直接费投资			1242.5	1317.2	1450
优点			进、出水方式均为正向，水流条件好；主要建筑物均布置在原泵站堤前池边，开挖量小，不影响原泵站的运行，出水管线较短；排涝闸在泵房右侧，布置紧凑，管理方便，在业主已征地范围内，无征地费用，投资较省	进、出水方式均为正向，水流条件好，不占用前池，调蓄范围较大	进、出水方式均为正向，水流条件好，不占用前池，调蓄范围较大
缺点			泵房前部位于前池边，需要拆除原临时抢险泵房，泵房施工时，为尽量减少堤防的开挖，沿泵房近堤防侧需要布置有人工挖孔桩	泵房位于原泵站控制室及宿舍楼之间，开挖基坑较深，会影响两栋建筑，同时前池开挖时需要征地 3 亩，出水管管线较长，泵站占用厂区，原厂区变小；直接费投资比方案 1 多 74.7 万元	泵房位于原防洪堆料场，开挖基坑较深，需要征地 5 亩，出水管管线较长，泵站占用厂区，原厂区变小；直接费投资比方案 1 多 207.5 万元
推荐意见			经技术经济比较，推荐方案 1		

经过总体布置方案比选，确定前池堤后式泵房为最终的实施方案。

11.4.6 崩冲排涝闸改造方案

扩容改造工程对已建的自排涵闸进行封堵，对原闸室地面以上结构进行拆除，结合施工及下泄要求，于原涵管下游侧改建 1 条 3.0m×4.0m 混凝土箱涵，箱涵穿堤部分采用大型箱涵顶管法穿堤方案（为广西壮族自治区首个大尺寸箱涵顶进穿越防洪堤工程实例），外江侧设置防洪闸及检修门槽，防洪闸进口高程为 78.8m，出口为 78.5m。

根据崩冲泵站、崩冲排涝闸总体布置情况，场地地形、地质条件、出水水流状态限制等因素的影响下，设计进行了两种排涝闸穿堤部分实施方案比选。

方案 1：封堵原自排涵闸，不破堤，顶进箱涵穿堤布置方案：该方案采用 1 孔 3m×4m（外轮廓 $b×h$：4.4m×5.4m）C40 混凝土箱涵穿堤后，汇入新建闸室后经钢筋混凝土箱涵出水顺利排入外江。

崩冲排涝闸穿防洪堤段箱涵顶部覆土厚度约 6.5m，顶进长度 28.12m，堤内外侧分别设置工作井和接收井，工作平台井开挖时为防止较大范围的开挖堤防，设置直径 1.5m 的护壁桩，既用于基坑井防护，又用于设置顶进箱涵工作平台井顶进支撑。对箱涵顶进后背墙的设计，受堤防段地形限制，不能双向顶进，崩冲后背墙使用的是群桩叠加后背土体方案提供后背顶力，顶推后背墙布置 13 条直径 1.5m 的混凝土灌注桩作为后背支撑。顶进箱涵施工前，先在顶管部位的堤防段充填灌浆（孔距 1.5m，充填灌浆为离顶管上下各 2m 范围）。

方案 2：封堵原自排涵闸，大开挖破堤，箱涵方案：该方案开挖防洪堤及堤外路，新建钢筋混凝土箱涵（箱涵尺寸 1 孔 3m×4m）及闸室（表 11-4-2）。

表 11-4-2　崩冲排涝闸穿堤部分设计方案比较表（相同部分不比较）

序号	项目	单位	方案 1（不破堤，顶管布置方案）	方案 2（封堵原自排涵闸，大开挖破堤，箱涵方案）
1	土方开挖	m³	4625	9888
2	土方回填	m³	3217	8279
3	顶进箱涵/管道	m	C40 混凝土箱涵 29m	0
4	管道铺设	m	0	0
5	护壁桩	m	1339	0
6	C25 混凝土箱涵	m	494	816
7	C25 混凝土闸室	m³	426	426
8	钢筋制作安装	t	85	119
9	模板	m³	3321	2580
10	回填灌浆	m²	220	0
11	充填灌浆	m	1210	0
12	出口闸门	套	1 座（3m×4m）闸门	1 座（3m×4m）闸门
13	液压启闭机	套	1	1
14	临时度汛子堤		无需设置	需设置
	土方回填	m³	0	24220

序号	项目	单位	方案 1 （不破堤，顶管布置方案）	方案 2 （封堵原自排涵闸，大开挖破堤，箱涵方案）
	充填灌浆	m	0	3721
	C15 埋石 混凝土挡墙	m³	0	375
	模板	m²	0	521
15	直接费投资	万元	902	812.5
	方案优点		施工与交通不冲突，不影响交通，不占用道路；不拆除堤防，不影响防汛、度汛，与地方协调方便，建设程序简便	施工明朗，明挖明铺，施工质量易于保证，不存在安全隐患，施工工艺相对简单
	方案缺点		顶进箱涵平台井施工开挖时为避免破坏原堤防，必须进行桩基支护，投资大，大型箱涵顶进穿堤技术难度大，工序多，不可预见和控制的因素多，施工工艺要求高	施工与城市交通冲突干扰大，拆除防洪堤不利于防洪度汛，中断影响交通；破 2 级堤防施工需要上报上级主管部门批准，建设程序复杂，且破堤需要设置临时度汛子堤，投资较大
	比较结果		推荐	比较推荐

通过方案比选，方案 2 大开挖破堤，箱涵方案施工快捷，投资较省，比方案 1 少 89.5 万元，但其破 2 级堤防施工存在如下问题：①中断滨江道路交通，对周边居民生活、交通出入影响较大；②该处破堤后不具备设置 50 年一遇临时度汛子堤的条件（即设置临时度汛子堤难度较大，破堤方案与其他方案投资相差不大），不利于防洪安全度汛；方案 1 大型箱涵顶进穿堤技术难度大，投资大，报建程序简便。经过经济技术方案比选，以及相关技术论证，在保证堤防安全及施工质量安全的前提下，最终确定大型箱涵顶管法穿堤为最终的实施方案。

11.4.7 施工组织方案

本工程沿堤防内侧已征地范围内布置，泵站和排涝涵管布置在旧泵站前池内，工程区已开发，对外交通通畅。水电供应可就近接入市政设施。经方案比选，泵站出水管推荐采用汇总压力水箱后，分设 2 条直径为 2.2m 的钢管穿堤排出外江，泵站出水总管及自排涵管穿堤部分均推荐采用顶管及局部开挖相结合施工方案，工程计划总施工期为 12 个月。

11.4.8 工程原貌、工程实施过程及完工形象照片（图 11-4-1～图 11-4-4）

图 11-4-1 工程原貌：①泵站前池、抢险泵房原貌；②防洪闸进口检修闸原貌；
③防洪闸闸室、泵站厂区原貌；④老式泵站厂房及控制室原貌

图 11-4-2 工程实施过程：⑤大型箱涵顶管施工；⑥泵站内部结构施工；
⑦顶进箱涵段润滑隔离层施工；⑧排涝闸闸室施工

图 11-4-3　完工形象照片：崩冲泵站扩容改造工程鸟瞰图

图 11-4-4　完工形象照片：崩冲泵站扩容改造工程鸟瞰图

11.5　机电及金属结构升级改造方案

11.5.1　水力机械

崩冲新泵站经技术经济比较，选择 4 台潜水贯流泵，水泵型号为 1200GWZ-85T，泵站水泵叶片安装角度为 4°，YQSN1430-12、额定转速为 490r/min、额定功率为 500kW、额定电压为 10kV，总装机容量为 2000kW。

11.5.2　电气

崩冲泵站采用双侧双回路供电的供电方式，工作电源从新风变电所引一路 10kV 专线，线路型号为 YJV22-3×95mm²，备用电源引自竹鹅溪泵站 10kV 电缆 T 接箱，线路型号为 YJV22-3×95mm²。正常运行时由一侧供电，配电系统加闭锁，避免并联运行。

11.5.3 金属结构

柳州市防洪工程河西堤崩冲泵站扩容改造工程金属结构主要是防洪排涝闸及泵站工程的进水口拦污栅、出水管口拍门及出水总管拍门的门叶、预埋件、启闭设备等。除出水管口拍门外，共设置各类闸门（栅）叶5扇，各类门（栅）槽5孔；设置回转式清污机4套，SPW带式输送机设备1套，各类启闭设备3套；门、栅叶总重58.5t，埋件总重14.0t，钢材总用量72.5t；钢件防腐面积约975m²。

11.6 崩冲泵站扩容改造创新点及关键技术

11.6.1 水工建筑物创新性建筑外观设计

柳州市防洪工程河西堤崩冲泵站扩容改造工程建筑立面设计指导思想包括：与特定的城市环境相融洽；充分考虑经济性，优化平面设计，使之具有极大的灵活性；建筑造型简洁美观。突破水工建筑"傻大粗笨"的建筑形象，选用个性鲜明且具有象征意义的岭南风格建筑形式，为广西壮族自治区重点防洪城市防洪排涝泵站首创，在满足运行使用功能的同时，彰显独特的建筑风格及文化气息，实现了简洁、清晰、高效、美观的设计理念。

新建泵站注重与周边建筑造型的统一，综合考虑城市空间形态、功能、技术、结构形式、经济等重要因素，以简洁、清晰、高效为基本设计理念，力求创造独特、简洁完整的建筑形式，形成建立在理性与逻辑性之上的鲜明个性和象征意义，建筑平面构图及空间构图应统一于讲究建筑技术的精美并充分发挥不同材料的特能和表现力。

为了与周边环境相协调，建筑设计以中式复古的建筑形式体现，建筑物在满足运行使用功能的同时，又使其彰显独特的建筑风格，赋予了建筑活跃精致又整体协调的效果。

建筑整体呈矩形，采用中式仿古建筑及新中式建筑风格，总体的比例色彩偏向于理性，采用冷色剂浅色基调，与周边其他建筑群和谐统一。细部处理引入"三阶重轩，镂槛文槐"等丰富的立面变化，配以棕色系木纹格调，展现出细腻的古建筑标准元素。建筑采用以景观为导向的立面设计，以有韵味的中国风元素穿插为主要造型元素，在有节奏的变化中增加沉稳色块，稳重中更突显古色古香。体现较强归属感的地域文化，地方文化特色的乡土建筑韵味。把具有柳州特色的建筑语言、地方材料、运用到了泵房、排涝闸启闭机房建筑设计之中，营造"如鸟斯革，如翚斯飞"的古建筑特有的轻盈而又沉重、两侧生起的视觉感受。

水工建筑立面设计主要考虑周边建筑群、道路及百里柳江水景观要求、旅游功能及开发等因素，结合周边新建建筑物，采用唐代仿古建筑。选择采用仿古建筑歇山顶，并采用叠檐增加变化。屋面采用青灰色筒板瓦铺装，歇山顶九脊配以预制混凝土飞檐等，屋檐设置成品飞檐翘角。两侧山墙采用预制木构件平梁装饰构件。屋檐下设置成品杉木椽子、飞子，成品菠萝格斗拱及杉木花格额枋等仿古建筑元素。整体建筑物颜色古朴、素雅、屋面整体颜色以青灰色调为主，墙体选用白色，柱子选用成品木纹圆柱饰面，窗体采用杉木门窗。主体建筑物可以与整个滨江片的大环境融合，达到自然景观效果。

新建泵站拟位于原泵站厂区内，泵站呈矩形。采用大面积的开窗满足室内采光通风的要求，同时也方便工作人员对运行情况进行观察。厂区设置树木种植及相应的附着植物遮挡部分建筑物，以弱化建筑物和更好融合周边生态景观。

岭南风格在广西壮族自治区重点防洪城市水工建筑立面风格上为首次尝试，经调查，尚未有类似的水工建筑立面形式出现，该项创新得到城市规划部门的首肯以及柳州市人民的好评。水工建筑不再是独立于城市景观建设之外的方外之地，也有其绚丽多彩的一面（图 11-6-1～图 11-6-2）。

图 11-6-1　"三阶重轩，镂槛文楣"泵房厂房建筑立面创新效果

图 11-6-2　"如鸟斯革，如翚斯飞"排涝闸上部建筑创新立面效果

11.6.2 成功实施广西首个大尺寸箱涵顶进穿堤方案

目前在水利及市政雨污排水行业中使用的顶管集中于 3m 口径以下的中小直径钢管及混凝土管，一些小型的市政顶管还可以使用拖曳式施工方法，对大直径、大尺度的大型箱涵顶管法穿堤建筑物少有研究。而大型箱涵在排涝工程中大流量排泄洪水的优势是多孔中小口径组合管道所不能比拟的，它为稳定的洞内流态提供必要条件，保证在排泄洪水过程中不出现明满流交替的流态。

崩冲排涝闸大型箱涵顶进穿越柳州河西堤，作为广西壮族自治区首个成功实施的大型箱涵顶进穿堤方案，以项目成功实施为导向，对箱涵顶管穿堤过程中所遇到的一些问题进行研究，先后突破：①顶管段堤防土体及堤顶道路路基顶进前加固与支护处理；②顶进箱涵的选型；③箱涵顶进润滑剂的使用；④工作井及大顶推力后背墙的设置；⑤大型箱涵顶进过程中纠偏措施；⑥堤防沉降控制及防渗加固处理等技术难题，据此找到大型箱涵顶进穿堤的合理解决方案。大型箱涵顶管法穿堤方案具有大流量排泄洪水，能提供稳定的洞内流态，无需大面积开挖已建堤防，实施周期短，能够有效保障改造施工期城区防洪安全等优势，对后续相关项目具有直接借鉴意义。

大型箱涵顶进穿堤方案主要技术经济指标如下。

1. 顶管尺寸

崩冲排涝闸顶进大型箱涵尺寸为（外轮廓 $b \times h$）4.4m×5.4m，远大于区内外通用顶管口径 3m。穿越防洪堤段箱涵顶部覆土厚度约 6.5m，顶进长度 28.12m。

2. 大型箱涵顶进顶推力取值（表 11-6-1）

表 11-6-1 箱涵顶进推力计算值

箱涵外口尺寸/m	高宽比	规程顶推力算法/kN	土拱效应顶推力算法/kN
h 涵=4.4	0.815	31260	18070
b 涵=5.4			

3. 顶进容许偏差

箱涵顶进水平轴线允许偏差＜50mm，箱涵内底高程允许偏差＜30mm。

4. 顶进速度

也叫日进尺：1.5～2.5m/d。

5. 工作井平整性误差

为了最大限度地减小摩阻力，工作井箱涵行进面要求最大限度地平整光滑，不能有波浪起伏，为了解决工作井滑板的平整度问题，满足箱涵顶进启动要求，工作井行进路径区域每 2m 长度范围内凹凸误差不超过 3mm。

6. 箱涵顶进润滑剂相关指标

箱涵顶进过程中的抗摩阻力措施是顶进箱涵能否顺利实施的一个关键性问题。为防止预制箱涵与工作井滑板黏结造成启动困难，在箱涵四周设置润滑隔离层。崩冲顶进箱涵隔离层做法是：加热石蜡至 150℃，掺入一定比例（掺入量按石蜡的 15% 确定）的废机油，均匀浇洒在箱涵四周并刮平，待掺机油石蜡凝固后，在其表面撒一层 0.2～1.0mm 厚度的滑石粉，覆上塑料薄膜进行保护。在工作井底板隔离层做好后，绑扎钢筋、立模浇筑箱涵，该润滑隔离层的设置可以有效降低行进摩阻系数。

7. 大型箱涵顶进穿堤方案

该方案涉及控制局部顶进误差的调整性引导开挖，若不及时回填灌浆固结，土体徐变将导致堤防产生新的渗漏通道，威胁堤防安全。因此，除了加强顶推过程中箱涵周边土体的补压浆加固处理，箱涵顶进作业后堤防防渗处理需要及时进行，具体措施为对箱涵接触面、箱涵行进段周边土体进行充填灌浆加固处理，处理方案需要周密部署、及时响应、防止遗漏。为了减小堤防加固灌浆引起的箱涵侧周边土体加固沉降或变形隆起，需要合理安排灌浆次序，减少堤身土体的扰动，避免出现较大范围的土体二次应力重分布。崩冲箱涵顶进作业后堤防防渗加固处理采用从箱涵内预埋管向土体注浆的方案，施工次序为遵循先下后上，先下游后上游，分序跳孔灌浆，避免堤身土体由于扰动产生塑性变形，减少固结沉降的发生。

8. 堤防沉降控制指标

大型箱涵顶进穿堤的土体损失率为 2.5%。依据 Peck 提出的土体损失产生的地面（防洪堤顶面）沉降槽原理计算出的顶管穿越堤防段最大堤身沉降量为 $S_{max}=16.7$mm，崩冲大型箱涵顶进施工完成后，实测堤身最大沉降量为 19.2 mm，与设计计算分析结果基本相符。

9. 技术简要总结

①通过堤身加固灌浆及管棚支撑，能够很好地保证顶推箱涵上部土体的稳定性，钢管顶棚灌浆处理，可以形成一个高强度支撑构件；②大型顶进箱涵宜使用大高宽比断面，润滑隔离层的设置可以有效降低行进摩阻系数；③大型箱涵穿堤顶进，控制在 1.5～2.5m/d 的推进速度为宜，中间不间断，保证顶进进度及穿堤施工安全；④顶进过程中的箱涵润滑隔离层的设置可以有效降低行进摩阻系数，前端滑板铺设可以避免摩阻力过大，造成土体和箱涵一起位移的深层滑动现象，避免堤防箱涵顶进出口土体挤压坍塌事故的发生；⑤顶进箱涵作业实施后，通过及时对箱涵周边土体充填灌浆等加固处理，能够很好地避免大型箱涵顶进施工后堤防沉降及堤身裂缝的产生，避免在顶进箱涵周边形成渗漏通道，确保穿堤箱涵的防渗满足要求，使箱涵与防洪堤融为一体，充分发挥大型箱涵大流量排泄城区洪水的作用。

11.6.3　突破传统直接启动方式

崩冲扩容改造泵站采用高压电动机配备高压干式移磁无级调压软起动装置，该装置所采用的"干式移磁无级调压软起动技术"于 2010 年获中华人民共和国水利部列入"先进实用技术推广目录"，该技术采用在高压电机起动回路串联可调电感线圈，通过改变电感线圈感应磁场中磁介质的导磁率，从而改变线圈的自感应强度，使线圈的电感只在预定时间内实现无级可调，从而实现电动机及端电压无级可调，以实现电动机软起动。在实际运用中，该技术较传统高压软起动技术有以下优势：①一体化设计便于安装维护；②保持工频电网正弦波无谐波污染；③干式结构不易受环境和温度等因素影响，特别适合排涝泵站一类工程苛刻的运行条件；④安全性高，过载能力强，控制参数及曲线调整范围大。"高压电机干式移磁无级调压软起动"新技术历经 2016—2020 年运行考验，运行状况良好，发挥了显著的经济和防洪效益，确保一方安澜。

11.6.4 采用先进的、信息化程度高的自动化分布式 I/O 系统

受资金、技术发展等多条件限制，目前柳州市已建排涝泵站及防洪闸的机电设备均较为落后，需要人员现场值班，且设备故障率较高，信息系统落后，设备运行情况无法进行采集、整编、储存等，运行可靠性低。随着信息化时代的到来，信息化程度的不断提高，工控自动化技术在各个行业广泛应用，崩冲泵站扩容改造工程引入了自动化控制系统的设计方案，采用较为先进的、信息化程度较高的分布开放式的全站集中监控方案，该方案设置了负责完成全站集中监控任务的泵站级主控系统，并设置了负责完成机组、开关站公用设备监控任务的现地控制系统。泵站级主控系统根据控制对象功能不同分为泵组控制柜和公用设备控制柜，以可编程控制器为核心构成，现地控制系统靠近被控对象设置现地控制单元。系统通信按设备不同分别采用不同的通信方式，有效防止了设备之间的通信冲突和干扰，分层控制模式提高了泵站运行的可靠性，相比较传统的集中控制或分散控制的方式，具有布线简单，防谐波干扰能力强，现场设备信号采集量大，运行维护简单，运行可靠性高，提高系统自身容灾和热备用能力等优点。

11.6.5 通过数字模型确定抽排洪水规模

利用 RiverFlow 软件建模确定崩冲流域上游汇水情况，模拟出适宜于内河流域的产汇流数学模型，研究出城市建设诸如洼地填埋、地面硬化、不同密度排水管网建设等区域下垫面变化对崩冲内河洪水产汇流的影响，探索城市建设对内河洪水的影响程度及重要影响因子，提出适合城市化内河治理的产汇流参数，合理确定抽排洪水规模。

与广西壮族自治区内外同类技术相比，当时的《防洪标准》（GB 50201—94）未提及内江控制淹没水位，《泵站设计规范》提出为"保护区内 90％面积不成灾"，以前设计采用"闸前水位"作为内江控制淹没水位，但均不满足城市防内涝的要求，设计结合该区的现状和规划道路情况，模拟出适宜于内河流域的产汇流数学模型，并据此确定相应水位，该方法成果在广西壮族自治区城市治涝中首先采用，并被审查单位、专家采纳，建成后的运行结果表明成果合理。该方法洪水规模确定准确，实用指导意义强。为后续基于大数据决策支持的控制技术平台建设提供可信赖的基础数据。

11.7 泵站改造项目的经济效益和社会效益

广西壮族自治区柳州市防洪工程崩冲泵站扩容改造工程批复概算总投资 6016.10 万元，其中建筑工程 3187.92 万元，机电设备安装工程 1063.21 万元，金属结构设备及安装工程 313 万元，临时工程 108.38 万元，实际工程决算总投资为 5887.64 万元，工程完工决算比原审批的初设概算总投资少了 128.45 万元，建筑安装方面工程投资节约了 2.749％。

本工程的实施可使本保护区免遭 50 年一遇内涝浸淹，创造了一个安全良好的建设环境，在自然条件上保证了经济的稳步发展，为进一步改善投资环境等起到重要作用，由此而产生的社会效益和环境效益是较大的。

国民经济评价是从国民经济整体的角度出发，以经济内部收益率、经济净现值及经

济效益费用比等技术经济评价指标进行评价。

经济内部收益率：$8.07\% > is = 6\%$。

经济净现值（万元，$is = 6\%$）：$1275.40 > 0$。

经济效益费用比（$is = 6\%$）：$1.20 > 1.0$。

本工程保护区内新增的多年平均防洪效益（2014 年价格水平）为 125.60 万元。

从国民经济评价指标看出，其内部收益率大于允许的收益率 6% 的情况下，经济净现值大于 0，效益费用比大于 1，说明本项目国民经济合理。

本项目实施后，改善了该区的投资环境和居民的生产、生活环境，给外来投资创造了条件，从而带动了保护区内的土地升值。预测工程建成后保护区内约 280 亩（1 亩 $\approx$ 666.67m²）的土地会升值。按平均每亩将升值 10 万元（扣除其他因素的升值）计算，保护区内土地将一次性升值 2800 万元。

自 2016 年 10 月主体工程完成施工并投入使用发挥效益以来，历经了 2017—2020 年 4 个汛期，并经受了多次洪水的考验，扩容泵站、新建排涝闸等防洪设施均运行正常，根除了该保护区历史悠久的洪涝之苦，保护了保护区内企事业单位和人民生命、财产的安全，使人民安居乐业，城市建设成果得到了有效保证。免除洪涝损失 7156.01 万元，保护面积 6.09km²，保护人口 6.84 万人，保护工业产值 16.7 亿元，取得了显著的经济效益和社会效益。